九大の化学
15ヵ年［第2版］

小田 裕 編著

JN045993

教学社

はじめに

　本書は過去15年の九州大学の個別試験の化学の問題を整理して6つの分野に分類し，赤本の解説・解答をさらにグレードアップしてまとめ，九州大学を目指す受験生諸君の化学の受験対策に不可欠なオールインワンの道具となるべく編集したものです。

　化学とは言うまでもなく物質について学ぶ学問ですが，学ぶための重要な視点や指針として，「事象の把握」「微視的理解」「巨視的理解」「原理・法則との関連」「日常生活や先端技術への応用」等が挙げられます。大学入試問題でも例外ではなく，一つのテーマに対して前述のさまざまな視点や指針から問いは作られます。そこに目に見えて実感できる物質がある以上，単に公式や法則が先行するのではなく，物質の性質や実際の反応といった多くの事象に関して一定の法則性や類似の性質を分析検討して考察を進める中から，原子や分子といった目に見えないものの挙動を理解するところに化学という学問の意味があり，また，それが大学入試問題にも共通する理念です。

　2020年以降，世界は新型コロナウイルスとの闘いという未曽有の事態に襲われ，昨日まで当たり前であったものが，今日は事情が全く変わって今までできていたことができなくなる，そんなことがどんどん増えるばかりでした。さらに困ったことに，明日の見通しが全くつかないという絶望にも常につきまとわれる日々を我々は過ごさねばならなくなりました。そんな中で大学受験に挑戦する諸君に必要なことは，周りの状況を幅広く冷静な視点で正確かつ科学的に把握して，どこにどんな問題があるのかを見極める課題探究能力と，自分なりの解決方法を自分で見つけ，解決へ向けて実際に一歩前に踏み出す問題解決能力をもつことです。どちらも一朝一夕で完成する能力ではありませんが，だからこそ毎日の受験勉強の中で常に意識して，地道に学習に取り組むことでその力を少しずつつけていくしかないのです。

　「Think globally, act locally.」 環境問題を論ずるときなどに用いられる言葉ですが，受験に限らずさまざまなことを成し遂げようとするときに活用できる言葉です。「広い視野と的確な判断」と「継続的で地道な取り組み」，二つのことを常に意識して学習を進めてください。本書で受験の化学の本質をより広く確実にとらえ，問題を一題一題計画的に確実に解き進んでいく過程がその実践となります。

小田　裕

目次

本書の活用法

1　本書は，九州大学の前期日程の化学の入試問題について，2008年度から2022年度までの問題を，出題内容に応じて，教科書の項目と同じ「物質の構成」「物質の状態」「物質の変化」「無機物質」「有機化合物」「高分子化合物」の各分野に分類し，年度順に並べ，問題のポイントを加え，難易度をつけたものです。また，各分野ごとに出題の特徴と，傾向と対策をまとめています。

2　各大問の難易度については，その大問の設問全体を総合して，九州大学の標準的なものをB，比較的簡単なものをA，難易度の高いものをCとして分類しました。年度によっても問題全体の難易度は変化しますが，大問ごとの難易度を参考にすることで，目標に合わせた学習ができるはずです。

3　解答と解説に関しては，特に解説の中で解く上での必要な知識や解法の技術をまとめています。ただ一つの正解を求めるだけでなく，「別解」等も参考にして問題解法に至る経過や，問題の背景にある理論や発展的な知識までよく理解することが，さまざまな問題に柔軟に対応する高い解答能力を養う鍵となります。

4　入試の化学を攻略する第一歩は，目指す学部・学科を明確にし，現在の自分の化学の学力を自分なりに把握することです。分野によって得意，不得意がはっきりしているなら，不得意な分野の標準問題を確実に解ける力をつけることから始めるべきです。全体的な学力が安定してきたら，得意分野をつくり，その分野の問題であれば必ず高得点が取れるという自信をつけるためにも，より難易度の高い問題に挑戦するといいでしょう。自分の納得のいく得点を得るための作戦は一つではありませんが，戦略のないところに勝利はありません。

【お断り】
　学習指導要領の変更により，問題に現在使われていない表現がみられることがありますが，出題当時のまま収載しています。解答・解説につきましても，出題当時の教科書の内容に沿ったものとなっています。

九大の化学　傾向と対策

🔍 傾向

　九州大学では，理科 2 科目合わせて 150 分の解答時間で，大問の数は年度によって多少の変化はあるが，2013 年度までは大問 5，6 題程度で，それ以降は大問 5 題（2021 年度は 4 題）の出題が続いている。2015 年度以降は大問の選択もない。

　分野別に分けると，有機分野が出題されない年度はなく，2018 年度のように大問の半分近くが有機化合物と高分子化合物からの出題という年度もある。無機分野の単独の大問が出題されることはあまりなく，物質の構成や状態といった理論分野と組み合わされた大問になることが多いことも特徴的である。2015 年度までは，大問 1 は基本的な物質の構造や周期表といった理論分野の基礎的な内容の総合問題となることが多かったが，近年は大問 1 から気体や溶液，反応速度や化学平衡に関する内容となることも多くなり，決まった出題パターンは少なくなった。最先端の科学技術や，社会的に注目度の高い科学的なテーマ等を積極的に取り上げた設問や，教科書には掲載のない知識や解法を用いる設問もあり，科学的な事象や新しい技術に対する興味・関心や，未知のものにその場で対応する応用力が求められる。

✏️ 対策

　各大問別の難易度を見ればわかるが，大問全体としては例年標準的な難易度のものがほとんどで，特に難問と呼ばれるようなものが多く出題されることはない。ただし，大問全体の難易度は標準でも，例年設問の中に思考力や考察力，高い応用力や計算力が必要なものが必ず含まれており，典型的な標準問題の対応のみでは高得点が取れない構成になっている。特に医・歯・薬といった学部では，このような発展的な設問が解けるかどうかが合否を左右することになる。また，近年では 2021 年度の大問 1 や2017 年度大問 2 にあるような，非常に煩雑な数学的処理を必要とする設問も目立ち，解答時間内に納得のいく解答をつくるための十分な練習が必須である。

　学習時間をしっかりと確保して多くの過去問と徹底的に向き合い，どのような状況でも合格ラインにたどり着く自分なりの作戦が立てられるようになれば，ゴールは見えてくる。

第1章　物質の構成

番号	難易度	内　　　　容	年　　度	頁
1	A	同位体と半減期，銅の電解精錬	2022 年度　第 1 問	20
2	B	水の特性・同位体，過酸化水素の電子式・電離平衡・酸化還元反応	2018 年度　第 1 問	24
3	B	アルミニウムの製法と反応，アルミニウムと ZnS の結晶構造	2017 年度　第 1 問	28
4	B	周期表，イオン化エネルギーと電子配置，マンガン酸化物の組成式	2015 年度　第 1 問	32
5	A	化学結合と元素の周期性，酸化物の分類，金属の性質	2013 年度　第 1 問	36
6	A	14 族元素の単体および化合物の構造と性質	2012 年度　第 1 問	39
7	A	電子配置と化学結合，ホウ素の水素化合物	2011 年度　第 1 問	43
8	A	クラーク数と周期表，化合物の性質と反応	2009 年度　第 1 問	46
9	A	水素結合の特徴と分子の極性	2008 年度　第 1 問	51

🔍 傾向

　本章は，原子の構造，電子配置と周期表，イオン化エネルギー，電子親和力，電気陰性度，同素体，化学結合，分子の構造と極性，水素結合と物質の性質，結晶格子など，化学のすべての内容の基礎的な部分に関わる分野である。以前は第 1 問がこの分野の総合問題となることも多かったが，近年は他の分野の大問に組み込まれることも多い。対話文を用いたものや（3）（7）（8）のように，特定の元素や現象に関する統一性のある問題構成となる場合も多く，文章読解力も重要なポイントとなる。（3）のように前年に名称が発表されたニホニウムを題材にするなど，最先端科学に対する興味・関心を問う内容も出題されている。

✏️ 対策

　「化学基礎」で学ぶ原子の構造や化学結合といった基本内容の定着は，受験の基本としてしっかり押さえておこう。他の分野に比べて標準的な難易度の問題がほとんどで，応用的な設問も含めて失点をできるだけ防ぎたい分野である。周期表はすべての基本であり，原子番号 20 番以降の元素であっても大体の位置や族と周期の並び方についてよく把握しておくことが必要である。問題が空所補充の形式で出題されることも多く，難易度は高くないが文章の意図をしっかり読み取り，正確な用語が答えられるようにしておきたい。

第2章　物質の状態

番号	難易度	内　　　容	年　　　度	頁
10	C	希薄溶液の性質，非電解質と電解質の浸透圧，凝固点降下	2019 年度　第 1 問	56
11	C	電解質の沸点上昇と蒸気圧降下，溶解度と溶解度積	2017 年度　第 2 問	60
12	B	水分子と化学結合，氷の結晶構造，水の状態図	2016 年度　第 1 問	66
13	B	二酸化炭素の結晶格子，水への溶解度と電離平衡	2015 年度　第 2 問	71
14	B	分子量の測定と蒸気圧，有機化合物の推定	2014 年度　第 1 問	75
15	B	混合気体の反応と分圧，メタンの完全燃焼と水の蒸気圧	2013 年度　第 4 問	79
16	B	理想気体と実在気体，ファンデルワールスの式	2012 年度　第 4 問	83
17	B	浸透圧と溶液の濃度，コロイド粒子の性質	2011 年度　第 3 問	85
18	C	凝固点降下と物質量，溶液の濃度と平衡定数	2009 年度　第 3 問	89
19	C	メタノールの燃焼と気体の分圧，蒸気圧	2008 年度　第 2 問	93

🔍 傾向

　本章は，気体と溶液の性質が中心の分野で，気体の燃焼と混合気体の状態，蒸気圧と状態図，溶液の濃度と溶解度，気体の溶解，沸点上昇と凝固点降下，浸透圧といった内容が含まれる。気体の状態方程式と分子量，混合気体と分圧，溶解度と析出，沸点上昇，凝固点降下など，計算を要する設問も多いので，演習量と計算力で大きな差がつく。浸透圧や，沸点上昇と凝固点降下に関する問題では，図やグラフを用いた出題も目立ち，気体や溶液の状態変化を正確に理解して数式を立てて文字式を答えるなど，想像力と論理的な思考力が要求される。(12) は水の性質をさまざまな視点から考察させる総合問題で，圧力，体積，温度といった実感できる具体的な現象を原子や分子の状態と動きという抽象的な粒子概念と結びつける思考が要求された。(16) はファンデルワールスの式に関する問題で，この問題のように，九州大学では教科書の「応用」や「参考」の内容から出題されることも少なくないので注意が必要である。

📝 対策

　設問の内容は基礎から応用まで幅広いので，まずはボイル・シャルルの法則，気体の状態方程式，溶液の沸点上昇・凝固点降下に関する式など，基本的な公式を柔軟に使い，体積，圧力，温度等の単位の違いにも注意して正確に計算を進める基礎力を身につけよう。(15)や(19)の気体の燃焼に関する問題では生じた水の蒸気圧と液体，気体の判断が重要であり，気体の状態方程式だけに頼らない柔軟な解法を考えることが応用力の養成につながる。単に問題の数値を公式に当てはめて解くだけでなく，体積や圧力，温度のような目に見える現象を，分子やイオンのような粒子の状態と変化から理解する努力が，思考力や想像力，より柔軟な発想力を高める手段となる。沸点や凝固点に関する内容では，電解質の電離や分子の会合といった化学平衡の考え方も必要で，類題を数多く解くことで解法のパターンが身についてくる。(11)のように煩雑な文字式の変換を要求される問題もあり，見慣れない文字式や数値の取り扱いなどの発展的な内容への対応が，高得点への鍵となる。

第 3 章　物質の変化

Q 傾向

　本章は理論分野の中でも，「化学基礎」の酸・塩基，酸化・還元，電池と電気分解，「化学」の化学反応と熱・光エネルギー，反応速度と化学平衡といった幅広い内容が含まれる分野で，過去に出題された大問数も最も多い。酸と塩基，pH，中和滴定，酸化剤と還元剤，酸化還元滴定については，他の分野と組み合わされた総合問題としての出題が多い。電池と電気分解は近年でもよく出題される分野で，典型的な電極反応に加え，(24) のマンガン乾電池，(34) の燃料電池など，新しい電池の仕組みや物質の析出に関する複雑な化学変化を取り上げる設問もある。反応速度に関する内容は (26)(27)(29)(35)(37)(41) と出題頻度が高く，また (22)(23)(30) では，反応速度と平衡に関する内容が出題された。

✎ 対策

　幅広く確実な理解なくしては高い得点が望めない分野であり，基礎から応用まで満遍なく出題されるので，問題演習に十分な時間をかけることがまず大切である。反応速度と化学平衡は例年さまざまな形で出題されるので，特に類題での演習が必要である。アレニウスの式のような応用的な内容も (23)(41) で出題されており，教科書の「参考」の内容まで対応することが要求される。化学平衡の内容では，気体の状態方程式から濃度平衡定数と圧平衡定数の関係を導き出す過程なども確実に理解し，柔軟に解き進める訓練が応用力をつける。見慣れない文字式や数値の取り扱いなど，なじみのない発展的な内容でも，問題の誘導に従って慎重に解き進めば解答できるものも多いので，粘り強く取り組む姿勢が大切である。新傾向の設問や，思考力・応用力の必要な設問に対応するため，過去問の難易度の高い問題に取り組み，演習を重ねることが高得点につながる。

第4章　無機物質

番号	難易度	内　　　容	年　　度	頁
42	B	14 族元素の単体および化合物の構造・性質・反応	2021 年度　第 2 問	202
43	A	ハロゲンの単体とその化合物の性質，ヨウ素の結晶構造	2020 年度　第 3 問	208
44	B	ナトリウム・アルミニウム・鉄の製法と性質，NaCl の結晶格子	2019 年度　第 3 問	213
45	B	アンモニアの分子構造と性質，製法，緩衝溶液の pH	2017 年度　第 3 問	218
46	B	金属イオンの系統分離，酸化還元反応，溶解度積	2014 年度　第 3 問	224
47	B	錯イオン，銅（Ⅱ）の化合物と反応，金属イオンの識別	2012 年度　第 2 問	228
48	A	気体の製法と性質，結合エネルギーと反応熱，分子の体積と分子間距離	2010 年度　第 1 問	232
49	B	鉄とその化合物の性質と反応	2010 年度　第 2 問	236

🔍 傾向

　無機物質は，単独の大問として出題されることは少ないが，どの年度でも理論分野の大問の中に無機化合物に関する設問が含まれることは多く，周期表の理論や電池・電気分解などと合わせた総合問題の一部として出題されることが多い。入試問題でよく取り上げられる代表的な無機物質の性質と反応については金属，非金属にかかわらず幅広く正確な知識が必要であり，(42) の 14 族元素，(43) のハロゲンのような周期表の同族元素の化合物や，(44) (49) の鉄，(47) の銅のような身近な金属とその化合物に関する問題で幅広い知識が問われており，ホウ素やケイ素といった元素とその化合物が取り上げられることもある。化学式や化学反応式を書かせる設問や，反応の量的関係に関する計算問題もよく出題される。(45) で出題されたような，ハーバー・ボッシュ法とアンモニアソーダ法，さらにオストワルト法，接触法，陽イオン交換膜法などの工業的製法に関する出題にも注意を要する。

✏️ 対策

　周期表の理論から，非金属，金属の性質を系統的に整理して，教科書レベルの代表的な化合物の化学式や化学反応式を確実に書けるようにすることから始めよう。ある程度の暗記は必要であるが，化合物の性質を原子の電子配置と周期表の原理，イオン化エネルギーや電気陰性度などの理論と合わせて系統的に理解しておけば，応用力も

つく。この分野の定番である気体の製法と性質，金属イオンの反応と沈殿生成反応，錯イオンの構造や性質，工業的製法に関する内容は，計算問題も含めて問題演習を多くこなして確実に得点できるようにしておこう。さらに，通常の問題演習ではあまり大きく取り上げられることの少ない元素とその化合物も，教科書の細かなところまで漏れなく確認しておく必要がある，日常生活で話題になる最先端技術などに関しても日ごろから興味・関心をもち，新素材の開発や新しい電池などに関する知識をつけておくことも高得点への道である。

| 第 5 章 | | 有機化合物 | | |

番号	難易度	内　　容	年　　　度	頁
50	B	芳香族エステルの反応と構造決定，ペンタノールの異性体	2022 年度　第 4 問	242
51	C	アルケンの反応と構造決定，鏡像異性体の立体構造，オゾン分解	2021 年度　第 4 問	247
52	B	脂肪族炭化水素の元素分析と反応，立体異性体	2020 年度　第 4 問	254
53	B	芳香族化合物 C_9H_8 とその誘導体の反応と構造式	2019 年度　第 4 問	259
54	B	油脂とセッケン，けん化価，エステル交換反応	2018 年度　第 3 問	265
55	A	有機化合物の製法と反応	2018 年度　第 4 問	271
56	B	アルケン C_3H_6 と C_5H_{10} の反応と誘導体の構造	2017 年度　第 4 問	276
57	B	元素分析，炭化水素の反応と構造・異性体	2016 年度　第 4 問	280
58	A	芳香族化合物の反応と分離，分子量と構造式	2015 年度　第 4 問	285
59	B	分子式 $C_9H_{12}O$ の化合物の反応と構造決定	2014 年度　第 4 問	290
60	C	芳香族化合物の元素分析，反応と構造決定	2013 年度　第 5 問	295
61	C	芳香族エステルの構造決定，核磁気共鳴分光測定	2012 年度　第 5 問	300
62	A	分子式 C_4H_8 の化合物の反応と異性体	2011 年度　第 5 問	305
63	B	元素分析，化合物の反応と構造決定，異性体	2010 年度　第 5 問	309
64	B	サリチル酸とその誘導体の合成と反応	2009 年度　第 5 問	314
65	A	ベンゼンの反応と誘導体の構造決定	2008 年度　第 5 問	320

🔍 傾向

　選択問題がある年度も含めて，試験問題の後半の 2，3 題は有機分野からの出題であり，全体の得点を決める大きな要素である。脂肪族と芳香族に大きな偏りもなく，年度によってどちらかが出題されている。元素分析が冒頭で出題されることが多く，元素分析から構造決定，異性体の識別といった流れの問題の出題頻度が高い。炭素原子間の二重結合の開裂反応とその生成物に関する内容が，2017 年度，2019〜2021 年度と続けて出題された。マルコフニコフ則やザイツェフ則の知識が必要な内容も（56）（63）などで出題され，（52）では光学異性体とメソ体に関する内容も出題され

ている。また，教科書には記載のない化合物や反応，応用レベルの出題も目立つ。
（61）では核磁気共鳴分光測定に関する内容が出題されており，問題文中で十分な説明はあるが，単なる暗記では対応できない読解力や思考力が必要な設問もある。教科書レベルの知識と演習である程度の得点は取れるが，応用的な内容で確実に得点できないと高得点は難しい。

✎ 対策

　有機化合物の分野は比較的出題パターンが限られていて対応しやすく，難問も多くはないので，早い時期にこの分野を確実な得点源にできれば，後の対応が楽になる。まず，脂肪族，芳香族ともに代表的な化合物の性質や反応を系統的にまとめ，反応名や構造式，化学反応式を確実に書けるようにしておきたい。基礎力をつけたら，問題演習を重ねて知識の定着・深化を図ることが大切である。どの年度でも出題頻度の高い元素分析と化合物の構造決定の内容は，取りこぼしが許されない。組成式や分子式を正確に算出し，実験条件と結果から推定できる官能基や分子構造を正確に把握して着実に解き進める練習を積む必要がある。教科書に記載のない反応や化合物が出題される年度もあり，状況に応じて反応経路を推測する能力や経験のない分子構造を考える応用力も必要となる。高得点のためには，立体異性体の空間配置などを含めた思考力重視の問題まで，難問の演習に取り組んでおくことが有効である。

第6章　高分子化合物

番号	難易度	内　　　　容	年　　　度	頁
66	B	アミノ酸とペプチドの反応とオクタペプチドの構造決定	2022 年度　第 5 問	326
67	B	合成繊維・合成樹脂の原料と合成法およびその性質	2021 年度　第 3 問	331
68	C	テトラペプチドの反応と構造，アミノ酸の立体構造	2020 年度　第 5 問	338
69	B	単糖類の鎖状構造と環状構造，再生繊維と半合成繊維	2019 年度　第 5 問	343
70	B	イオン交換樹脂の合成，アミノ酸の反応と構造，ジペプチド	2018 年度　第 5 問	349
71	B	セルロースの構造と酵素反応，アルコール発酵と燃焼熱	2017 年度　第 5 問	355
72	A	α-アミノ酸とタンパク質，トリペプチドの反応と構造	2016 年度　第 5 問	360
73	A	単糖類・二糖類・多糖類の構造と反応	2015 年度　第 5 問	364
74	B	合成高分子化合物の構造と反応，ポリペプチドの構造	2014 年度　第 5 問〔A〕	369
75	B	酵素の性質と反応，グルコースの構造，油脂の加水分解	2014 年度　第 5 問〔B〕	373
76	B	天然高分子・合成高分子化合物の構造，反応の量的関係	2013 年度　第 6 問	377
77	B	三大栄養素と酵素，油脂の代謝，トリペプチドの電気泳動	2012 年度　第 6 問	382
78	B	栄養素と酵素，セルロースの反応	2011 年度　第 6 問	387
79	A	光合成と呼吸，糖類，核酸と DNA，油脂	2009 年度　第 6 問〔A〕	390
80	A	高分子化合物・有機化合物の構造と性質	2009 年度　第 6 問〔B〕	394
81	B	合成高分子化合物の構造・性質・反応	2008 年度　第 6 問〔A〕	398
82	B	天然繊維と再生繊維，アルコール発酵と乳酸発酵	2008 年度　第 6 問〔B〕	403

🔍 傾向

　2010 年度を除くすべての年度において，試験問題の最後の大問が高分子化合物に関するものである。天然高分子化合物の出題割合が高く，単糖類の立体構造と反応，アミノ酸の構造と pH による電荷の変化や電気泳動，多糖類とペプチド，タンパク質の構造と酵素反応などがよく出題されている。セルロースに関する内容は頻出で，(69) (71) (73) (76) (78) (82) で構造や反応などがさまざまな形で問われている。ペプチドに関する出題も目立ち，(66) (68) (70) (72) (74) (77) で構造決定を中心に出題されている。単糖類やアミノ酸は代表的なもの以外も出題されることがあり，教科書に記載のない反応が出題されることがあるが，解答に必要な情報は与えられている。合成高分子化合物は天然高分子化合物と合わせて出題されることが多く，代表的な合成樹脂や合成繊維の合成法や構造と反応などの知識が問われる。大きな分子量や重合度に関する計算問題も出題される。

✏️ 対策

　天然高分子と合成高分子ともに，教科書レベルの化合物の構造，単量体と重合の仕方などに関する基礎知識は確実に習得しておかなければならない。天然高分子は「生物」との関連が深い分野でもあり，単量体としての単糖類とアミノ酸の種類と構造，性質をよく整理して理解し，その重合反応によってできる多糖類やタンパク質などの高分子化合物の構造と特性，反応性と結びつけた理解が重要である。合成高分子は樹脂や繊維など日々進歩する分野であるので，日ごろから科学技術の最先端の情報に興味をもって知識を得ておくとともに，実戦的な問題演習を行って，日常生活とのつながりや機能性高分子などの新素材に関する応用的な知識を身につけておくことが高得点につながる。高分子化合物に関わる計算問題は決まった解法を用いることが多く，類題に多く当たって計算の間違いや有効数字，べき数の扱いに注意した対策をしよう。通常では高校化学の授業の最後に習得する内容であるので，対策が追いつかないままに受験するようなことのないように，早めに対策を始めておこう。

解答する際の注意点

九州大学の実際の入学試験の問題冊子には，次に示すように計算に必要な数値や構造式の記入例が記載されています。解答する際の参考としてください。

必要な場合には，次の値を用いよ。

原子量：H＝1.00　Li＝6.94　C＝12.0　N＝14.0　O＝16.0　F＝19.0　Na＝23.0
　　　　Al＝27.0　Si＝28.1　P＝31.0　S＝32.0　Cl＝35.5　K＝39.1　Ca＝40.0
　　　　Mn＝54.9　Fe＝55.8　Ni＝58.7　Cu＝63.5　Zn＝65.4　Br＝79.9
　　　　Ag＝108　I＝127　Pt＝195.1　Au＝197

気体定数 R：$8.31 \times 10^3 \, \mathrm{Pa \cdot L/(mol \cdot K)}$

理想気体のモル体積：22.4L/mol（0℃，$1.01 \times 10^5 \, \mathrm{Pa}$）

$1 \, \mathrm{atm} = 760 \, \mathrm{mmHg} = 1.0 \times 10^5 \, \mathrm{Pa}$

アボガドロ定数 N_A：$6.02 \times 10^{23} / \mathrm{mol}$

ファラデー定数 F：$9.65 \times 10^4 \, \mathrm{C/mol}$

絶対零度 0K：－273℃

平方根：$\sqrt{2} = 1.41$，$\sqrt{3} = 1.73$，$\sqrt{5} = 2.24$，$\sqrt{7} = 2.65$

※本書収載の問題に必要な値が与えられていないときは，これらの値を用いてください。

構造式を記入するときは記入例にならって答えよ。

構造式の記入例

※問題に記入例が示されていないときは，この例にならってください。

第1章
物質の構成

1 同位体と半減期，銅の電解精錬

次の文章(1)と(2)を読み，**問1〜問6**に答えよ。

(1) 原子番号が同じでも，質量数が異なる原子が存在する。これらの原子を互い
に〔　ア　〕であるという。水素原子の〔　ア　〕には，質量数が1, 2, 3の
ものが存在し，それぞれ^{1}H，^{2}H，^{3}Hと表す。^{3}Hは2個の〔　イ　〕を含む
放射性〔　ア　〕であり，その原子核は放射線を出して，〔　ウ　〕を2個，
〔　イ　〕を1個含む〔　エ　〕原子の原子核に変わる。^{3}Hが出す放射線は高感
度に測定することができ，単位体積当たりの^{3}Hの物質量を見積もることがで
きる。^{3}Hの半減期を12年とすると，48年後には^{3}Hの原子数が元の〔　X　〕
分の1となる。

　水素原子には^{1}H，^{2}H，^{3}Hが存在するため，これらの水素原子を含む水分
子には異なるもの，すなわち2個の^{1}Hが1個の酸素原子^{16}Oと結合した水分
子**A**や，2個の^{3}Hが1個の^{16}Oと結合した水分子**B**などが存在する。水分子
Aからなる水に水分子**B**からなる水を少量混合すると，水分子**A**や水分子**B**
とは異なる水分子**C**が生成する。また，水分子**A**からなる水の沸点は，水分
子**B**からなる水の沸点に比べてわずかに低い。水分子**A**からなる水に水分子
Bからなる水を少量混合した後，この混合水の量が半分になるまで蒸留を行っ
た。そのとき生成した蒸気を冷却してできた混合水(25℃)中の^{3}Hの物質量
は，同じ体積の元の混合水(25℃)と比べて〔　オ　〕。

問1. 文章中の〔　ア　〕〜〔　オ　〕にあてはまる最も適切な語句を，次の(A)〜
(L)の中から一つずつ選び記号で答えよ。

(A) 同素体　　　(B) 同位体　　　(C) 同族体

(D) 電子　　　　(E) 陽子　　　　(F) 中性子

(G) 水素　　　　(H) ヘリウム　　(I) リチウム

(J) 多くなった　(K) 少なくなった　(L) 変わらなかった

問 2. 文章中の〔　X　〕にあてはまる適切な数値を整数で答えよ。また，水分子 **C** の構造式を以下の例にならって答えよ。

構造式の記入例

^{1}H$-^{16}$O$-^1$H

問 3. 蒸留操作では，対象とする液体を沸騰させるため，加熱する必要がある。25℃の水分子 **A** からなる水 18 g を加熱し，すべてを 100℃ の水蒸気にするためには，何 kJ の熱量が必要か，有効数字 2 桁で答えよ。ただし，水分子 **A** からなる水の蒸発熱を 41 kJ/mol，比熱を 4.2 J/(g·K) とする。

(2) 黄銅鉱などから得られる粗銅は，電気分解を利用して高純度の銅 **Cu** に精錬される。不純物としてニッケル **Ni**，銀 **Ag**，金 **Au** のみを含み組成が均一である粗銅板を用いて精錬を行った。粗銅板に含まれる **Cu** と **Ag** の質量比は 500：1，**Ni** と **Au** の質量比は 100：1 であった。粗銅板および純銅板を電極として用い，2.00 A の電流を流し続けて硫酸銅(Ⅱ) **CuSO$_4$** の硫酸酸性水溶液の電気分解を行ったところ，<u>粗銅板の一部が溶解</u>して純銅板に<u>銅が析出</u>した。このときに
　　　　　　　　　　　a)　　　　　　　　　b)
生じた沈殿物を分析したところ，**Ag** が 2.54×10^{-3} g，**Au** が 5.87×10^{-4} g 含まれていた。

問 4. 下線部 a) の粗銅板から溶出した **Ni** の質量は何 g か，有効数字 3 桁で答えよ。

問 5. 下線部 b) の純銅板に析出した **Cu** の質量は何 g か，有効数字 3 桁で答えよ。

問 6. 電気分解に要した時間は何秒か，有効数字 3 桁で答えよ。ただし，ファラデー定数は，9.65×10^4 C/mol とする。

解　答

問1　アー(B)　イー(F)　ウー(E)　エー(H)　オー(K)

問2　X：16　Cの構造式：^{1}H$-^{16}$O$-^3$H

問3　4.7×10 kJ

問4　5.87×10^{-2} g

問5　1.33 g

問6　2.03×10^3 秒

ポイント

　見慣れない内容でも説明文を理解すれば正解できる。電気分解における金属の溶解や析出は，流れる電子の物質量の確認と考察力が必要。

解　説

問1　水素には右に示す3種類の同
位体が存在し，^{3}H は放射線（β
線）を放出して ^{3}He となる放射
性同位体である。

同位体		陽子数	中性子数	存在比(%)
^{1}H	水素	1	0	99.99
^{2}H	重水素	1	1	0.01
^{3}H	三重水素	1	2	極微量

$$^3_1\text{H} \longrightarrow {}^3_2\text{He} + e^-$$

水分子Aは ^{1}H$-^{16}$O$-^1$H，水分子Bは ^{3}H$-^{16}$O$-^3$H と表せ，水分子Aの沸点が水分
子Bの沸点より低いことから，水分子Aからなる水に水分子Bからなる水を少量加
えた混合水を蒸留すると，より沸点の低い水分子Aが先に蒸気となる。この蒸気を
冷却した混合水は水分子Aをより多く含むため，含まれる ^{3}H の物質量は元の混合
水と比べて少なくなる。

よって，オの正解は(K)。

問2　放射性同位体の原子数が元の数の半分になる時間を半減期といい，最初の原子
核の個数を N_0，時間 t 後の個数を N，半減期を T とすると，次の関係が成り立つ。

$$N = N_0 \times \left(\frac{1}{2}\right)^{\frac{t}{T}}$$

数値を代入すると

$$\frac{N}{N_0} = \left(\frac{1}{2}\right)^{\frac{48}{12}} = \frac{1}{16}$$

よって，48年後には元の16分の1となる。

水分子中の水素原子は電離平衡によって入れ替わるので，^{1}H$-^{16}$O$-^1$H や
^{3}H$-^{16}$O$-^3$H で表される水分子以外に，^{1}H$-^{16}$O$-^3$H で表される水分子（水分子C）
も生成する。

問3　必要な熱量は，25℃の水 18g を 100℃にするのに必要な熱量と，100℃の水 18g を 100℃の水蒸気にするのに必要な熱量の総和である。41 kJ/mol を 100℃の水の蒸発熱と考えると

$$18 \times 4.2 \times (100 - 25) + \frac{18}{18.0} \times 41 \times 1000$$

$$= 46670 \fallingdotseq 4.7 \times 10^4 \, [\text{J}]$$

$$= 4.7 \times 10 \, [\text{kJ}]$$

問4　粗銅の電解精錬の各電極で起きる反応は次のようになる。

陽極：イオン化傾向の大きい順に Ni, Cu がイオン化し，イオンになりにくい Ag と Au は陽極泥として沈殿する。

$$\text{Ni} \longrightarrow \text{Ni}^{2+} + 2e^-$$

$$\text{Cu} \longrightarrow \text{Cu}^{2+} + 2e^-$$

陰極：よりイオン化傾向の小さい Cu が析出する。

$$\text{Cu}^{2+} + 2e^- \longrightarrow \text{Cu}$$

陽極泥に含まれる Au の質量の 100 倍が電極から溶出した Ni の質量と考えると

$$5.87 \times 10^{-4} \times 100 = 5.87 \times 10^{-2} \, [\text{g}]$$

問5　問4と同じく，陽極泥に含まれる Ag の質量の 500 倍が電極から溶出した Cu の質量と考えると，その質量は

$$2.54 \times 10^{-3} \times 500 = 1.27 \, [\text{g}]$$

溶出した Ni と Cu はともに 2 価の陽イオンになるので，陰極で Cu の析出に使われる電子の物質量は次のように求められる。

$$\frac{5.87 \times 10^{-2}}{58.7} \times 2 + \frac{1.27}{63.5} \times 2 = 0.042 \, [\text{mol}]$$

陰極では電子 1 mol あたり $\frac{1}{2}$ mol の Cu が析出するので，その質量は

$$0.042 \times \frac{63.5}{2} = 1.333 \fallingdotseq 1.33 \, [\text{g}]$$

問6　電気分解に要した時間を x [秒] とすると

$$\frac{2.00 \times x}{9.65 \times 10^4} = 0.042$$

$$\therefore \quad x = 2.026 \times 10^3 \fallingdotseq 2.03 \times 10^3 \, [\text{秒}]$$

2　水の特性・同位体，過酸化水素の電子式・電離平衡・酸化還元反応

(2018年度　第1問)

以下の問1～問6に答えよ。

問1. H_2Oに関する次の文章から誤っているものをすべて選び，(A)～(E)の記号で答えよ。

(A) H_2Oの沸点がHFの沸点よりも高い理由はO—H結合の方がF—H結合よりも極性が大きいためである。

(B) H_2Oは酸としても塩基としても働く。

(C) H_2Oの分子は折れ線型の構造である。

(D) H_2Oは融解や沸騰はするが，昇華することはない。

(E) H_2とO_2を常温・常圧で混合するだけではH_2Oが生成しない理由はこの反応が吸熱反応だからである。

問2. 同じ元素の同位体どうしは質量が異なるが，その化学的性質はほぼ同じである。例えば，水素の主な同位体には^1Hと^2Hがあり，酸素の主な同位体には^{16}Oと^{18}Oがある。同体積の$^1H_2{}^{18}O$と$^2H_2{}^{16}O$を混合し，密閉容器に入れて液体状態で25℃を24時間保った。

(1) この混合液中には何種類の水分子が存在するかを答えよ。同位体の種類にもとづいて水分子を分類すること。

(2) この混合液中に存在する水分子のなかで，2番目に分子量が大きいものに含まれる中性子の総数を答えよ。

問3. 過酸化水素の電子式を記入例にならって記せ。

記入例：アンモニア H:N̈:H ただし，・は電子を表す。
　　　　　　　　 H

問4. 過酸化水素は水中で以下のように電離する。濃度2.20 mol/Lの過酸化水素水中のH_3O^+の濃度を有効数字2桁で求めよ。導出の過程も書け。なお，過酸化水素の電離定数は2.20×10^{-12} mol/Lとする。

$$H_2O_2 + H_2O \rightleftharpoons HO_2^- + H_3O^+$$

問 5. 濃度 2.20 mol/L の過酸化水素水 5.00 mL を希硫酸の添加により酸性にして，濃度 8.00×10^{-2} mol/L の過マンガン酸カリウム水溶液を加える反応において，過酸化水素がすべて消費されるために必要な過マンガン酸カリウム水溶液の体積(mL)を有効数字 2 桁で求めよ。導出の過程も書け。

問 6. 硫酸酸性水溶液中における過酸化水素とヨウ化カリウムとの反応の化学反応式を示せ。

解　答

問1　(A)・(D)・(E)

問2　(1) 6 種類　(2) 11 個

問3　$H \overset{..}{\underset{..}{O}} \overset{..}{\underset{..}{O}} H$

問4　（導出過程）反応式より，水溶液中では　　$[HO_2^-]=[H_3O^+]$

過酸化水素の電離定数が小さいことから，$[H_2O_2]≒2.20 \, mol/L$ と考える。

$$K=\frac{[HO_2^-][H_3O^+]}{[H_2O_2]}=\frac{[H_3O^+]^2}{[H_2O_2]}$$

$$\therefore \; [H_3O^+]=\sqrt{K[H_2O_2]}=\sqrt{2.20×10^{-12}×2.20}$$

$$=2.20×10^{-6}≒2.2×10^{-6} \, [mol/L] \quad ……（答）$$

問5　（導出過程）MnO_4^- は 1 mol が 5 mol の電子を奪う酸化剤，H_2O_2 は 1 mol が 2 mol の電子を与える還元剤としてはたらく。酸化剤が奪う電子の物質量と還元剤が与える電子の物質量は等しいので，必要な $KMnO_4$ 水溶液の体積を x [mL] とすると

$$\frac{5×8.00×10^{-2}×x}{1000}=\frac{2×2.20×5.00}{1000}$$

$$\therefore \; x=55 \, [mL] \quad ……（答）$$

問6　$H_2O_2+2KI+H_2SO_4 \longrightarrow I_2+2H_2O+K_2SO_4$

ポイント

　水の特性はいろいろな観点から原因とともに理解しておくことが重要。過酸化水素に関する酸化還元滴定の反応式や計算は頻出。

解　説

問1　(A)　誤文。共有結合における極性は電気陰性度の差が関係する。O−H 結合より F−H 結合の方が大きな極性をもつため，水素結合は HF の方が強い。しかし H_2O は 1 分子あたりの水素結合が約 4 カ所であるのに対し，HF は約 2 カ所であるため，沸点は H_2O の方が高くなる。

(B)　正文。水が酸としてはたらく例：$NH_3+H_2O \longrightarrow NH_4^++OH^-$

水が塩基としてはたらく例：$HCl+H_2O \longrightarrow H_3O^++Cl^-$

(C)　正文。水分子は右に示すような折れ線形の構造をもつ。

(D)　誤文。冷凍庫の中の氷が時間経過とともに少しずつ小さくなるように，水も昇華する。三重点以下の温度では，昇華圧曲線上でその変化が起こる。

(E)　誤文。H_2 の燃焼による H_2O の生成は発熱反応であるが，H_2 と O_2 を混合する

だけでは H_2O が生成しない。これは常温では，活性化エネルギーを超えるエネルギーをもつ分子が少ないためである。

問2 (1) $^1H_2{}^{18}O$ と $^2H_2{}^{16}O$ の間で ^1H と ^2H の交換が起こるため，もとの分子以外に $^1H^2H^{16}O$，$^1H_2{}^{16}O$，$^1H^2H^{18}O$，$^2H_2{}^{18}O$ の4種類が生じ，計6種類となる。

(2) 分子量が2番目に大きいのは $^1H^2H^{18}O$ で，中性子数は $0+1+10=11$ 個である。

問3 過酸化水素の分子は，水分子のH原子とO原子の間にさらに1つのO原子が入る構造をもち，分子内に4対の非共有電子対をもつ。

問4 水は大量に存在するため，$[H_2O]$ は一定と考えてよい。

したがって，過酸化水素の電離定数 K は次のようになる。

$$K = \frac{[HO_2{}^-][H_3O^+]}{[H_2O_2]}$$

問5 酸化剤と還元剤の反応を次に示す。

酸化剤（$KMnO_4$）：$MnO_4{}^- + 8H^+ + 5e^- \longrightarrow Mn^{2+} + 4H_2O$ ……①

還元剤（H_2O_2） ：$H_2O_2 \longrightarrow 2H^+ + O_2 + 2e^-$ ……②

①×2＋②×5 より

$2MnO_4{}^- + 5H_2O_2 + 6H^+ \longrightarrow 2Mn^{2+} + 5O_2 + 8H_2O$

$2K^+$ と $3SO_4{}^{2-}$ を加えて

$2KMnO_4 + 5H_2O_2 + 3H_2SO_4 \longrightarrow 2MnSO_4 + 5O_2 + 8H_2O + K_2SO_4$

酸化還元反応では，酸化剤が奪う電子の物質量と，還元剤が与える電子の物質量が等しいので，各物質のモル濃度と過酸化水素水の体積より，必要な過マンガン酸カリウム水溶液の体積を求めることができる。

問6 酸化剤と還元剤の反応を次に示す。

酸化剤（H_2O_2）：$H_2O_2 + 2H^+ + 2e^- \longrightarrow 2H_2O$ ……③

還元剤（KI） ：$2I^- \longrightarrow I_2 + 2e^-$ ……④

③×1＋④×1 より

$H_2O_2 + 2I^- + 2H^+ \longrightarrow I_2 + 2H_2O$

$2K^+$ と $SO_4{}^{2-}$ を加えて

$H_2O_2 + 2KI + H_2SO_4 \longrightarrow I_2 + 2H_2O + K_2SO_4$

問5・問6からわかるように，過酸化水素は相手が過マンガン酸カリウムの場合は還元剤，相手がヨウ化カリウムの場合は酸化剤としてはたらく。

3 アルミニウムの製法と反応，アルミニウムとZnSの結晶構造

(2017年度　第1問)

次の文章を読み，**問1～問7**に答えよ。

日本で発見された原子番号113番の新元素の名称案が〔　①　〕になることが，2016年6月9日に発表された。この元素は，原子番号30番の典型元素である亜鉛と原子番号83番の典型元素であるビスマスを高速で衝突させ，核融合により合成する。〔　①　〕は，周期表においてアルミニウムと同じ〔　ア　〕族に属する元素である。単体のアルミニウムは，軽くてやわらかい金属で，ボーキサイトを精製してアルミナとよばれる純粋な〔　A　〕をつくり，さらにこれを融解塩電解して製造される。

アルミニウムの価電子数は〔　イ　〕個である。単体のアルミニウムは酸の水溶液にも強塩基の水溶液にも反応して溶ける性質をもち，〔　②　〕元素と呼ばれる。〔　②　〕元素としては他に，亜鉛，スズ，鉛が知られている。常温におけるアルミニウムの結晶格子は〔　③　〕格子である。〔　③　〕格子では，配位数は〔　ウ　〕である。〔　③　〕格子は最密(充塡)構造であり，充塡率は〔　エ　〕％である。
(a)

問1. 文中の〔　①　〕～〔　③　〕にあてはまる適切な語句を答えよ。文中の〔　ア　〕～〔　エ　〕にあてはまる適切な数値を整数で答えよ。また，文中の〔　A　〕にあてはまる化学式を答えよ。

問2. 下線部(a)について，アルミニウムが水酸化ナトリウム水溶液に溶ける反応を化学反応式で示せ。

問3. 単体のアルミニウムを濃硝酸に入れると，不動態になる。下記の金属のうち，アルミニウムと同様に不動態になりうる金属を一つ選び元素記号で答えよ。

Na, Cr, Zn, Sn, Pb

問 4. ジュラルミンは，アルミニウムに銅，マグネシウム，マンガンの3種類の
　　　金属を混合してつくられる合金である。銅，マグネシウム，マンガンの水溶
　　　液中でのイオン化傾向を，大きなものから順に元素記号で記せ。

問 5. ある金属は〔　③　〕格子の結晶で，単位格子の一辺の長さが a[cm]，密
　　　度は d[g/cm^3]である。アボガドロ定数を N_A[/mol]として，この金属の原
　　　子量 A を求める式を示せ。

問 6. 亜鉛の各電子殻(K 殻，L 殻，M 殻，N 殻)中の電子数を答えよ。

問 7. 亜鉛と硫黄を反応させたところ，組成式 ZnS で表される硫化亜鉛結晶が
　　　生成した。この ZnS 結晶の構造は図に示すとおり，陽イオン数と陰イオン
　　　数の比が1：1であり，また，Zn^{2+} と S^{2-} の間の結合距離はすべて同じで
　　　ある。次の(1)，(2)の問に答えよ。

　(1)　単位格子中の Zn^{2+} および S^{2-} の数を求めよ。

　(2)　ZnS 結晶の単位格子は一辺の長さが 0.54 nm の立方体であるとして，
　　　Zn^{2+} と S^{2-} の結合距離を有効数字2桁で答えよ。なお，$\sqrt{3} = 1.7$ とす
　　　る。

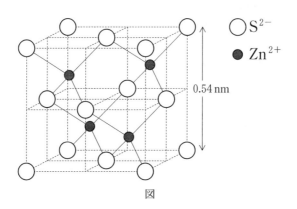

図

解　答

問1　①ニホニウム　②両性　③面心立方
　　　ア．13　イ．3　ウ．12　エ．74　Ａ．Al_2O_3
問2　$2Al + 2NaOH + 6H_2O \longrightarrow 2Na[Al(OH)_4] + 3H_2$
問3　Cr
問4　$Mg > Mn > Cu$
問5　$A = \dfrac{N_A a^3 d}{4}$
問6　K殻：2　L殻：8　M殻：18　N殻：2
問7　(1)Zn^{2+} の数：4　S^{2-} の数：4
　　　(2)Zn^{2+} と S^{2-} の結合距離：0.23nm

ポイント

　新元素の発見等，科学的な一般常識も問われる。結晶格子の計算は空間的な位置関係を正確に把握することが重要。

解　説

問1・問2　「ニホニウム」は元素記号 Nh，日本で発見された元素であり，次の核融合でつくられた。　$_{30}Zn + _{83}Bi \longrightarrow _{113}Nh$

周期表第7周期で，B，Al などと同じ13族元素である。単体のアルミニウムは，酸化物の Al_2O_3（アルミナ）の融解塩（溶融塩）電解で得られる。アルミニウムは3個の価電子をもち，次の反応式で示されるように，酸や強塩基の水溶液と反応して水素を発生する両性元素である。

　　$2Al + 6HCl \longrightarrow 2AlCl_3 + 3H_2$

　　$2Al + 2NaOH + 6H_2O \longrightarrow 2Na[Al(OH)_4] + 3H_2$

アルミニウムの結晶構造は右図Ⅰに示す面心立
方格子であり，その原子半径 r と単位格子一辺
の長さ a は右図Ⅱより，次の関係にある。

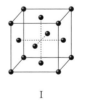

　　$r = \dfrac{\sqrt{2}}{4} a$

　　　　　　　　　　　　Ⅰ 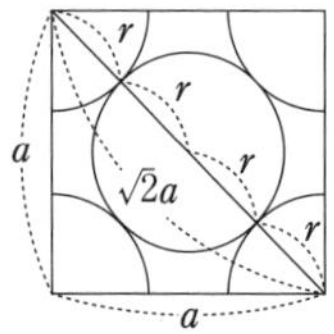　　　　　Ⅱ

単位格子中に含まれる原子は4個なので，その
充塡率は次のように計算できる。

$$充塡率 = \frac{原子4個の体積}{単位格子の体積} \times 100 = \frac{\dfrac{4\pi r^3}{3} \times 4}{a^3} \times 100$$

$$= \frac{\frac{4\pi}{3} \times \left(\frac{\sqrt{2}a}{4}\right)^3 \times 4}{a^3} \times 100 = \frac{\sqrt{2}\pi}{6} \times 100$$

$$= \frac{1.41 \times 3.14}{6} \times 100 = 73.7 \fallingdotseq 74 \,[\%]$$

問3　酸化力のある酸（硝酸，熱濃硫酸）によって金属表面にち密な酸化被膜が生じ，内部が保護される状態を不動態という。Al，Fe，Ni，Cr などの金属が不動態をつくることが知られている。

問4　金属の単体が水または水溶液中で電子を放出して，陽イオンになろうとする性質を金属のイオン化傾向という。Mg は 2 族元素でイオン化傾向が大きく，遷移元素である Cu はイオン化傾向が小さい。Mn はその中間に属すると考えられる。

問5　金属の原子量を A とすると，面心立方格子の格子 1 個に含まれる原子数は 4 個であるから，結晶格子 1 個の質量について次の等式が成り立つ。

$$a^3 \times d = \frac{A}{N_A} \times 4 \qquad \therefore \quad A = \frac{N_A a^3 d}{4}$$

問6　原子番号 30 の亜鉛は 30 個の電子をもち，内側から K 殻(2)，L 殻(8)，M 殻(18)と電子が入り，最外電子殻の N 殻には 2 個の電子が入る。

問7　(1)　Zn^{2+} はすべて単位格子内に含まれ，その数は

$$1 \times 4 = 4 \text{ 個}$$

S^{2-} は $\frac{1}{8}$ 含まれるイオンが 8 個，$\frac{1}{2}$ 含まれるイオンが 6 個あるので，単位格子中の

数は　$\frac{1}{8} \times 8 + \frac{1}{2} \times 6 = 4$ 個

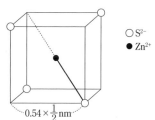

○ S^{2-}
● Zn^{2+}

0.54 × $\frac{1}{2}$ nm

(2)　単位格子の $\frac{1}{8}$ の立方体で考えると，右図の太線部分が Zn^{2+} と S^{2-} の結合距離である。よって

$$0.54 \times \frac{1}{2} \times \sqrt{3} \times \frac{1}{2} = 0.229$$

$$\fallingdotseq 0.23 \,[\text{nm}]$$

4 周期表，イオン化エネルギーと電子配置，マンガン酸化物の組成式

(2015年度　第1問)

下の表は原子番号1番から36番までの元素の周期表である。**問1**～**問7**に答えよ。

族＼周期	1	2	3	4	5	6	7	8	9	10	11	12	13	14	15	16	17	18
1	H																	He
2	Li	Be											B	C	N	O	F	Ne
3	Na	Mg											Al	Si	P	S	Cl	Ar
4	K	Ca	Sc	Ti	V	Cr	Mn	Fe	Co	Ni	Cu	Zn	Ga	Ge	As	Se	Br	Kr

問 1. 表中の遷移元素の数を答えよ。

問 2. 第3周期に属する元素の中で第一イオン化エネルギーが最も小さい元素の元素記号を答えよ。

問 3. 炭素原子には，質量数が12，13，14の3種類の同位体が存在する。この中で質量数13の炭素原子の中性子数を答えよ。

問 4. 臭化ナトリウムは水に溶けてナトリウムイオン(Na^+)と臭化物イオン(Br^-)に電離する。ナトリウムイオンと臭化物イオンの最外殻電子数と陽子数をそれぞれ答えよ。

問 5. 原子番号7番から13番の元素の中で，ネオンと同一の電子配置のイオンになるもののうちイオンの大きさが最小となるのはどれか，イオン式で答えよ。

問 6. 次の文章中の〔　ア　〕と〔　イ　〕に適切な記号もしくは数値を答えよ。

　　原子番号 25 番の元素であるマンガンの電子配置では，最外殻に 2 個の電子が存在する。最外殻のすぐ内側の電子殻は〔　ア　〕殻で，〔　イ　〕個の電子が存在する。

問 7. 次の文章中の〔　ア　〕～〔　エ　〕に適切な数値を答えよ。〔　ウ　〕と〔　エ　〕については小数点以下 2 桁で答えよ。

　　マンガンの特徴の一つは，複数の酸化数を取り得ることである。例えば，強力な酸化剤である $KMnO_4$ ではマンガンの酸化数は〔　ア　〕であり，$MnCl_2$ ではマンガンの酸化数は〔　イ　〕である。また，MnO_2 の組成をもつマンガン酸化物中のマンガンの酸化数は +4 である。その他，カリウムイオンを含むマンガン酸化物（K_xMnO_2）もあり，このマンガン酸化物中には酸化数 +3 と +4 のマンガンが含まれている。その組成式を $K_xMn(IV)_{1-y}Mn(III)_yO_2$ のように表すと，下記の分析実験により x, y のそれぞれの値は〔　ウ　〕，〔　エ　〕のように決定される。

【分析実験】
　　1.00 g のマンガン酸化物 $K_xMn(IV)_{1-y}Mn(III)_yO_2$ が完全に溶解した 250 mL のシュウ酸水溶液を調製した。この溶液中のカリウムイオン濃度を測定したところ 0.0052 mol/L であった。

解　答

問1　9

問2　Na

問3　7

問4　ナトリウムイオン：（最外殻電子数）8　（陽子数）11

　　　臭化物イオン：（最外殻電子数）8　（陽子数）35

問5　Al^{3+}

問6　ア．M　イ．13

問7　ア．＋7　イ．＋2　ウ．$x=0.12$　エ．$y=0.12$

ポイント

　周期表と元素の性質，電子配置等は基本事項。組成式の計算は，カリウムイオンの濃度とマンガンの酸化数に関する思考力が必要。

解　説

問1　遷移元素は周期表の3～11族の元素であり，第4周期ではScからCuまでの9個が遷移元素である。

問2　第一イオン化エネルギーは，周期表の同族（縦列）ではより下の元素，同周期（横列）ではより左の元素の値が小さい。よって，第3周期で最も小さいのはNaである。

問3　$^{13}_{6}C$ の中性子の数は，陽子の数が6なので

　　　$13-6=7$

問4　ナトリウムイオン Na^+ と臭化物イオン Br^- の電子配置を右の表に示す。最外殻電子数は Na^+ が8（L殻），Br^- が8（N殻）であり，陽子数は原子番号と同じなので，Na^+ が11，Br^- が35である。

	K殻	L殻	M殻	N殻
$_{11}Na^+$	2	8		
$_{35}Br^-$	2	8	18	8

問5　原子番号7～13番の元素のイオンのうち，電子配置がネオンと同一のものは O^{2-}，F^-，Na^+，Mg^{2+}，Al^{3+} である。核外電子数はすべて10個であるが，陽子数が多いものほど強く電子を引きつけるので，イオンの大きさは小さくなる。よって，イオンの大きさは Al^{3+} が最小となる。

問6　Mnの電子配置を右の表に示す。M殻に8個の電子が入ったあとN殻に2個入り，さらにその後残りの電子がM殻に入るので，核外電子数25個のマンガンの場合，最外電子殻はN殻で2個の電子が入り，すぐ内側のM

	K殻	L殻	M殻	N殻
$_{25}Mn$	2	8	13	2

殻に13個の電子が入ることになる。

問7 ア・イ．単体および主な化合物中のマンガンの酸化数の変化を右の図に示す。

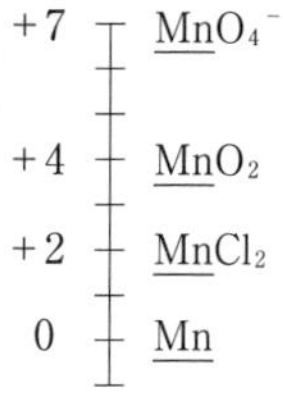

$+7$ ┬ MnO_4^-

$+4$ ┼ MnO_2

$+2$ ┼ $MnCl_2$

0 ┴ Mn

ウ・エ．組成式 $K_xMn(\text{IV})_{1-y}Mn(\text{III})_yO_2$ の化合物の式量は $(39.1x+86.9)$ である。この化合物 $1mol$ が水に溶けると x 〔mol〕の K^+ が生じ，分析実験より，マンガン酸化物 $1.00g$ に含まれるカリウムイオンの物質量は

$$0.0052 \times \frac{250}{1000} = 0.0013 〔mol〕$$

であるから

$$\frac{1.00}{39.1x+86.9} \times x = 0.0013 \qquad \therefore \quad x = 0.119 \fallingdotseq 0.12$$

また，化合物中のすべての原子の酸化数の合計はゼロになる。それぞれの原子の酸化数は $K(+1)$，$Mn(\text{IV})(+4)$，$Mn(\text{III})(+3)$，$O(-2)$ であるから，次の式が成り立つ。

$$(+1) \times x + (+4) \times (1-y) + (+3) \times y + (-2) \times 2 = x + 4(1-y) + 3y - 4 = 0$$

この式より，$x=y$ となるので，y の値も 0.12 である。

5 化学結合と元素の周期性，酸化物の分類，金属の性質

(2013年度　第1問)

次の文章を読み，**問1〜問4**に答えよ。

　2つの原子A，Bが反応して化合物ABを生成する時，原子同士の結合の強さや生成した化合物の性質は，原子の価電子と原子核が互いにおよぼす力の強さに大きく影響される。これに関連する元素固有の値として，〔　(ア)　〕と〔　(イ)　〕が挙げられる。〔　(ア)　〕は，原子から電子を1つ取り去るのに必要なエネルギーであり，〔　(イ)　〕は原子に電子を1つ付加した時に放出されるエネルギーである。また，化合物ABの結合において，原子Aと原子Bのそれぞれが電子を引き寄せる力の相対的な強さを〔　(ウ)　〕と呼ぶ。〔　(ウ)　〕は2原子間の結合がイオン結合か共有結合かを判断する基準となる。例えば，〔　(エ)　〕における異なる2原子は，イオン結合で結ばれている。また，〔　(オ)　〕における異なる2原子は，共有結合で結ばれている。

　一般的に〔　(ウ)　〕の大きな元素は〔　(カ)　〕的な性質を示し，〔　(ウ)　〕の小さな元素は〔　(キ)　〕的な性質を示す。元素の周期表の同周期の元素では，原子番号が大きくなるに従って，〔　(ク)　〕的な性質を有するようになる。同族元素では，元素の周期表の下へ行くに従って，〔　(ケ)　〕性が増す。

問1. 文中の〔　(ア)　〕〜〔　(ウ)　〕に適切な語句を記せ。

問2. 第3周期元素の酸化物として，以下の化合物が知られている。

> P_4O_{10}, Na_2O, SiO_2, SO_3, MgO

(1)　これらの中から，〔　(エ)　〕に当てはまる化合物をすべて選べ。
(2)　これらの中から，〔　(オ)　〕に当てはまる化合物をすべて選べ。
(3)　これらの中から，酸性酸化物をすべて選べ。

問3. 文中〔　(カ)　〕〜〔　(ケ)　〕には，「金属」か「非金属」のどちらかの語句が入

る。「金属」の入る箇所を〔　(カ)　〕〜〔　(ケ)　〕からすべて選べ。

問 4. 以下の元素から金属的な性質が最も大きな元素を選べ。また，金属元素の性質として当てはまるものを以下のA〜Eからすべて選べ。

O, S, Ca, As, Se

A. イオン電荷・酸化数がともに負の値になる。

B. 還元剤よりも酸化剤となる元素が多い。

C. 延性および展性を示す。

D. 塩基性を示す酸化物が酸性を示す酸化物よりも多い。

E. 熱および電気の伝導性が高い。

解答

問1　㋐第1イオン化エネルギー　㋑電子親和力　㋒電気陰性度
問2　(1)Na$_2$O, MgO　(2)P$_4$O$_{10}$, SiO$_2$, SO$_3$
　　　(3)P$_4$O$_{10}$, SiO$_2$, SO$_3$
問3　㋖・㋘
問4　元素：Ca　金属元素の性質：C・D・E

ポイント
　イオン化エネルギー，電子親和力，電気陰性度の定義と元素の性質の周期性は基本事項。
ヒ素やセレンといった元素の周期表上の位置にも注意。

解説

問1　㋐　第1イオン化エネルギーは，原子から電子1個を取り去って，1価の陽イ
オンにするために必要な最小のエネルギーである。
　㋑　電子親和力は，原子が電子を1個取り入れて陰イオンになるとき放出されるエ
ネルギーである。
　㋒　電気陰性度は，原子が共有電子対を引き寄せる強さの尺度である。結合する2
原子間の電気陰性度の差が大きいほど結合のイオン結合性が大きくなり，電気陰性
度の差が小さいほど結合の共有結合性が大きくなる。
問2　一般に，イオン結合は金属元素と非金属元素の間の結合であり，共有結合は非
金属元素どうしの間の結合である。酸化物の場合，非金属元素である酸素に対し，
金属元素が結合するとイオン結合，非金属元素が結合すると共有結合となる。
　　酸化物のうち，非金属元素の酸化物は水と反応して酸となったり，塩基と反応し
て塩を生じるので酸性酸化物といい，P$_4$O$_{10}$, SiO$_2$, SO$_3$などがそれに当たる。
問3　元素の金属性は，電気陰性度が小さく，周期表の同周期では左（原子番号が小
さい）ほど，周期表の同族では下へ行くほど，大きくなる。
問4　O, S, Ca, As（ヒ素），Se（セレン）のうち，金属元素として分類されるの
はCaだけである。金属元素の特徴としては，C・D・E以外には，単体は常温で
固体のものが多く（水銀は例外），金属光沢をもつことがあげられる。また，単体
は電子を放出して陽イオンになりやすく，還元剤としてはたらくことが多い。

6 14族元素の単体および化合物の構造と性質

(2012年度　第1問)

次の文章を読み，**問1〜問8**に答えよ。

　周期表の第14族には，炭素C，ケイ素Si，ゲルマニウムGe，スズSn，鉛Pbが並ぶ。このうち，炭素は非金属，スズと鉛は金属とみなされる。ケイ素とゲルマニウムは，非金属と金属の中間的な性質を示し，〔　(ア)　〕とよばれる。

　炭素の単体には，〔　(イ)　〕，〔　(ウ)　〕，無定形炭素の3種類の〔　(エ)　〕が存在することが古くから知られている。〔　(イ)　〕は電気を通さないが，〔　(ウ)　〕は電気を通す。上記の3種類のほかに，フラーレンやカーボンナノチューブも〔　(エ)　〕に加えられる。

　炭素の酸化物には，一酸化炭素と二酸化炭素がある。また，水素との化合物であるメタンは最も簡単な構造を有する有機化合物の1つである。これらの化合物に含まれる炭素の酸化数はすべて異なる。

　水素，炭素，酸素の各原子が互いに結合する際に<u>電子を引き寄せる力の強さ</u>は，酸素原子が最も大きく水素原子が最も小さい。元素によりその強さに差があるために，電気的なかたよりが生じる。分子全体としてかたよりがあるものを極性分子という。

　二酸化ケイ素は非常に安定な物質であり，その結晶の代表的なものに石英がある。一方，二酸化炭素分子が規則正しく配列してできた結晶は〔　(オ)　〕である。〔　(オ)　〕を常温常圧で放置すると，<u>液体状態を経由せずに直接気体になる。</u>
(b)

問1. 文中の〔　(ア)　〕〜〔　(オ)　〕に適切な語句を記せ。

問2. 自然界に存在する炭素原子はおもに^{12}Cと^{13}Cである。^{13}Cについて，(1)陽子の数，(2)中性子の数を記せ。

問3. ケイ素原子の各電子殻に入っている電子の数を例にならって示せ。
　〔例〕　Li：K^2L^1

問 4. 〔 (イ) 〕の融点は 3550 ℃ と非常に高い。その理由を 20 字以内で説明せよ。

問 5. (1)一酸化炭素,(2)二酸化炭素,(3)メタンについて,それぞれの分子に含まれる炭素の酸化数を記せ。

問 6. 下線部(a)について,その大きさを数値で表したものを何とよぶか答えよ。

問 7. 一酸化炭素,二酸化炭素,メタン,メタノールの中から,極性分子に分類されるものをすべて選び,その化学式を記せ。

問 8. 下線部(b)について,その状態変化を何とよぶか答えよ。また,常温常圧で同じ状態変化を示す化合物名を 1 つあげよ。

解　答

問 1　㋐半導体　㋑ダイヤモンド　㋒黒鉛　㋓同素体　㋔ドライアイス

問 2　(1) 6　(2) 7

問 3　Si：K²L⁸M⁴

問 4　原子がすべて共有結合している結晶だから。(20 字以内)

問 5　(1)＋2　(2)＋4　(3)－4

問 6　電気陰性度

問 7　CO，CH₃OH

問 8　状態変化の名称：昇華　化合物名：ナフタレン

ポイント

　炭素やケイ素の単体および化合物の構造や結晶の性質は頻出。論述問題を確実に答えて得点を稼ごう。

解　説

問 1　炭素の同素体のうち，ダイヤモンド，黒鉛の構造を下図に示す。黒鉛は平面網目状の層状構造の間に自由に動く電子が存在するので，電気伝導性をもつ。さらに層と層の間は弱いファンデルワールス力が存在するだけなので，はがれやすく，もろい性質をもつ。

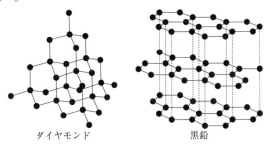

ダイヤモンド　　　　　　　黒鉛

問 2　炭素の原子番号は 6 であるので，陽子の数は 6 である。¹³C の質量数は 13 であるので，中性子の数は 13－6＝7 となる。

問 3　ケイ素原子は第 3 周期 14 族の元素であるので，K 殻と L 殻は閉殻となっており，M 殻には 4 個の電子が入っている。

問 4　ダイヤモンドは上図に示すように正四面体型構造を基本とした立体網目構造をもち，すべての炭素原子が共有結合で結びついた結晶である。結晶内に自由に動く電子がないので，電気伝導性をもたない。また，共有結合が非常に強いので融点が高く，極めて硬い。

問5　各化合物中の炭素原子の酸化数は
①　化合物中で原則として酸素原子の酸化数は－2，水素原子の酸化数は＋1。
②　化合物中のすべての原子の酸化数の総和はゼロ。
というルールに従って次のように算出できる。

(1)$\underset{+2}{\mathrm{C}}\mathrm{O}$　(2)$\underset{+4}{\mathrm{C}}\mathrm{O_2}$　(3)$\underset{-4}{\mathrm{C}}\mathrm{H_4}$

問6　異なる原子が共有結合を作るとき，各原子が共有電子対を引きつける強さを数値で表したものが電気陰性度であり，その値が大きいほどより強く電子を引きつけていることになる。

問7　4つの化合物の分子構造と極性の有無を次に示す。矢印はその方向へ電子が引きつけられている様子を示す。異なる電気陰性度をもつ2つの異なる原子間の共有結合には極性があり，メタンや二酸化炭素のように分子全体で結合の極性が打ち消される場合，その分子は無極性分子となる。

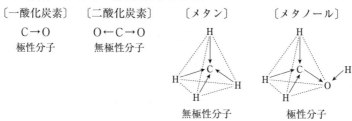

問8　ドライアイスのような分子結晶は，分子が弱い分子間力で結びついている結晶であり，昇華しやすいものが多い。常温常圧で昇華しやすいものの例としては，単体でヨウ素，化合物で二酸化炭素やナフタレンなどがある。

7 電子配置と化学結合，ホウ素の水素化合物

(2011 年度　第 1 問)

　以下は，高校生 A 君と九大生 B 君の会話である。文中の〔　(ア)　〕〜〔　(コ)　〕に
適切な数字，語句を記せ。

A 君：先輩の大学の化学の教科書に，ジボランと呼ばれるホウ素の水素化合物は
　　　電子不足化合物と書かれています。電子不足の意味がわからないので教え
　　　てください。

B 君：文字通り電子が足りない化合物だ。これは高校で学ぶ化学の知識があれば
　　　説明できるよ。まず，高校で習った元素の周期表におけるホウ素の位置
　　　と，ホウ素原子の価電子数と原子価を答えてごらん。

A 君：ホウ素は第〔　(ア)　〕周期の〔　(イ)　〕族の元素です。価電子の数は〔　(ウ)　〕
　　　個。原子価は〔　(エ)　〕価で窒素と同じですね。

B 君：ホウ素の原子価が窒素と同じ理由を説明できるかな。

A 君：原子価は原子が持っている〔　(オ)　〕の数に相当するので窒素と同じです。

B 君：ホウ素の最も単純な水素化合物はモノボランと呼ばれる分子だ。分子式は
　　　BH_3 で気体なんだ。モノボラン分子とアンモニア分子の共有結合を電子
　　　式を書いて比べてごらん。どこが異なっているのかな。

A 君：アンモニアの窒素原子には 1 組の〔　(カ)　〕がありますが，モノボランのホ
　　　ウ素にはありません。

B 君：モノボランは不安定な分子だから，2 つの分子が互いに結合して分子式が
　　　B_2H_6 のジボランになる。この図（右図）が
　　　ジボランの構造式だ。BH_3 の 1 個の水素
　　　がもう 1 つの BH_3 のホウ素に結合して
　　　B_2H_6 ができている。それでは実際のジボ
　　　ランの電子数を，ジボランの共有結合がす
　　　べて単結合と仮定した場合と比べてごらん。

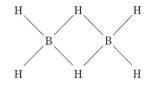

A 君：そうか。実際のジボラン分子は電子が〔　(キ)　〕個少ないんだ。だから電子
　　　不足化合物と呼ばれるのか。すると 2 つのホウ素の間にある水素とホウ素

の結合は，1つの結合あたりに電子が〔　(ケ)　〕個共有されることになるのですね。もう1つ質問があります。BH_4^- は BH_3 と比べて安定な化合物で，立体構造はアンモニウムイオンと同じ〔　(ケ)　〕形です。これは不安定なモノボランに1個の水素原子が結合した化合物と考えられますが，なぜ陰イオンで，なぜ安定なのですか。

B君：BH_3 の中心のホウ素原子は1組の〔　(カ)　〕を受け入れることができるんだ。BH_4^- は BH_3 のホウ素に水素化物イオンと呼ばれる水素の陰イオン（H^-）1個が〔　(コ)　〕結合した化合物で，BH_4^- のホウ素にはもうこれ以上原子が結合する部分が無いから安定だと考えれば良いんだよ。

解　答

㋐ 2　㋑ 13　㋒ 3　㋓ 3　㋔不対電子　㋕非共有電子対　㋖ 4　㋗ 1
㋘正四面体　㋙配位

ポイント

　問題文を確実に理解して，未知の物質や対話問題の空所補充に対応する読解力と応用力
が必要。

解　説

　ホウ素は原子番号 5，電子配置は K 殻に 2 個，L 殻に 3 個で，周期表の第 2 周期，
13 族の元素である。原子 1 個に存在する不対電子の数が原子価であり，ホウ素は 3
価となる。モノボラン（BH_3）の電子式は右のようになり，ホウ素の最
外電子殻（L 殻）に電子が 6 個しかないので，不安定な化合物である。
モノボラン 2 分子が結合してできるジボラン（B_2H_6）は比較的安定な
化合物であるが，その電子式は右のように示される。共有結合全体
に必要な電子の数は $8×2＝16$ 個である。しかし，B_2H_6 に含まれる
価電子の数は 12 個であり，分子全体で電子が 4 個不足した電子不
足化合物である。したがって，2 つのホウ素の間にある水素原子と
ホウ素原子の結合では，1 つの結合に共有される電子の数は 1 個となる。
BH_4^- のイオンは次のようにしてできる。

$$H:\overset{..}{\underset{H}{\overset{H}{B}}} +[:H]^- \longrightarrow \left[H:\overset{..}{\underset{H}{\overset{H}{B}}}:H \right]^-$$

このとき，水素化物イオン H^- の非共有電子対が，ホウ素
原子に配位結合することで，ホウ素原子の最外殻電子の数
は 8 個となり安定化する。配位結合したものが陰イオンで
あったため，BH_4^- は陰イオンとなるが，電子配置はアン
モニウムイオン（NH_4^+）と同じであるので，その立体構
造も右に示すように正四面体形となる。

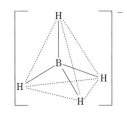

8 クラーク数と周期表，化合物の性質と反応
(2009年度　第1問)

次のA先生，B君，Cさんの会話文を読み，**問1〜問5**に答えよ。

A先生：右の表は，地球表面から深さ約
16 kmまでの岩石圏，水圏，および気圏に
存在する元素の割合を質量百分率で示した
ものだ。この百分率の値は，報告者の名前
にちなんでクラーク数と呼ばれている。

B君：クラークという人は，一体どうやって
そんなに大きなスケールで元素の存在割合
を求めたのでしょうか？

順　位	元素記号	クラーク数
1	O	49.5
2	(ア)	25.8
3	Al	7.56
4	(イ)	4.70
5	(ウ)	3.39
6	Na	2.63
7	(エ)	2.40
8	Mg	1.93
9	H	0.83
10	Ti	0.46

Cさん：地球表面の約7割が海だから，その主成分は水ですね。<u>酸素のクラーク
数が高いのは，このことが一つの要因ではないでしょうか</u>(a)。他方，水のもう一
つの構成元素である水素のクラーク数が9位とそれほど高くないのは，
〔　(I)　〕からです。

B君：<u>周期表</u>(b)と見比べると，クラーク数が5位と8位，6位と7位の元素がそれ
ぞれ同族です。また，4位と10位の元素は典型元素ではありません。

Cさん：ある胃薬の成分表を見ていたら，<u>8位の元素と1位の元素からなる化合
物</u>(c)がありました。胃酸を中和する働きがあるようですね。さらに調べたとこ
ろ，この物質は，6位のナトリウムと塩素からなる化合物と同じ結晶構造をし
ていることを知りました。

A先生：酸素は多くの元素と結びつきやすいんだ。(イ)の単体もそうで，<u>この化学
反応</u>(d)に伴う大きな発熱で暖をとろうというのが簡易カイロだね。この中身を開
けて見ると，(イ)の粉が使用前後で黒色から赤褐色に変化したことが確認でき
る。まったく同じ反応が，酸素を除去して食品の変質を防ぐためにも利用され
ている。つまり，脱酸素剤だ。

B君：食品といえば，(ウ)の酸化物は水分と容易に<u>化学反応</u>(e)するので，海苔（のり）などの
湿気を嫌うものといっしょに包装されていて，湿気取りに役立っています。

Cさん：同じく煎餅などの湿気取りとして使われているシリカゲルは，(ア)の酸化
　物です。

A先生：後半は食品を長持ちさせる話ばかりになったが，目的は同じでもそのや
　り方には色々な物質の様々な性質が利用されていることをきちんと整理してお
　こう。

問 1. 下線部(a)で述べていること以外に酸素のクラーク数が大きい理由として，
　以下から最も適当なものを1つ選び，番号で答えよ。
　　(1) 空気の構成成分として主たるものの一つであるから。
　　(2) ほとんどすべての生物に水分が多量に含まれているから。
　　(3) 気圏の外側にオゾン(O_3)層が存在しているから。
　　(4) 多くの岩石に酸素の化合物が含まれているから。
　　(5) 人類の活発な活動の結果，CO_2が増加傾向にあるから。

問 2. 水素のクラーク数が大きくない理由について，〔 (I) 〕内に入る適当な語
　句を解答欄に記入せよ。ただし，語句は10字以上30字以内とし，言葉が正
　しくつながるように留意すること。
　（数字や記号は1マスに2字まで記入してよい）

問 3. 下線部(b)の周期表に関する以下の(1)〜(5)の記述には誤ったものが2つあ
　る。それらの番号を解答欄に記し，正しい記述となるようにそれぞれの波線
　部を修正せよ。
　　(1) クラーク数上位10位以内の元素のうち，酸素のみが周期表の第1周期
　　に属する。
　　(2) (エ)の同族元素を含む化合物をガスバーナーの炎に入れると特徴的な発色
　　を呈する。
　　(3) 炭素などの14族元素にはクラーク数上位5位以内に含まれるものがあ
　　る。
　　(4) 17族元素の単体は電子を受けとり，他の物質を還元する作用がある。
　　(5) 18族元素はクラーク数上位10位以内に含まれていない。

問 4. 下線部(c)の化合物に関する以下の(1)～(5)の記述には誤ったものが2つある。それらの番号を解答欄に記し，正しい記述となるようにそれぞれの波線部を修正せよ。

(1) この化合物はマグネシウムと酸素の数の比が1：1で結合した<u>分子</u>である。

(2) この化合物中のマグネシウムは，<u>2個</u>の電子を放出して正に帯電している。

(3) この化合物中のマグネシウムと酸素は<u>二重結合</u>を形成している。

(4) この化合物の融点はマグネシウム単体の融点より<u>高い</u>。

(5) この化合物は固体状態では電気を導かないが，<u>融解</u>すれば電気を導く。

問 5. 下線部(d)および(e)の化学反応式をそれぞれの解答欄に記せ。

解　答

問1　(4)

問2　水素は原子量が小さく，原子数が多くても総質量は小さい（10 字以上 30
　　字以内）

問3　番号：(1)　波線部の修正：第 2 周期
　　番号：(4)　波線部の修正：酸化

問4　番号：(1)　波線部の修正：イオン結晶
　　番号：(3)　波線部の修正：イオン結合

問5　(d) $4Fe + 3O_2 \longrightarrow 2Fe_2O_3$
　　(e) $CaO + H_2O \longrightarrow Ca(OH)_2$

ポイント

　会話文をよく読み取って設問の意図を把握しよう。論述問題は的確な化学用語の使い方
が重要。

解　説

問1　クラーク数の大きなものから順番に並べると

　　　O, Si, Al, Fe, Ca, Na, K, Mg, H, Ti, …

と続く。酸素は空気中の単体（約 21 %）のほか，岩石中の酸化物や海水中の水に
も含まれるので，最も大きな値を示す。質量百分率の値を比較しているので，気体
や液体よりも密度の高い固体，岩石に多く含まれる元素（Si, Al, Fe, Ca 等）の
割合が高い。

問2　水素は海水中の水に多量に含まれる元素であるが，原子量の値が小さいので総
　　質量は小さくなり，質量百分率の値（クラーク数）も大きくない。

問3　(1)　誤文。クラーク数上位 10 位以内の元素が含まれる周期表上の周期は
　　　第 1 周期：H，第 2 周期：O，第 3 周期：Na, Mg, Al, Si,
　　　第 4 周期：K, Ca, Ti, Fe
　　である。

　(2)　正文。(エ)は K であり，K の同族元素（アルカリ金属）では，その化合物をガ
　　スバーナーの炎の中に入れたときに示す炎の色（炎色反応）が，次のように特徴的
　　である。

　　　Li（赤），　Na（黄），　K（紫）

　(3)　正文。14 族元素の中には，クラーク数 2 位の Si が含まれる。

　(4)　誤文。17 族元素はハロゲン（F, Cl, Br, I）であり，その単体は次に示すよ
　　うに他の物質から電子を受け取りやすいので，相手を酸化する作用を有する。

$$Cl_2 + 2e^- \longrightarrow 2Cl^-$$

(5) 正文。18族元素は希ガス（He, Ne, Ar）であり，化合物をつくりにくく，空気中にわずかに存在するのみなので，クラーク数は小さい。

問4 胃薬に含まれる下線部(c)の化合物とは，酸化マグネシウム MgO である。MgO は Mg^{2+} と O^{2-} がイオン結合で結びついた化合物であり，分子はもたず，単体のマグネシウム（融点649℃）より高い融点（約2800℃）を有する。イオン結合性物質は固体の状態では電気を導かないが，融解してイオンが自由に動けるようになると導電性をもつ。

問5 (d) 鉄は酸化されやすく，空気中の酸素と反応して赤サビの主成分である Fe_2O_3 を生じる。この酸化反応が発熱反応なので，簡易カイロに利用される。

(e) カルシウムの酸化物は CaO であり，生石灰とも呼ばれる。水を吸収するので，食品の乾燥剤として使われている。水との反応で生じた $Ca(OH)_2$ が消石灰である。また，水との反応は発熱反応であることが知られている。

9 水素結合の特徴と分子の極性

(2008年度　第1問)

次の文章を読み，**問1〜問3**に答えよ。

　水素結合は一般に，共有結合，イオン結合，金属結合などの化学結合に比べて
はるかに弱い結合であるが，分子の結晶構造や化学的性質，さらには生体内の諸
現象に重要な役割を果たしている。水素結合は，水素原子 H よりも〔　(ア)　〕の
大きな原子 X と Y が H 原子を仲立ちとして引き合うことで生じるものであり，
X—H····Y の形で示される。ここで，実線（—）は単結合を，点線（····）は水素結
合を表す。また，X と Y は互いに同じ原子であっても異なる原子であっても良
い。

　水 H_2O は16族元素の水素化合物の一つであるが，その融点と沸点は同族の
水素化合物で，より大きな分子量をもつ H_2S，H_2Se，H_2Te の融点と沸点に比
べて異常に〔　(イ)　〕。これは H_2O 分子の間に水素結合が存在しているためであ
る。すなわち H_2O 分子では，O 原子と H 原子の〔　(ア)　〕の違いから，O 原子は
わずかに〔　(ウ)　〕の電荷を帯び，H 原子はわずかに〔　(エ)　〕の電荷を帯びるた
め，H_2O 分子間には O—H····O の形で表される水素結合が生じている。H_2O 分
子と同じ総電子数を持つ，15族および17族元素の水素化合物の分子間にも水素
結合が形成されており，それらの融点と沸点は16族元素の水素化合物の場合と
同様の傾向がある。一方，炭素の水素化合物であるメタン CH_4 の分子間には水
素結合はない。CH_4 分子では C—H 結合に電荷の片寄りはあるものの，C 原子が
〔　(オ)　〕形の中心に，H 原子がその各頂点に位置する構造をとるため，分子全
体として電荷の片寄りが打ち消されている。このような分子を〔　(カ)　〕分子とよ
ぶ。

　タンパク質はポリペプチドの一種であり，その複雑な構造の形成には〔　(キ)　〕
の間の水素結合が重要な役割をもっている。タンパク質のらせん構造は，らせん
の長軸方向に並んだ隣り合う〔　(キ)　〕の間の水素結合により安定化される。一
方，タンパク質のシート構造は，ジグザグ状に伸びて隣り合って並んだペプチド
鎖の〔　(キ)　〕の間で水素結合が生じることで形成される。6,6-ナイロンは，分子

間の〔 (キ) 〕の間に水素結合が存在するため，強い繊維となる。

問 1. 文中の〔 (ア) 〕～〔 (キ) 〕に適切な語句を記せ。ただし〔 (キ) 〕には官能基名を入れよ。

問 2. 下線部(a)について，各水素化合物の名称を答えよ。また，各水素化合物について，2分子の間で形成される水素結合の形を，下の H_2O 分子の例にならって示せ。なお，書き方は【図示にあたっての注意】に従うこと。

(例)

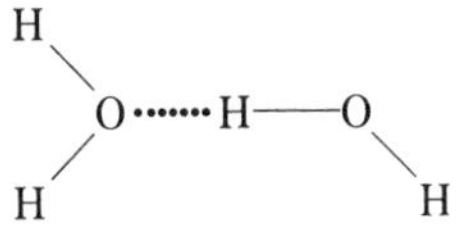

問 3. 下線部(b)について，2つの〔 (キ) 〕基の間で形成される水素結合の形を図示せよ。ただし，書き方は**問 2** に示した H_2O 分子の例にならい，【図示にあたっての注意】に従うこと。

【図示にあたっての注意】

(i) 原子間の結合については必ず次のように示すこと。

　　単結合：実線（―）

　　二重結合：二重線（＝）

　　水素結合：点線（‥‥）

(ii) 構造を図示するとき，必要があれば適当な省略形（R など）を用いても良い。共有結合または水素結合が，どの原子とどの原子の間に形成されているのかが明確にわかるように図示すること。ただし，共有結合や水素結合の長さや，互いのなす角度については，その正確さをここでは問わない。

解　答

問1　㋐電気陰性度　㋑高い　㋒負　㋓正　㋔正四面体　㋕無極性
　　　㋖アミド結合

問2　〔15族元素の水素化合物〕名称：アンモニア

　　　　　　　　　　　　H　　　　H
　　水素結合の形　　H－N……H－N
　　　　　　　　　　　　H　　　　H

　　　〔17族元素の水素化合物〕名称：フッ化水素

　　水素結合の形　　H－F……H－F

問3
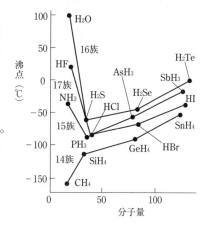

ポイント

　分子の極性や水素結合が物質の性質に及ぼす影響は確実な理解が必要。空所補充問題での失点をなくそう。設問の指示に従った作図に注意。

解　説

問1　水素原子Hが他の原子Xと共有結合をつくるとき，H－X結合の電荷の片寄りが大きい場合は，水素原子が他の分子中の電気陰性度の大きな原子との間に弱い結合をつくることがある。この結合を水素結合といい，分子間の水素結合の有無が，その物質の性質に大きな影響を及ぼすことが多い。右図は14族から17族までの元素の水素化合物と沸点の関係を示したものである。一般に，分子量の大きな分子ほど分子間力が大きいので，沸点も高いと考えられる。実際に14族の元素の水素化合物では，分子量の大きなものほど沸点が高くなっていくのがわかる。一方，15族，16族，17族の元素の水素化合物では，最も分子量の小さい第2周期の水素化合物（NH_3，H_2O，HF）の沸点が異常に高くなっている。これは，これらの化合物の分子間に水素結

合が存在しているためである。

　タンパク質は，多くのアミノ酸がペプチド結合で結びついた長い鎖を基本構造（一次構造）としている。ペプチド結合内では，$>C^{\delta+}=O^{\delta-}$，$>N^{\delta-}-H^{\delta+}$ のような電子の片寄りができ，酸素原子と水素原子の間に

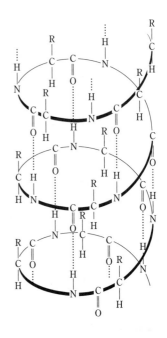

$>C^{\delta+}=O^{\delta-}\cdots\cdots H^{\delta+}-N^{\delta-}<$ の形で水素結合ができる。この水素結合が同じ分子内で数多くできることで，右図のようならせん構造（α-ヘリックス構造）が形成される。さらに，平行に並んだ分子間に水素結合ができると波型の構造となり，これを β-シート構造という。α-ヘリックス構造や β-シート構造のような，タンパク質分子の規則正しい構造が，タンパク質の二次構造である。

問2　15族元素の水素化合物アンモニア NH_3 と17族元素の水素化合物フッ化水素 HF の分子間に存在する水素結合を〔解答〕に図示する。分子の形（アンモニアは三角錐形，フッ化水素は直線形）と水素結合に関わる原子（アンモニアはN，フッ化水素はF）に注意して作図するとよい。

問3　「分子の正確な形は問わない」という主旨の指示があるので，タンパク質の一次構造中のペプチド結合 $\left(-\underset{\parallel O}{C}-\underset{H}{N}-\right)$ を正確に書き，一方の分子の酸素原子と他方の分子の水素原子の間に水素結合をつくって，2本の鎖を結びつける図が描けるとよい。

第2章
物質の状態

10 希薄溶液の性質，非電解質と電解質の浸透圧，凝固点降下

(2019年度　第1問)

次の文章を読み，**問1～問5**に答えよ。なお，温度は300 K で変化しないものとし，水溶液は希薄であり，水および水溶液の密度はいずれも 1.00 g/cm³ と見なせるものとする。また，水銀の密度を 13.6 g/cm³，1 気圧は 1.01×10^5 Pa = 760 mmHg とし，塩化ナトリウムは水中で完全に電離しているものとする。

水は自由に通すが溶質は全く通さない半透膜を，断面積 4.00 cm² の U 字管の中央に固定する。図1のように，この U 字管の A 側には水を 100 mL，B 側には分子量 M の不揮発性で非電解質の化合物 **X** が 100 mg 含まれる水溶液を 100 mL 入れ，なめらかに動き質量の無視できるピストンを置き，その上におもりをのせたところ A 側と B 側の液面の高さは等しくなった。

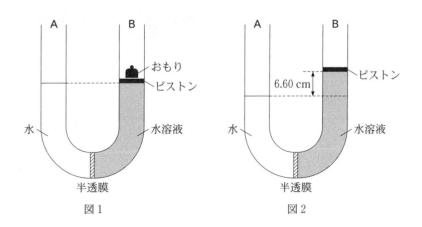

図1　　　　　　　　　　図2

問1. 図1の状態における浸透圧は何 Pa か。化合物 **X** の分子量 M を用いて表せ。解答中の数値は有効数字2桁で記せ。

問2. おもりを外し，しばらく放置すると，図2のように B 側の液面が A 側よりも 6.60 cm 高くなった。図1の状態の浸透圧は，図2の状態の液面差に

よって生じる圧力の何倍か，有効数字 2 桁で答えよ。

問 3. おもりの質量〔g〕および化合物 **X** の分子量 M を，それぞれ有効数字 2 桁
で答えよ。

問 4. 図 2 の状態に対して，A 側に塩化ナトリウムを加えたところ，再び A 側
と B 側の液面の高さは等しくなった。加えた塩化ナトリウムの質量は何 mg
か，有効数字 1 桁で答えよ。ただし，塩化ナトリウムを加えたときの，溶液
の密度と体積の変化は無視できるものとする。

問 5. 浸透圧以外にも，凝固点降下を用いて分子量を測定することができる。次
に示す分子量の異なる 2 つの物質の溶解について，凝固点降下度を有効数字
2 桁で答えよ。ただし，いずれの物質も以下の条件において水に完全に溶解
するものとし，水のモル凝固点降下を 1.85 K・kg/mol とする。
　　(ア)　化合物 **X** 1.00 g を 100 mL の水に溶かしたときの凝固点降下度
　　(イ)　塩化ナトリウム 1.00 g を 100 mL の水に溶かしたときの凝固点降下度

解 答

問1 $\dfrac{2.5\times10^{6}}{M}$ 〔Pa〕

問2 1.1 倍

問3 おもりの質量：$3.0\times10\,g$

化合物 X の分子量：3.4×10^{3}

問4 $9\times10^{-1}\,mg$

問5 ㋐$5.4\times10^{-3}\,K$ ㋑$6.3\times10^{-1}\,K$

ポイント

浸透圧の実験は頻出。水の流入による溶液の濃度変化と分子量の計算を慎重に。電解質の電離と凝固点降下の関係に注意。

解 説

問1 溶液の浸透圧を Π〔Pa〕，非電解質の質量を w〔g〕，分子量を M とすると，ファントホッフの法則（$\Pi V=nRT$）より

$$\Pi=\frac{nRT}{V}=\frac{wRT}{MV}$$

したがって，$V=100$〔mL〕$=0.100$〔L〕，$T=300$〔K〕，$w=100$〔mg〕$=0.100$〔g〕，$R=8.31\times10^{3}$〔Pa·L/(mol·K)〕を代入すると

$$\Pi=\frac{0.100\times8.31\times10^{3}\times300}{M\times0.100}=\frac{2.49\times10^{6}}{M}\fallingdotseq\frac{2.5\times10^{6}}{M}\text{〔Pa〕}$$

このとき，A 側と B 側の液面の高さが等しくなるようにのせたおもりが溶液に及ぼす圧力は浸透圧と等しい。

問2 半透膜を通って水が移動し，水溶液の体積が増加した分だけ水溶液のモル濃度が減少する。$\Pi V=nRT$ より $\Pi=\dfrac{n}{V}RT$ で，$\dfrac{n}{V}$ がモル濃度〔mol/L〕であるから，温度が一定なら浸透圧は水溶液のモル濃度に比例する。図2の状態では，図1の状態より $\dfrac{6.60}{2}=3.30$〔cm〕だけ水面が上昇しているので，そのときの水溶液の体積は

$$100+3.30\times4.00=113.2\text{〔mL〕}$$

水溶液中の溶質の物質量に変化がなければ，水溶液のモル濃度は体積に反比例するので，図2の状態に対する図1の状態のモル濃度の割合は

$$\frac{113.2}{100}=1.132\fallingdotseq1.1\text{ 倍}$$

これが図 1 の状態と図 2 の状態の浸透圧の比に等しい。

問 3　図 2 の状態での浸透圧は，断面積 $1.00\,\mathrm{cm}^2$ あたり水溶液（密度 $1.00\,\mathrm{g/cm}^3$）$6.60\,\mathrm{cm}$ が及ぼす圧力と等しい。問 2 の結果よりこの圧力を図 1 の状態に換算し，$x\,[\mathrm{g}]$ のおもりが水溶液に及ぼす圧力を計算すると，次の式が成り立つ。

$$6.60 \times 1.00 \times 1.13 = \frac{x}{4.00}$$

$\therefore\quad x = 29.8 \fallingdotseq 3.0 \times 10\,[\mathrm{g}]$

図 2 の状態での浸透圧は，$6.60\,\mathrm{cm}$ の水溶液が及ぼす圧力である。1 気圧（1.01×10^5）は $760\,[\mathrm{mm}] = 76\,[\mathrm{cm}]$ の水銀柱が及ぼす圧力であるから，$6.60\,\mathrm{cm}$ の水溶液が及ぼす圧力は $\dfrac{6.60}{\dfrac{760}{10} \times 13.6}$ 気圧となり，その圧力は

$$\frac{6.60}{\dfrac{760}{10} \times 13.6} \times 1.01 \times 10^5\,\mathrm{Pa}$$

問 1 の文字式を用いて

$$\frac{2.49 \times 10^6}{M} \times \frac{100}{113.2} = \frac{6.60}{\dfrac{760}{10} \times 13.6} \times 1.01 \times 10^5$$

$\therefore\quad M = 3.41 \times 10^3 \fallingdotseq 3.4 \times 10^3$

問 4　A 側と B 側の液面の高さが等しいとき，半透膜の両側の溶液の浸透圧は等しく，実質的なモル濃度も等しい。よって，加えた塩化ナトリウムの質量を $y\,[\mathrm{mg}]$ とすると，塩化ナトリウムが完全に電離すれば実質的なモル濃度は 2 倍となるので，次の式が成り立つ。

$$\frac{\dfrac{100}{1000}}{3.4 \times 10^3} = \frac{\dfrac{y}{1000}}{58.5} \times 2$$

$\therefore\quad y = 0.860 \fallingdotseq 9 \times 10^{-1}\,[\mathrm{mg}]$

問 5　水溶液の凝固点降下度を $\varDelta t\,[\mathrm{K}]$ とすると，次の式が成り立つ。

$\varDelta t = K_t m$　（K_t は水のモル凝固点降下 $[\mathrm{K \cdot kg/mol}]$，

m は水溶液の質量モル濃度 $[\mathrm{mol/kg}]$）

(ア)　$\dfrac{1.00}{3.41 \times 10^3} \times \dfrac{1000}{100} \times 1.85 = 5.42 \times 10^{-3}$

$\fallingdotseq 5.4 \times 10^{-3}\,[\mathrm{K}]$

(イ)　$\dfrac{1.00}{58.5} \times \dfrac{1000}{100} \times 2 \times 1.85 = 0.632$

$\fallingdotseq 6.3 \times 10^{-1}\,[\mathrm{K}]$

11 電解質の沸点上昇と蒸気圧降下，溶解度と溶解度積

(2017年度 第2問)

次の文章を読み，**問1〜問5**に答えよ。

難溶性で不揮発性の塩Aを溶媒Bに溶かすと，1価の陽イオンと1価の陰イオンに完全に電離する。この溶液の沸点上昇と凝固点降下に関する以下の実験を行う。溶媒Bは一種類の分子からなる液体で，その分子量はM_Bである。また，圧力1.0×10^5 Paでの溶媒Bの沸点はT_B[K]である。なお，解答にベキ指数を用いて良い。

[実験1]

図1の密閉容器に溶媒Bが入っている。この容器は内容物の温度調節が可能であり，容器内の温度をT_B付近でゆっくり変化させて蒸気圧P_B[Pa]の変化を測定した。その結果を図2に示す。温度T_B付近で温度を変えたときのP_Bの変化は直線とみなすことができ，温度を1K上げると蒸気圧はΔP[Pa]だけ上昇することがわかった。

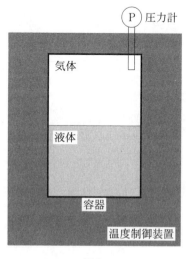

図1

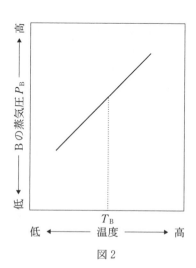

図2

［実験2］

沸点 T_B よりわずかに低い温度で，$w[g]$ の塩Aを質量 $1000\,w[g]$，体積 $V_B[L]$ の溶媒Bに溶かした。その温度で，溶媒Bに溶かすことができる塩Aの最大の質量は $w[g]$ である。その時の溶液の体積は $V_{BA}[L]$，Bの蒸気圧は $P_{BA}[Pa]$ であった。なお，この溶媒Bのモル沸点上昇は $K_b[K\cdot kg/mol]$ である。

問 1. 実験2の圧力 $1.0 \times 10^5\,Pa$ における溶液の沸点 $T_{BA}[K]$ を答えよ。

問 2. 塩Aの式量を答えよ。

問 3. 沸点 T_B よりわずかに低い温度において，塩Aから生じる陽イオンと陰イオンの溶解度積を単位も含めて答えよ。

［実験3］

実験2の溶液にさらに塩Aを $w_A[g]$ 加えてかき混ぜた。しかし，$w_A[g]$ の塩Aは固体のまま溶けずに残った。

問 4. この固体の塩を含む溶液の沸点に関して，以下の(A)〜(D)から最も適切なものを一つ選び記号で答えよ。なお，モル沸点上昇 K_b は十分小さく溶質が溶けた場合の沸点の変化は小さい。そのため塩Aの溶解度は，純溶媒Bの沸点でも溶液の沸点でも同じであるとする。また，固体の塩の融点は T_B より十分高い。

(A) 溶媒Bの沸点 T_B より低くなる。

(B) 溶媒Bの沸点 T_B より高く，実験2の溶液の沸点 T_{BA} より低くなる。

(C) 実験2の溶液の沸点 T_{BA} とほとんど変わらない。

(D) 実験2の溶液の沸点 T_{BA} と溶媒Bの沸点 T_B の差の約2倍分高くなる。

［実験4］

実験3で用いた溶液から液体部分だけを一部取り出した。その溶液を T_B より

わずかに低い温度からゆっくり冷やした。その結果，塩Aが析出し始めた。溶液が凝固を始める直前に析出した塩を分離して質量をはかったところ $0.25\,w$ [g] であった。また，純粋な溶媒Bの凝固点に比べてこの溶液の凝固点は $\varDelta T_{BA}$ [K] だけ低かった。なお，溶媒Bのモル凝固点降下は K_f [K・kg/mol] である。

問 5. 実験4の冒頭において取り出した溶液の体積は，固体を含まない溶液全体の体積の何％か答えよ。なお K_f は十分小さく，溶質が溶けた場合の凝固点の変化は小さい。そのため塩Aの溶解度は，純溶媒Bの凝固点でも溶液の凝固点でも同じであるとする。

解 答

問1　$T_{\mathrm{B}}+\dfrac{1.0\times10^5-P_{\mathrm{BA}}}{\varDelta P}$〔K〕

問2　$\dfrac{2K_{\mathrm{b}}\varDelta P}{1.0\times10^5-P_{\mathrm{BA}}}$

問3　$\dfrac{(1.0\times10^5-P_{\mathrm{BA}})^2\cdot w^2}{4K_{\mathrm{b}}^2V_{\mathrm{BA}}^2\varDelta P^2}$〔mol^2/L^2〕

問4　(C)

問5　$\dfrac{25}{1-\dfrac{K_{\mathrm{b}}\varDelta P\varDelta T_{\mathrm{BA}}}{K_{\mathrm{f}}(1.0\times10^5-P_{\mathrm{BA}})}}$〔%〕

ポイント

　問題内容を読み取り，正確な文字式を作るには考察力と応用力が必要。設問の連動に注意して慎重に解答を進めよう。

解 説

問1　温度 T_{B} 付近の溶媒Bと溶液の蒸気圧と沸点の関係を右図に示す。ここで，右図に示すように溶媒Bに塩Aを溶かした溶液の飽和蒸気圧も溶媒Bと同じ傾きをもつ直線であると仮定する。

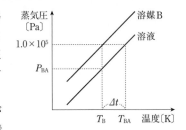

　1 K の温度変化による溶媒Bの蒸気圧の変化が $\varDelta P$ なので，溶液との蒸気圧の差 1.0×10^5 $-P_{\mathrm{BA}}$〔Pa〕に対応する温度変化 $\varDelta t$ は $\dfrac{1.0\times10^5-P_{\mathrm{BA}}}{\varDelta P}$ と表せる。したがって

$$\varDelta t=T_{\mathrm{BA}}-T_{\mathrm{B}}=\dfrac{1.0\times10^5-P_{\mathrm{BA}}}{\varDelta P}$$

$$\therefore\quad T_{\mathrm{BA}}=T_{\mathrm{B}}+\dfrac{1.0\times10^5-P_{\mathrm{BA}}}{\varDelta P}\text{〔K〕}$$

問2　塩Aの式量を M_{A} とすると，沸点上昇度 $\varDelta t=K_{\mathrm{b}}m$（$K_{\mathrm{b}}$ は溶媒Bのモル沸点上昇，m は溶液の質量モル濃度）より

$$\varDelta t=K_{\mathrm{b}}\times\dfrac{w}{M_{\mathrm{A}}}\times\dfrac{1000}{1000w}\times2=\dfrac{2K_{\mathrm{b}}}{M_{\mathrm{A}}}$$

問1より，$\varDelta t=\dfrac{1.0\times10^5-P_{\mathrm{BA}}}{\varDelta P}$ であるから

$$\frac{2K_b}{M_A}=\frac{1.0\times10^5-P_{BA}}{\Delta P}\qquad\therefore\quad M_A=\frac{2K_b\Delta P}{1.0\times10^5-P_{BA}}$$

問3　沸点 T_B よりわずかに低い温度で，溶液の体積 V_{BA}〔L〕に w〔g〕の塩Aが溶けている溶液が飽和溶液であるから，それぞれのイオンのモル濃度は $\dfrac{\frac{w}{M_A}}{V_{BA}}$〔mol/L〕であり，溶解度積は

$$\left(\frac{\frac{w}{M_A}}{V_{BA}}\right)^2=\frac{\left(\dfrac{\frac{w}{2K_b\Delta P}}{1.0\times10^5-P_{BA}}\right)^2}{V_{BA}{}^2}=\left\{\frac{(1.0\times10^5-P_{BA})\cdot w}{2K_b\cdot V_{BA}\cdot\Delta P}\right\}^2$$

$$=\frac{(1.0\times10^5-P_{BA})^2\cdot w^2}{4K_b{}^2V_{BA}{}^2\Delta P^2}\;\text{〔mol}^2/\text{L}^2\text{〕}$$

問4　実験2の溶液は，その温度における飽和溶液である。この溶液にさらに w_A〔g〕の塩Aを加えてもそれ以上塩は溶けず，溶けていない固体の塩を含む溶液の質量モル濃度にも変化はない。よって，**実験3**における溶液の沸点は**実験2**の溶液の沸点 T_{BA} とほとんど変わらない。

問5　$\Delta t=K_f m$ より，V_{BA}〔L〕の溶液から x〔L〕の溶液を取り出したとして，溶液が凝固する直前の質量モル濃度 m〔mol/kg〕（イオン化を考慮）を求めると

$$m=\frac{\left(w\times\dfrac{x}{V_{BA}}-0.25w\right)}{M_A}\times2\times\frac{1000}{1000w\times\dfrac{x}{V_{BA}}}$$

$$=\frac{\left(w\times\dfrac{x}{V_{BA}}-0.25w\right)}{\dfrac{2K_b\Delta P}{1.0\times10^5-P_{BA}}}\times2\times\frac{1000}{1000w\times\dfrac{x}{V_{BA}}}$$

$$=\frac{(1.0\times10^5-P_{BA})\left(\dfrac{x}{V_{BA}}-0.25\right)\cdot w}{K_b\Delta P}\times\frac{1}{\dfrac{wx}{V_{BA}}}$$

$$=\frac{(1.0\times10^5-P_{BA})(x-0.25V_{BA})}{K_b\Delta Px}$$

$$\therefore\quad \Delta T_{BA}=\frac{K_f(1.0\times10^5-P_{BA})(x-0.25V_{BA})}{K_b\Delta Px}$$

$$K_b\Delta P\Delta T_{BA}x=K_f(1.0\times10^5-P_{BA})(x-0.25V_{BA})$$

$$=K_f(1.0\times10^5-P_{BA})\cdot x-0.25K_fV_{BA}(1.0\times10^5-P_{BA})$$

$$x\{K_f(1.0\times10^5-P_{BA})-K_b\Delta P\Delta T_{BA}\}=0.25K_fV_{BA}(1.0\times10^5-P_{BA})$$

$$\therefore \quad x = \frac{0.25 K_\mathrm{f} V_\mathrm{BA}(1.0 \times 10^5 - P_\mathrm{BA})}{K_\mathrm{f}(1.0 \times 10^5 - P_\mathrm{BA}) - K_\mathrm{b} \varDelta P \varDelta T_\mathrm{BA}}$$

x が V_BA の何％であるかを求めればよいので

$$\frac{x}{V_\mathrm{BA}} \times 100 = \frac{25 K_\mathrm{f}(1.0 \times 10^5 - P_\mathrm{BA})}{K_\mathrm{f}(1.0 \times 10^5 - P_\mathrm{BA}) - K_\mathrm{b} \varDelta P \varDelta T_\mathrm{BA}}$$

$$= \frac{25}{1 - \dfrac{K_\mathrm{b} \varDelta P \varDelta T_\mathrm{BA}}{K_\mathrm{f}(1.0 \times 10^5 - P_\mathrm{BA})}} \ \text{〔％〕}$$

12 水分子と化学結合，氷の結晶構造，水の状態図

(2016年度　第1問)

次の文章を読み，**問1**〜**問6**に答えよ。

水分子では，酸素原子と水素原子それぞれのもつ不対電子が対をなすことにより〔　ア　〕結合を生じている。水の沸点は，他の16族元素の水素化合物である(a)H_2S，H_2Se，H_2Teの沸点よりも非常に高い。この理由は，水分子中のO—H結合の〔　イ　〕が特に大きく，隣り合う水分子間で，水素原子をなかだちとした〔　ウ　〕的な引力による水素結合を生じているためである。また，フッ化水素の(b)沸点に比べても水の沸点の方が高い。

塩化水素を水に溶解すると電離し，水素イオンを生じる。この水素イオンに水分子が非共有電子対を提供して生じる〔　ア　〕結合の一種を〔　エ　〕結合という。この結合を形成することで生じるオキソニウムイオンの結合角∠HOHは，(c)水分子のそれよりも大きくなる。

水(液体)では，個々の水分子は互いに引き合いながら運動しているが，氷(固体)になると，各原子間の結合距離や結合角が定まる。氷(固体)は，水分子の酸素原子が〔　オ　〕形の各頂点に位置し，その中心に水分子の酸素原子が一つ配置された結晶構造を持つ。この結晶構造において，一つの水分子の酸素原子は，〔　X　〕個の水素原子と結合しているが，そのうち〔　Y　〕個は〔　ア　〕結合で，〔　Z　〕個は水素結合によるものである。

図1は水の状態図を簡略に表したものである。D点より圧力を上げると，水(d)(液体)の〔　カ　〕は上がるが，氷(固体)の〔　キ　〕は下がる。D—A線の負の傾きは，圧力が上がると氷(固体)の水素結合が切れて体積が〔　ク　〕するとともに密度が〔　ケ　〕し，水(液体)になることを示している。

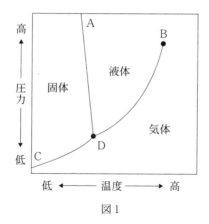

図 1

問 1. 文中の〔　ア　〕～〔　ケ　〕にあてはまる最も適切な語句を，以下の語群から一つ選択して答えよ。また〔　X　〕～〔　Z　〕には，適切な数値を答えよ。

語　群

分子，イオン，イオン化，共有，非共有，金属，極性，融点，沸点，臨界点，溶解度，水素，酸素，ハロゲン，配位，静電気，電荷，電子親和力，直線，折れ線，四角錐，正四面体，正六面体，増加，減少，膨張，結合エネルギー

問 2. 下線部(a)について，H_2S，H_2Se，H_2Te を沸点の高い方から順に記せ。

問 3. 下線部(b)の理由について，以下の(1)～(5)から最も適切なものを一つ選び番号で答えよ。

(1)　酸素原子の電気陰性度は，フッ素原子の電気陰性度より小さいため。

(2)　水の分子量は，フッ化水素の分子量より小さいため。

(3)　水 1 分子あたりの水素結合の数は，フッ化水素 1 分子あたりの水素結合の数より多いため。

(4) 水分子間の水素結合一つあたりの結合エネルギーは，フッ化水素分子間の水素結合一つあたりの結合エネルギーよりも大きいため。

(5) 水のO—H結合の結合エネルギーは，フッ化水素のF—H結合の結合エネルギーより小さいため。

問 4. オキソニウムイオンの電子式を記入例にならって答えよ。

記入例：塩化物イオン $\left[\, :\overset{\displaystyle\cdot\cdot}{\underset{\displaystyle\cdot\cdot}{Cl}}: \,\right]^{-}$ ただし，・は電子を表す。

問 5. 下線部(c)の理由について，以下の(1)～(5)から最も適切なものを一つ選び番号で答えよ。

(1) オキソニウムイオンは，電荷を持つため。

(2) オキソニウムイオンは，三角錐形の構造を持つため。

(3) オキソニウムイオン中の水素原子どうしの反発が弱くなるため。

(4) オキソニウムイオンを形成することで，隣接する水分子との水素結合が，より強くなるため。

(5) オキソニウムイオンを形成することで，水分子に存在した非共有電子対どうしの反発がなくなるため。

問 6. 下線部(d)について，D点，D—A線，D—B線，D—C線の名称をそれぞれ答えよ。

解　答

問1　ア. 共有　イ. 極性　ウ. 静電気　エ. 配位　オ. 正四面体　カ. 沸点
　　　キ. 融点　ク. 減少　ケ. 増加　X. 4　Y. 2　Z. 2

問2　$H_2Te > H_2Se > H_2S$

問3　(3)

問4　$\left[H : \overset{\cdot\cdot}{\underset{H}{O}} : H \right]^+$

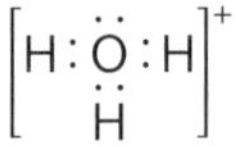

問5　(5)

問6　D点：三重点　D－A線：融解曲線　D－B線：蒸気圧曲線
　　　D－C線：昇華圧曲線

ポイント

　空所補充問題は語群を確実に確認して完璧な解答をつくろう。水素結合が化合物の性質に及ぼす影響や，水の状態図と状態変化は頻出。

解　説

問1・問6　氷は水分子からなる分子結晶であり，右図に示すように，1個の水分子に4個の水分子が結合した四面体形構造をもつ。中心の酸素原子は2個の水素原子と共有結合で分子をつくる一方，他の水分子の水素原子2個とも水素結合をつくっている。この構造はすき間の多い構造であり，氷の密度は水よりも小さくなっている。氷が融解して水になる際には，水素結合が切れてすき間の多い構造がくずれることで密度が大きくなる。

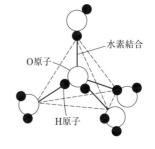

水素結合
O原子
H原子

問題中の図1の状態図において，右図のように，一定圧力 P のもとでの沸点は T_2，融点は T_1 となる。蒸気圧曲線（D－B）と融解曲線（D－A）の傾きにより，圧力 P を上げると，沸点 T_2 は上がり，融点 T_1 は下がる。昇華圧曲線（D－C）の傾きからは，D点（三重点）以下の一定温度で圧力を上げると，昇華する温度が上がることもわかる。

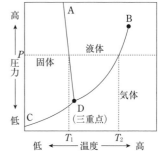

問2 周期表16族の水素化物の沸点の関係を右のグラフに示す。H_2S, H_2Se, H_2Te の順に分子量は大きくなり，ファンデルワールス力が大きくなるため沸点も高くなる。最も分子量の小さい H_2O が最も沸点が高くなる理由は，O−H結合の極性の強さと，分子間の水素結合の存在である。

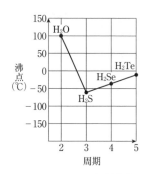

問3 フッ化水素1分子は，右に示すように，2個の分子と水素結合で結びつくのに対して，水分子は合計4個の分子と水素結合をつくるので，より沸点が高いと考えられる。

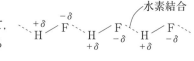

問4 オキソニウムイオンは，次に示すように，水分子と水素イオンが配位結合してできる。

$$H\!:\!\overset{\displaystyle..}{\underset{\displaystyle H}{O}}\!: + H^+ \longrightarrow \left[H\!:\!\overset{\displaystyle..}{\underset{\displaystyle H}{O}}\!:\!H \right]^+$$

水　　　　　　　　　　オキソニウムイオン

問5 水分子では2組の非共有電子対が反発し，共有結合している2つの水素原子の結合角（∠HOH）は小さくなる。オキソニウムイオンになると，分子内の非共有電子対は1組のみになり，非共有電子対による影響が小さくなるので，結合角∠HOHは水分子よりも大きくなる。

13 二酸化炭素の結晶格子，水への溶解度と電離平衡

(2015 年度 第 2 問)

次の文章を読み，**問 1 ～問 4** に答えよ。大気圧は 1.0×10^5 Pa，気体はすべて理想気体とする。必要な場合には，次の値を用いよ。

気体定数：8.31×10^3 Pa・L/(mol・K)

アボガドロ定数：6.0×10^{23}/mol

二酸化炭素は大気圧下，温度 27 ℃ では気体であるが，-78 ℃ 以下では固体であり，ドライアイスと呼ばれる。ドライアイスは大気圧下で温度を上げると，(a)液体を経ないで直接気体となる。ドライアイス中の二酸化炭素分子は互いに弱い引力である〔 ア 〕力によって結びついており，二酸化炭素分子が規則正しく配列した結晶の単位格子の形状は図 1 に示すような立方体である。この単位格子の(b)体積は 1.8×10^{-22} cm^3 である。一辺が 1 cm の立方体のドライアイスの質量は〔 イ 〕g であり，これを大気圧下で 27 ℃ にすると，その体積は〔 ウ 〕L になる。

27 ℃ において圧力 1.0×10^5 Pa の二酸化炭素は 1.0 L の水に 0.831 L 溶け，その溶解量はヘンリーの法則に従うものとする。水に溶けた二酸化炭素は式①のように炭酸水素イオンと水素イオンを生じ，炭酸水素イオンはそれ以上電離しないとする。

$$CO_2 + H_2O \rightleftarrows HCO_3^- + H^+ \qquad \cdots ①$$

式①の電離定数 $K_a (= \dfrac{[HCO_3^-][H^+]}{[CO_2]})$ は 27 ℃ において 4.5×10^{-7} mol/L である。容器に二酸化炭素と水を入れ，密閉し，気液平衡の状態にした。温度は 27 ℃ で一定とする。この炭酸水の pH を測定すると 3.50 であった。このときの炭酸水中の二酸化炭素濃度は〔 エ 〕mol/L である。また，この容器中の気体の二酸化炭素分圧は〔 オ 〕Pa である。大気中の二酸化炭素の分圧は〔 オ 〕Pa より低いので，容器を開けると水中の二酸化炭素は大気中に放出される。

$$単位格子の体積 = 1.8 \times 10^{-22}\,\mathrm{cm}^3$$

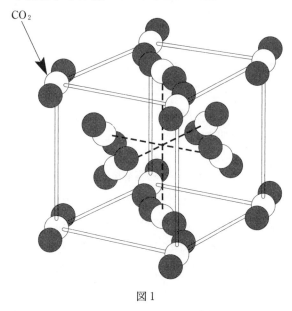

CO_2

図1

問 1. 文中の〔　ア　〕に適切な語句を答えよ。また〔　イ　〕～〔　オ　〕に入る数値を有効数字2桁で答えよ。

問 2. 二酸化炭素の電子式を記入例にならって答えよ。
記入例：窒素分子　:N::N:　ただし，●は電子を表す。

問 3. 下線部(a)の現象の名称を答えよ。

問 4. 下線部(b)の単位格子の名称を答えよ。

解　答

問1　ア．ファンデルワールス　イ．1.6　ウ．0.92　エ．0.22　オ．6.7×10⁵

問2　:Ö::C::Ö:

問3　昇華

問4　面心立方格子

ポイント

　問題設定を正確に把握して，二酸化炭素の水への溶解と電離平衡，pH などの計算に慣れよう。

解　説

問1　ア．二酸化炭素の固体（ドライアイス）は分子結晶であり，CO_2 の分子がファンデルワールス力によって結びついている。

イ．図1に示されるように，各分子は面心立方格子の形で存在し，単位格子中に含まれる分子数は $\dfrac{1}{8}×8+\dfrac{1}{2}×6=4$ 個　である。

よって，単位格子1個中に含まれる分子の物質量は $\dfrac{4}{6.0×10^{23}}$ mol，その質量は $\dfrac{4}{6.0×10^{23}}×44.0$ g である。単位格子の体積が $1.8×10^{-22}$ cm³ であるから，一辺が 1cm の立方体（体積1cm³）のドライアイスの質量は次の式で示される。

$$\dfrac{4}{6.0×10^{23}}×44.0×\dfrac{1}{1.8×10^{-22}}=1.62≒1.6〔g〕$$

ウ．大気圧（$1.0×10^5$ Pa）下，27℃（300K）でのこのドライアイスの体積 V〔L〕は，気体の状態方程式より，次のように求めることができる。

$$V=\dfrac{\dfrac{4}{6.0×10^{23}}×\dfrac{1}{1.8×10^{-22}}×8.31×10^3×300}{1.0×10^5}=0.923≒0.92〔L〕$$

エ．電離平衡（$CO_2+H_2O \rightleftharpoons HCO_3^- +H^+$）において，炭酸水素イオン HCO_3^- がそれ以上電離しないなら，溶液中で $[HCO_3^-]=[H^+]$ である。

電離定数 K_a の式より

$$K_a=\dfrac{[HCO_3^-][H^+]}{[CO_2]}=\dfrac{[H^+]^2}{[CO_2]}$$

よって，pH=3.50 のときの溶液中の二酸化炭素濃度は，次のように求めることができる。

$$[CO_2] = \frac{[H^+]^2}{K_a} = \frac{(1.0 \times 10^{-3.50})^2}{4.5 \times 10^{-7}} = \frac{1.0 \times 10^{-7.0}}{4.5 \times 10^{-7}} = \frac{1.0}{4.5}$$

$$= 0.222 \fallingdotseq 0.22 \,[\text{mol/L}]$$

オ．二酸化炭素は 27℃，$1.0 \times 10^5\,$Pa で水 1.0L に 0.831L 溶けるので，その物質量 $n\,[\text{mol}]$ は，気体の状態方程式より，次のように求めることができる。

$$n = \frac{1.0 \times 10^5 \times 0.831}{8.31 \times 10^3 \times 300} = 0.0333 \,[\text{mol}]$$

よって，モル濃度も 0.0333 mol/L となる。

ヘンリーの法則「一定温度で，一定量の液体に溶ける気体の質量（または物質量）は，温度が変わらなければ，液体に接している気体の圧力（混合気体の場合は分圧）に比例する」より，接している気体の圧力と溶液中のモル濃度が比例すると考えると，二酸化炭素濃度 0.222 mol/L の溶液に接している二酸化炭素の圧力は

$$1.0 \times 10^5 \times \frac{0.222}{0.0333} = 6.66 \times 10^5 \fallingdotseq 6.7 \times 10^5 \,[\text{Pa}]$$

問2　二酸化炭素分子の電子式は，次のように電子対を二組共有する結合を考えることでつくることができる。

$$\ddot{\text{O}}\!:\; + \;\cdot\dot{\text{C}}\cdot\; + \;:\!\ddot{\text{O}}\!:\; \longrightarrow \;:\!\ddot{\text{O}}::\text{C}::\ddot{\text{O}}\!:$$

問3　固体から気体，気体から固体への状態変化が昇華である。

14 分子量の測定と蒸気圧，有機化合物の推定

(2014 年度 第 1 問)

次の文章を読み，**問 1 ～問 6** に答えよ。ただし，気体はすべて理想気体とする。なお，解答中の数値は有効数字 2 桁で答えよ。

物質 A は，炭素，水素，酸素からなる純物質で，20 ℃ では液体である。この物質 A について次の実験を行った。

操作① 20 ℃ において，物質 A の液体(約 10 mL)をフラスコに入れ，気体が出入りできる程度の小さな穴が開いたふたをした。ふたをしたフラスコの容積は 0.831 L であった。

操作② フラスコ全体を加熱して 100 ℃ に保つと，液体がすべて蒸発して空気を追い出し，フラスコの中は物質 A の気体で満たされた。

操作③ 加熱を止めて 20 ℃ に冷却すると，気化していた物質 A の大部分が液体となってフラスコの底にたまり，少量が気体として残った。このとき，底にたまった液体の質量は 1.15 g であった。

なお，実験の間，室内の温度は 20 ℃，気圧は 1.01×10^5 Pa であった。

問 1. 操作②でフラスコの中を満たした物質 A の気体について，その物質量は何 mol か答えよ。

問 2. 操作③でフラスコの底にたまった物質 A の液体は何 mL か答えよ。なお，20 ℃ における物質 A の液体の密度は 0.789 g/cm^3 である。

問 3. 操作③で**問 1** の気体の物質量の何%が液体になったか答えよ。ただし，20 ℃ における物質 A の蒸気圧を 6.10×10^3 Pa とする。なお，冷却する間に物質 A はフラスコの外には流出しないものとする。また，液体の体積はフラスコの容積に比べて非常に小さいので無視してよい。

問 4. 物質 A の分子量を答えよ。

問 5. この実験で物質 A を推定したいが，**問 4** で求めた分子量をもつ炭素，水素，酸素からなる化合物の分子式には，二通りが考えられる。それらを例にならって答えよ。

分子式の記入例：C_3H_8O

問 6. 物質 A の分子の構造には，二重結合や環状構造は含まれない。物質 A を推定し，例にならって示性式を答えよ。

示性式の記入例：$CH_3OC_2H_5$

解　答

問 1　2.7×10^{-2} mol

問 2　1.5 mL

問 3　92%

問 4　46

問 5　C_2H_6O, CH_2O_2

問 6　C_2H_5OH

ポイント

　分子量測定実験の気体と液体の状況の把握が重要。化合物の推定には構造や沸点に関する発展知識と考察力が必要。

解　説

問 1　操作②で，気体となっている物質Aの圧力は，外部の圧力と同じ 1.01×10^5 Pa である。圧力 $P = 1.01 \times 10^5$ 〔Pa〕，体積 $V = 0.831$ 〔L〕，温度 $T = 273 + 100 = 373$ 〔K〕であるから，気体の状態方程式 $PV = nRT$ より物質Aの物質量 n〔mol〕は

$$n = \frac{PV}{RT} = \frac{1.01 \times 10^5 \times 0.831}{8.31 \times 10^3 \times 373} = 0.0270 \fallingdotseq 2.7 \times 10^{-2} \text{〔mol〕}$$

問 2　フラスコの底にたまった物質Aの体積を x〔mL〕とすると

$$\frac{1.15}{x} = 0.789 \quad \therefore \quad x = \frac{1.15}{0.789} = 1.45 \fallingdotseq 1.5 \text{〔mL〕}$$

問 3　操作③の状態で，容器内に気体として存在する物質Aの物質量を n'〔mol〕とすると，容器内の液体の体積は無視できることから気体Aは蒸気平衡の状態にあり，気体の圧力は $20\,℃$ での蒸気圧 6.10×10^3 Pa と考えられるので

$$n' = \frac{6.10 \times 10^3 \times 0.831}{8.31 \times 10^3 \times 293} = 0.00208 \text{〔mol〕}$$

よって，液体として存在する物質Aの割合（%）は

$$\frac{0.0270 - 0.00208}{0.0270} \times 100 = 92.2 \fallingdotseq 92 \text{〔%〕}$$

問 4　操作②で，容器内に存在する物質Aの質量は，操作③で容器内に存在する質量と等しい。操作③で容器内に存在する物質Aの総質量（液体と気体の合計）は

$$1.15 \times \frac{100}{92.2} = 1.24 \text{〔g〕}$$

物質Aの分子量を M とすると，問 1 より

$$\frac{1.24}{M} = 0.0270 \quad \therefore \quad M = 45.9 \fallingdotseq 46$$

別解　問3より，液体になった物質Aの物質量は

$0.0270 - 0.00208 = 0.0249$〔mol〕

その質量が1.15gであるから，物質Aの分子量は

$$\frac{1.15}{0.0249} = 46.1 \fallingdotseq 46$$

問5　原子量の値（H = 1.00，C = 12.0，O = 16.0）から，分子量が46.0になる組み合わせを考える。

分子式を$C_xH_yO_z$としたときに，$y \leqq 2x + 2$という関係等を考え，さらに$x = 2$なら$y \leqq 6$より$y = 6$，$z = 1$であり，$x = 1$なら$y \leqq 4$より$y = 2$，$z = 2$であるから，考えられる分子式は，C_2H_6OとCH_2O_2の2通りとなる。

問6　2通りの分子式のうち，C_2H_6Oに対して考えられる構造式は次の2つである。

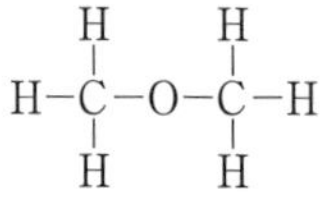

$$\begin{array}{ccc} & H & & H \\ & | & & | \\ H-C & -O- & C-H \\ & | & & | \\ & H & & H \end{array} \qquad \begin{array}{ccc} H & H & \\ | & | & \\ H-C & -C & -O-H \\ | & | & \\ H & H & \end{array}$$

ジメチルエーテル 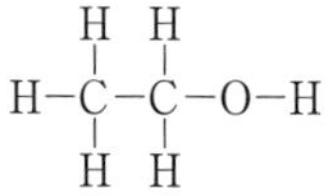　　　エタノール

一方，CH_2O_2には，H–C–O–Hや 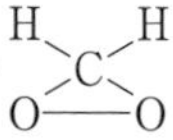 などの構造式が考えられるが，問題文に，「…構造には，二重結合や環状構造は含まれない」とあるので，分子式はCH_2O_2ではない。また，リード文の最初に「物質Aは…20℃では液体である」とあり，大気圧下における沸点は，ジメチルエーテルは-24℃，エタノールは78℃であるから，物質Aはジメチルエーテルではない。よって，物質Aはエタノール（示性式C_2H_5OH）である。

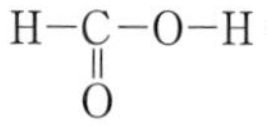

15 混合気体の反応と分圧，メタンの完全燃焼と水の蒸気圧

(2013 年度 第 4 問)

次の文章を読み，**問 1 ～問 4** に答えよ。解答中の数値は有効数字 2 桁で記せ。

図に示すように，ピストンにより容積が変わるシリンダー A がコックのついた管で容器 B とつながった装置があり，装置全体の温度を一定に制御できる恒温槽に入っている。シリンダー A には質量 a[g] のメタン(気体)が，容器 B には質量 $5a$[g] の酸素(気体)が入っている。ピストンが初期位置にあるときコックは閉じており，シリンダー A と容器 B の容積は共に V_0[L] で等しく，温度も共に絶対温度で T_0[K] である。この時のシリンダー A 内の圧力を P_A[Pa] とする。気体はすべて理想気体とし，管の容積は無視できるとする。

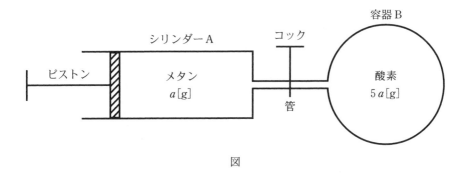

図

問 1. ピストンが初期位置にあるとき，容器 B 内の圧力[Pa]をシリンダー A 内の圧力 P_A を用いて表せ。

問 2. ゆっくりとピストンを押し込みシリンダー A の容積を $\dfrac{1}{4} V_0$ とした後に，コックを開けてしばらく放置したところ，メタンと酸素は反応せず互いに速やかに混合し，その後装置内部の温度は T_0 で一様となった。この時の装置内の全圧[Pa]と，メタンの分圧[Pa]を，P_A を用いて表せ。

問 3. 問2の操作の後，ピストンを固定して適切な方法で装置内のメタンを完全に燃焼させた。この時の化学反応式を記せ。また，しばらく放置した後に装置内の温度が再び T_0 となったとき，生成した水はすべて水蒸気であった。この時の装置内の全圧 [Pa] を P_A を用いて表せ。

問 4. 問3の操作の後，ピストンを固定したまま，温度を $T_1 = \dfrac{5}{6} T_0$ まで下げると装置内の水蒸気が一部凝縮して水 (液体) が生じた。この時の装置内の全圧 [Pa] を P_A を用いて表せ。ただし，温度 T_1 での水の蒸気圧は $0.11 P_A$ とする。また，水蒸気の凝縮を除いて装置内の気体は水 (液体) へ溶解しないとし，温度変化によるシリンダー A と容器 B の容積変化，および水 (液体) の体積は無視できるとする。

解 答

問1 $2.5P_A$ 〔Pa〕

問2 装置内の全圧：$2.8P_A$〔Pa〕 メタンの分圧：$0.80P_A$〔Pa〕

問3 化学反応式：$CH_4 + 2O_2 \longrightarrow CO_2 + 2H_2O$

装置内の全圧：$2.8P_A$〔Pa〕

問4 $1.1P_A$〔Pa〕

ポイント

　文字式で答える設問には慎重に対応しよう。気体の状態方程式とボイル・シャルルの法則の使い分けに注意。

解 説

問1 シリンダーAと容器B内の気体は同温・同体積であるので，気体の圧力は物質量に比例する。それぞれの圧力を P_A〔Pa〕，P_B〔Pa〕とすると

$$P_B = P_A \times \frac{\dfrac{5a}{32.0}}{\dfrac{a}{16.0}} = 2.5P_A \text{〔Pa〕}$$

問2 コックを開ける前の，$\dfrac{V_0}{4}$〔L〕に圧縮したメタンの圧力は，ボイルの法則より，

$4P_A$〔Pa〕である。コックを開けたあとの装置内部の総体積は $\dfrac{5V_0}{4}$〔L〕であり，

容器内の混合気体中のメタンと酸素の分圧をそれぞれ P_{CH_4}〔Pa〕，P_{O_2}〔Pa〕とすると，ボイルの法則より

$$P_{CH_4} \times \frac{5V_0}{4} = 4P_A \times \frac{V_0}{4} \quad \therefore \quad P_{CH_4} = 0.80P_A \text{〔Pa〕}$$

$$P_{O_2} \times \frac{5V_0}{4} = 2.5P_A \times V_0 \quad \therefore \quad P_{O_2} = 2.0P_A \text{〔Pa〕}$$

よって，全圧は $\quad P_{CH_4} + P_{O_2} = 0.80P_A + 2.0P_A = 2.8P_A$〔Pa〕

問3 反応の前後で体積・温度は一定であるので，各気体の分圧の変化は，次のように表される。

	CH_4	$+$	$2O_2$	$\longrightarrow$	CO_2	$+$	$2H_2O$	
燃焼前	$0.80P_A$		$2.0P_A$		0		0	〔Pa〕
変化量	$-0.80P_A$		$-1.6P_A$		$+0.80P_A$		$+1.6P_A$	〔Pa〕
燃焼後	0		$0.40P_A$		$0.80P_A$		$1.6P_A$	〔Pa〕

生成した水はすべて水蒸気であるから，反応後の全圧は

$$0.40P_A + 0.80P_A + 1.6P_A = 2.8P_A \text{〔Pa〕}$$

問4　温度を $\dfrac{5T_0}{6}$〔K〕に下げたあとの O_2 と CO_2 の分圧を $P_{O_2}{}'$〔Pa〕，$P_{CO_2}{}'$〔Pa〕とすると，ボイル・シャルルの法則より

$$\frac{P_{O_2}{}' \times \dfrac{5V_0}{4}}{\dfrac{5T_0}{6}} = \frac{0.40P_A \times \dfrac{5V_0}{4}}{T_0}$$

∴　$P_{O_2}{}' = 0.333P_A \fallingdotseq 0.33P_A$〔Pa〕

$$\frac{P_{CO_2}{}' \times \dfrac{5V_0}{4}}{\dfrac{5T_0}{6}} = \frac{0.80P_A \times \dfrac{5V_0}{4}}{T_0}$$

∴　$P_{CO_2}{}' = 0.666P_A \fallingdotseq 0.67P_A$〔Pa〕

容器内に液体の水が存在するので，容器内の水蒸気の圧力は温度 T_1 での水の蒸気圧 $0.11P_A$ である。よって，全圧は

$$P_{O_2}{}' + P_{CO_2}{}' + 0.11P_A = (0.33 + 0.67 + 0.11)P_A$$
$$= 1.11P_A \fallingdotseq 1.1P_A \text{〔Pa〕}$$

16 理想気体と実在気体，ファンデルワールスの式

（2012 年度　第 4 問）

文中の〔　(ア)　〕～〔　(オ)　〕に適切な数字および記号を記せ。なお，〔　(ウ)　〕～〔　(オ)　〕は有効数字 3 桁で答えよ。

実在気体 1.00 mol が占める体積 V の，同じ圧力・温度における理想気体 1.00 mol が占める体積 V_i に対する比を Z とすると，

$$Z = \frac{V}{V_i}$$

と表される。また，V_i を気体定数 R，温度 T，圧力 P で表すと〔　(ア)　〕となるので，上式は

$$Z = 〔　(イ)　〕$$

と書き換えることができる。したがって，1.00 mol の理想気体とみなせる気体であれば気体の種類に関わらず Z の値は 1.00 になる。

クリプトンおよびプロパンの標準状態における体積を測定すると，それぞれ 22.4 L および 21.8 L であった。これらより，それぞれの Z の値はクリプトンが〔　(ウ)　〕，プロパンが〔　(エ)　〕と計算できる。

実在気体の状態方程式の 1 つとして次の式で表されるファンデルワールスの式がある。

$$\left(P + \frac{n^2 a}{V^2}\right)(V - nb) = nRT$$

ここで，n は物質量，a および b はファンデルワールス定数である。実在気体は理想気体と異なり，気体分子同士の引力の原因となる分子間力が存在する。また，実在気体では気体分子自身の体積が無視できないため，その分だけ気体分子が自由に動ける体積が減少する。したがってプロパンのファンデルワールス定数を $a = 8.78 \text{ m}^6 \cdot \text{Pa/mol}^2$ および $b = 8.45 \times 10^{-2} \text{ L/mol}$ とすると，1 分子のプロパンが占める体積は〔　(オ)　〕nm^3 と計算できる。

解　答

(ア) $V_i = \dfrac{RT}{P}$　(イ) $\dfrac{PV}{RT}$　(ウ) 1.00　(エ) 9.73×10^{-1}　(オ) 1.40×10^{-1}

ポイント
　理想気体と実在気体のモル体積の比較に注意。ファンデルワールスの状態方程式の補正項を用いた計算は応用力が必要。

解　説

　理想気体には状態方程式 $PV = nRT$ が成り立つので，$1.00\,\text{mol}$ の理想気体の体積を V_i とすると

$$PV_i = RT \quad \therefore \quad V_i = \dfrac{RT}{P}$$

$$Z = \dfrac{V}{V_i} = \dfrac{V}{\dfrac{RT}{P}} = \dfrac{PV}{RT}$$

よって，$1.00\,\text{mol}$ の理想気体なら気体の種類によらず $Z = 1.00$ である。
標準状態において，$V_i = 22.4\,[\text{L}]$ であるから，クリプトンにおいては

$$Z = \dfrac{V}{V_i} = \dfrac{22.4}{22.4} = 1.00$$

プロパンでは　$Z = \dfrac{V}{V_i} = \dfrac{21.8}{22.4} = 0.9732 \fallingdotseq 9.73 \times 10^{-1}$

ファンデルワールスの式 $\left(P + \dfrac{n^2 a}{V^2}\right)(V - nb) = nRT$ において，$\dfrac{n^2 a}{V^2}$ は分子間力による補正項，nb は分子固有の体積による補正項である。$1\,\text{mol}$ の気体において，補正項として差し引かれる b の値を $1\,\text{mol}$ の分子の固有の体積と考えると，それが $8.45 \times 10^{-2}\,\text{L}$ ということになる。よって，1分子のプロパンが占める体積は

$$\dfrac{8.45 \times 10^{-2}}{6.02 \times 10^{23}} = 1.403 \times 10^{-25} \fallingdotseq 1.40 \times 10^{-25}\,[\text{L}]$$

$$= 1.40 \times 10^{-1}\,[\text{nm}^3] \quad (\because \ 1\,[\text{L}] = 1 \times 10^{-3}\,[\text{m}^3] = 1 \times 10^{24}\,[\text{nm}^3])$$

17 浸透圧と溶液の濃度，コロイド粒子の性質

(2011 年度　第 3 問)

次の文章を読み，問 1 ～問 4 に答えよ。必要であれば，気体定数には R を用いよ。

図 1 のように，溶媒分子のみが透過できる膜(半透膜)を，内径が一定な U 字型のガラス管の中央に取り付け，A 側には分子量 M_1 の非電解質の分子 1 を W_1 [g]溶かした希薄水溶液を，B 側には分子量 M_2 の非電解質の分子 2 を W_2[g]溶かした希薄水溶液をそれぞれ入れた。水溶液を U 字管に入れた直後は，A 側の方が B 側に比べ液面が高かった。

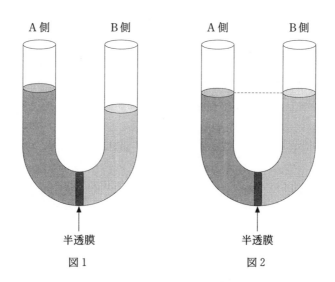

問 1. 一定の温度 T_1 においてしばらく放置した後，A，B 両側の液面を見ると，高さが等しくなっていた(図 2)。この状態を"状態 I"とする。このときに，M_1，M_2，W_1，W_2 の間に成り立つ関係式を示せ。

問 2. 状態 I から温度を T_2 へ低下させたところ，A 側で分子 1 の一部が N 量体

（N 個の分子 1 が集合（会合）したコロイド粒子）を形成し，単量体と N 量体の間で平衡が成り立った。この状態を"状態Ⅱ"とする。このとき，A 側における N 量体の物質量，および単量体と N 量体とを合わせた総物質量を M_1，W_1，a，N を用いて表せ。ただし，会合前の分子 1 の分子数に対する N 量体を形成した分子 1 の分子数の比を会合度 a（$0 < a < 1$）とする。

$$会合度\ a = \frac{N 量体を形成した分子 1 の分子数}{会合前の分子 1 の分子数}$$

また，温度の変化による水溶液の体積の変化は無視できるとする。

問 3. 状態Ⅱにおいて，A 側あるいは B 側のいずれか一方に圧力を加え，両側の水面の高さを等しくした。このときに加えた圧力を求めよ。ただし，A，B 両側の水溶液の体積はともに V であるとする。

問 4. U 字管中のコロイド粒子は，少量の電解質を加えても沈殿しなかったが，多量の電解質の添加により沈殿を生じた。このような現象を何と呼ぶか答えよ。またこの現象に最も関係しているものを次の内から選び，記号で答えよ。

(a) コロイド粒子の大きさ   (b) コロイド粒子の数
(c) 浸透圧   (d) 水 和   (e) 分子量

解 答

問1 $\dfrac{W_1}{M_1} = \dfrac{W_2}{M_2}$

問2 N量体の物質量：$\dfrac{\alpha W_1}{M_1 N}$　総物質量：$\dfrac{W_1}{M_1}\left(1 - \alpha + \dfrac{\alpha}{N}\right)$

問3 $\dfrac{\alpha R T_2 W_1}{M_1 V}\left(1 - \dfrac{1}{N}\right)$

問4 現象名：塩析　記号：(d)

ポイント

　浸透圧や会合度に関する濃度変化を確認しながら慎重に解答を進めよう。文字式の取り扱いに注意。

解 説

問1 U字管のA，B両側の液面の高さが一定時間後に等しくなったということは，その段階で両側の溶液の浸透圧が等しいことを意味する。分子量Mの非電解質の分子がW〔g〕溶けているV〔L〕の水溶液がT〔K〕の温度で示す浸透圧P〔Pa〕は，次の式で表される。

$$PV = \frac{W}{M}RT \qquad \therefore \quad P = \frac{WRT}{MV}$$

A側に分子量M_1の分子をW_1〔g〕溶かした水溶液をV_1〔L〕，B側に分子量M_2の分子をW_2〔g〕溶かした水溶液をV_2〔L〕入れたとき，それぞれの水溶液が一定温度T_1〔K〕で示す浸透圧をP_1〔Pa〕，およびP_2〔Pa〕とすると

$$P_1 = \frac{W_1 R T_1}{M_1 V_1}, \qquad P_2 = \frac{W_2 R T_1}{M_2 V_2}$$

U字管の内径が等しく，液面の高さが等しければ$V_1 = V_2$であり，両側の水溶液の浸透圧も等しければ，次の関係が成り立つ。

$$\frac{W_1 R T_1}{M_1 V_1} = \frac{W_2 R T_1}{M_2 V_2} \qquad \therefore \quad \frac{W_1}{M_1} = \frac{W_2}{M_2}$$

問2 温度をT_2〔K〕に低下させたとき（$T_1 > T_2$），会合した分子の物質量は

$$\frac{W_1}{M_1} \times \alpha \times \frac{1}{N} = \frac{W_1 \alpha}{M_1 N} \text{〔mol〕}$$

会合していない分子の物質量は

$$\frac{W_1}{M_1} \times (1 - \alpha) = \frac{W_1(1 - \alpha)}{M_1} \text{〔mol〕}$$

よって，単量体とN量体を合わせた総物質量は

$$\frac{W_1(1-\alpha)}{M_1}+\frac{W_1\alpha}{M_1N}=\frac{W_1}{M_1}\left(1-\alpha+\frac{\alpha}{N}\right)\text{[mol]}$$

問3　状態Ⅱから，両側の水面の高さを等しくするために，B側に P'[Pa] の圧力を加えたとする。P' はA側とB側の水溶液の浸透圧の差に等しい。

A側の水溶液の浸透圧：$\dfrac{W_1}{M_1}\left(1-\alpha+\dfrac{\alpha}{N}\right)\times\dfrac{1}{V}\times RT_2$[Pa]

B側の水溶液の浸透圧：$\dfrac{W_2}{M_2}\times\dfrac{1}{V}\times RT_2$[Pa]

ここで問1より $\dfrac{W_1}{M_1}=\dfrac{W_2}{M_2}$ であり，B側の水溶液の方が浸透圧の値は大きいので，その差を求めると次のようになる。

$$P'=\frac{W_2}{M_2}\times\frac{1}{V}\times RT_2-\frac{W_1}{M_1}\left(1-\alpha+\frac{\alpha}{N}\right)\times\frac{1}{V}\times RT_2$$

$$=\frac{\alpha RT_2W_1}{M_1V}\left(1-\frac{1}{N}\right)\text{[Pa]}$$

問4　多量の電解質を加えると，コロイド粒子が水和していた水分子を失って沈殿することを塩析といい，親水コロイドの性質である。

18 凝固点降下と物質量，溶液の濃度と平衡定数

(2009 年度　第 3 問)

次の文章を読み，**問 1 ～問 5** に答えよ。

　　不揮発性の溶質が溶解している希薄溶液の凝固点は，純溶媒の凝固点に比べて低くなる。この凝固点の差である凝固点降下度[K]は，溶質が非電解質であれば溶質の種類にはよらず，溶媒 1.0 kg 中に溶けている溶質の物質量[mol]に比例する。この比例定数は，溶媒の種類によって一定値に決まる。ここで，溶質の物質量は，溶かした物質量ではなく溶けている物質量であることに注意すべきである。例として，不揮発性の分子 G_2 をある溶媒に溶かした溶液を考える。溶液中で

$$G_2 \longrightarrow 2\,G$$

の反応が起こり，G_2 がすべて G に分解しているとする。このとき，上で述べた溶媒固有の比例定数を用いて溶液の凝固点降下度を求めるならば，G_2 ではなく，G の物質量[mol]を用いなければならない。

　　不揮発性の非電解質の溶質 A，B，C が溶解している希薄溶液を考える。溶媒 S の凝固点降下の比例定数は知られており，質量 1.0 kg の溶媒 S 中に 1.0×10^{-1} mol の溶質が溶けている場合の凝固点降下度は 2.5×10^{-1} K である。溶質 A を M_A[g]はかりとり，5.0×10^{-1} kg の溶媒 S に溶かした溶液の凝固点降下度は，5.0×10^{-1} K であった。

　　一方，溶質 A を M_A[g]はかりとり，1.0 kg の溶媒 H に溶かした溶液 I の凝固点降下度は 2.0×10^{-1} K であった。また，溶質 B を M_B[g]はかりとり，1.0 kg の溶媒 H に溶解した溶液 II の凝固点降下度も 2.0×10^{-1} K であった。この溶液 I と溶液 II を混合した混合溶液 III の体積は 2.0 L で，凝固点降下度は 2.0×10^{-1} K より小さかった。その理由は，溶質分子 A と B が反応し，C が生じる化学平衡

$$A + B \rightleftharpoons C$$

があるからである。この混合溶液の凝固点近傍での平衡定数を K_H[L/mol]とする。

　　すべて大気圧のもとで考えることにする。なお，どの溶液も凝固点以上の温度では溶質は完全に溶解しているとする。また，溶液が凝固するとき，その凝固物

は溶媒分子のみからなる固体である。すべての溶液中で上記以外の反応はおこら
ないものとする。

問 1. M_B[g] の溶質 B の物質量 [mol] を求め，有効数字 2 桁で答えよ。

問 2. 質量 10 kg の溶媒 H に非電解質の溶質が 1.0 mol 溶けている溶液の凝固
　　　点降下度 [K] の値を求め，有効数字 2 桁で答えよ。

問 3. 混合溶液Ⅲ中の A の濃度を x_A[mol/L] としたとき，平衡定数 K_H[L/mol]
　　　を x_A の式で表せ。

問 4. 混合溶液Ⅲの溶媒 1.0 kg あたりの 3 種類の溶質 A，B，C の物質量の合計
　　　を n[mol] とする。物質量 n[mol] を x_A の式で表せ。

問 5. 混合溶液Ⅲの凝固点降下度 [K] をはかったところ，1.5×10^{-1} K であっ
　　　た。平衡定数 K_H[L/mol] を求め，有効数字 2 桁で答えよ。

解 答

問1 1.0×10^{-1} mol

問2 2.0×10^{-1} K

問3 $\dfrac{5.0\times10^{-2}-x_A}{x_A{}^2}$ 〔L/mol〕

問4 $5.0\times10^{-2}+x_A$ 〔mol〕

問5 4.0×10 L/mol

ポイント
　溶質の状況や濃度変化を理解して慎重に解答しよう。希薄溶液なら，質量モル濃度とモル濃度の違いを考えずに計算を進められることに注意。

解 説

問1 溶質Aの分子量を m_A，溶媒Sのモル凝固点降下を K_{fS} とすると

$\Delta t = K_f c$

　　（Δt：溶液の凝固点降下度〔K〕　　K_f：溶媒のモル凝固点降下〔K·kg/mol〕
　　 c：溶液の質量モル濃度〔mol/kg〕）

より，$\dfrac{M_A}{m_A}$ が溶質Aの物質量（mol）であるから

$$5.0\times10^{-1}=K_{fS}\times\frac{M_A}{m_A}\times\frac{1}{5.0\times10^{-1}}$$

ここで，$K_{fS}=2.5\times10^{-1}\times\dfrac{1}{1.0\times10^{-1}}=2.5$ であるから

$$\frac{M_A}{m_A}=5.0\times10^{-1}\times5.0\times10^{-1}\times\frac{1}{2.5}=0.10\,〔mol〕$$

溶媒Hのモル凝固点降下を K_{fH} とすると

$$2.0\times10^{-1}=K_{fH}\times0.10\times\frac{1}{1.0}　　\therefore\ K_{fH}=2.0\,〔K\cdot kg/mol〕$$

したがって，溶質Bの分子量を m_B とすると，$\dfrac{M_B}{m_B}$ が溶質Bの物質量であるから

$$2.0\times10^{-1}=2.0\times\frac{M_B}{m_B}\times\frac{1}{1.0}$$

$\therefore\ \dfrac{M_B}{m_B}=0.10=1.0\times10^{-1}$ 〔mol〕

問2 $\Delta t=K_{fH}c=2.0\times1.0\times\dfrac{1}{10}=2.0\times10^{-1}$ 〔K〕

問3　溶液 I，溶液 II を混合した直後の A と B の濃度はどちらも $\dfrac{0.10}{2.0}=0.050$

〔mol/L〕であり，反応の前後の各物質のモル濃度の関係は次のように示される。

	A	+	B	$\rightleftharpoons$	C	
平衡前	0.050		0.050		0	〔mol/L〕
変化量	$-0.050+x_A$		$-0.050+x_A$		$+0.050-x_A$	〔mol/L〕
平衡時	x_A		x_A		$0.050-x_A$	〔mol/L〕

したがって，平衡定数 K_H は

$$K_H=\frac{[C]}{[A][B]}=\frac{0.050-x_A}{x_A\times x_A}=\frac{5.0\times 10^{-2}-x_A}{x_A{}^2}\,\text{〔L/mol〕}$$

問4　混合溶液 III の 2.0kg が 2.0L であるので，密度は 1.0kg/L であり，溶媒 1.0kg は 1.0L と考えられる。よって，平衡時のそれぞれのモル濃度より

$$n=x_A+x_A+0.050-x_A=0.050+x_A=5.0\times 10^{-2}+x_A\,\text{〔mol〕}$$

問5　$\Delta t=K_{fH}c$ より

$$1.5\times 10^{-1}=2.0\times\frac{0.050+x_A}{1.0}\qquad \therefore\quad x_A=0.025$$

よって

$$K_H=\frac{[C]}{[A][B]}=\frac{0.050-x_A}{x_A{}^2}=\frac{0.050-0.025}{(0.025)^2}$$

$$=40=4.0\times 10\,\text{〔L/mol〕}$$

19 メタノールの燃焼と気体の分圧，蒸気圧

(2008 年度　第 2 問)

次の文章を読み，**問 1 ～問 4** に答えよ。

　水銀溜めに断面が均一で断面積 $20\ cm^2$ のシリンダーが鉛直に挿入されており，初期にはメタノールと酸素だけが高さ $13.6\ cm$ まで入っていた。このときメタノールは完全に気化しており，シリンダー内側の水銀の高さは周りの水銀面より $7.6\ cm$ 深くなっていた（図 1）。

　測定はすべて $300\ K$ で行われており，大気圧は $1.0 \times 10^5\ Pa$ とする。水の飽和蒸気圧は $3.0 \times 10^3\ Pa$ とし，水銀の蒸気圧は無視できるものとする。水銀は測定中，化学変化はしないものとする。

　このシリンダー内のメタノールを完全燃焼させ，そのまま温度が $300\ K$ になってから，気体の体積を計測すると，気体部の高さ $12.9\ cm$，水銀面の高さ $7.6\ cm$ となり，水銀表面には液体の水が観測された（図 2）。

　ここで，すべての気体は理想気体として扱い，測定はすべて気液平衡で行われたものとする。また，水銀，液体のメタノールおよび水への他成分の溶解はないものとし，液体のメタノールと水の体積およびそれらの重さによる水銀柱の高さへの影響も無視できるものとする。

　答えはすべて有効数字 2 桁で求めよ。必要な場合には，次の値を用いよ。

　気体定数：$R = 8.30\ kPa \cdot L / (K \cdot mol)$

問 1. 燃焼前のメタノールの全物質量 [mol] を求めよ。

問 2. 燃焼後の液体の水の重量 [g] を求めよ。

問 3. 燃焼後の二酸化炭素の分圧 [Pa] を求めよ。

問 4. 燃焼後にシリンダーを引き上げ，図 3 のように気体部をある高さ x [cm] 以上にしたとき，生成した水はすべて気体になった。このときの高さ

x[cm] を求めよ。

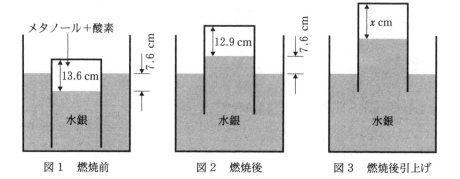

図1　燃焼前　　　　　　図2　燃焼後　　　　　図3　燃焼後引上げ

解　答

問1　2.0×10^{-3} mol

問2　6.6×10^{-2} g

問3　1.9×10^{4} Pa

問4　1.7×10^{2} cm

ポイント

　気体の状態方程式の使い方や有効数字に注意して煩雑な計算を慎重に進めよう。水銀溜め上のシリンダー内の圧力と水蒸気の状態，および圧力の単位（**kPa**）に注意。

解　説

問1　メタノールの燃焼前と燃焼後のシリンダー内の気体の全物質量を求めるために，各状態での圧力 P，体積 V，絶対温度 T の値を整理する。

　大気圧 760〔mmHg〕$= 1.0 \times 10^{5}$〔Pa〕の関係より，水銀柱 x〔cm〕の示す圧力は $\dfrac{x}{76} \times 1.0 \times 10^{5}$〔Pa〕となる。燃焼前のシリンダー内の水銀の高さが周りの水銀面より7.6cm深くなっていたので，シリンダー内の全圧は，大気圧（1.0×10^{5} Pa）に水銀柱 x〔cm〕の圧力を加えたものになる。

$$P = 1.0 \times 10^{5} + \frac{7.6}{76} \times 1.0 \times 10^{5} = 1.10 \times 10^{5}\,〔\text{Pa}〕 = 1.10 \times 10^{2}\,〔\text{kPa}〕$$

$$V = 13.6 \times 20 \times \frac{1}{1000} = 0.272\,〔\text{L}〕$$

$$T = 300\,〔\text{K}〕$$

したがって，気体の状態方程式より，気体の全物質量は

$$\frac{1.10 \times 10^{2} \times 0.272}{8.30 \times 300} = 1.20 \times 10^{-2}\,〔\text{mol}〕$$

燃焼後，シリンダー内に液体の水が存在するので，水に関して蒸発平衡の状態にあり，水蒸気の圧力は 3.0×10^{3} Pa である。生じた二酸化炭素と余った酸素の分圧の和について考える。

このとき，シリンダー内の水銀の高さが右図に示すように周りの水銀面より7.6cm高いので，二酸化炭素と酸素の分圧の和は次の式で示される。

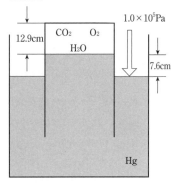

〔燃焼後〕

12.9cm　　CO_2　　O_2　　1.0×10^{5} Pa

H_2O

7.6cm

Hg

$$P = 1.0 \times 10^5 - \frac{7.6}{76} \times 1.0 \times 10^5 - 3.0 \times 10^3$$

$$= 0.87 \times 10^5 \,[\text{Pa}]$$

$$= 0.87 \times 10^2 \,[\text{kPa}]$$

$$V = 12.9 \times 20 \times \frac{1}{1000} = 0.258 \,[\text{L}]$$

$$T = 300 \,[\text{K}]$$

したがって，二酸化炭素と酸素の物質量の和は

$$\frac{0.87 \times 10^2 \times 0.258}{8.30 \times 300} = 9.01 \times 10^{-3} \,[\text{mol}]$$

メタノールの燃焼の反応において，最初のシリンダー内のメタノールの物質量を $n\,[\text{mol}]$ として，反応の前後の物質量の関係をまとめると次のようになる。

	CH_3OH	$+$ $\frac{3}{2}O_2$	$\longrightarrow$ $CO_2 + 2H_2O$	水以外の気体の物質量の和	
反応前	n	$1.20 \times 10^{-2} - n$	0	1.20×10^{-2}	$[\text{mol}]$
変化量	$-n$	$-\frac{3}{2}n$	$+n$		$[\text{mol}]$
反応後	0	$1.20 \times 10^{-2} - \frac{5}{2}n$	n	$1.20 \times 10^{-2} - \frac{3}{2}n$	$[\text{mol}]$

したがって，メタノールの物質量 n は次のように求められる。

$$1.20 \times 10^{-2} - \frac{3}{2}n = 9.01 \times 10^{-3}$$

$$\therefore\ n = 1.99 \times 10^{-3} \fallingdotseq 2.0 \times 10^{-3} \,[\text{mol}]$$

問2　生成する水の全質量は

$$1.99 \times 10^{-3} \times 2 \times 18 = 0.0716 \,[\text{g}]$$

反応後，気体として存在する水の質量を $w\,[\text{g}]$ とすると，$PV = \frac{w}{18}RT$ より

$$w = \frac{18PV}{RT} = \frac{18 \times 3.0 \times 0.258}{8.30 \times 300} = 0.00559 \,[\text{g}]$$

よって，液体の水の質量は

$$0.0716 - 0.00559 = 0.0660 \fallingdotseq 6.6 \times 10^{-2} \,[\text{g}]$$

問3　燃焼後シリンダー内に存在する二酸化炭素の物質量は，反応したメタノールの物質量と同じであるから，二酸化炭素の分圧を $P_{CO_2}\,[\text{Pa}]$ とすると

$$P_{CO_2} = \frac{2.0 \times 10^{-3} \times 8.30 \times 300}{0.258} = 19.3 \,[\text{kPa}] \fallingdotseq 1.9 \times 10^4 \,[\text{Pa}]$$

問4　生成した水がすべて気体になったので，水のみに注目して考える。

高さ $x\,[\text{cm}]$ のシリンダー内の体積を $V\,[\text{L}]$ とすると

$$V = 20x \,[\text{cm}^3] = 2.0 \times 10^{-2}x \,[\text{L}]$$

生成した水がすべて気体になった瞬間の気体の水の圧力は，飽和蒸気圧に等しく

$$3.0 \times 10^3 \text{[Pa]} = 3.0 \text{[kPa]}$$

生じた水の物質量は，$2.0 \times 10^{-3} \times 2 = 4.0 \times 10^{-3} \text{[mol]}$ であるから

$$2.0 \times 10^{-2} x = \frac{4.0 \times 10^{-3} \times 8.30 \times 300}{3.0}$$

$$\therefore \quad x = \frac{4.0 \times 10^{-3} \times 8.30 \times 300}{3.0 \times 2.0 \times 10^{-2}} = 166 \fallingdotseq 1.7 \times 10^2 \text{[cm]}$$

第3章
物質の変化

20 気体反応の平衡移動，圧平衡定数とモル分率

（2022年度　第2問）

次の文章を読み，**問1〜問5**に答えよ。

気体物質である **A**，**B**，**C** の混合気体を容積一定の密閉容器に入れると，式①に示す化学反応が可逆的に起こり，やがて平衡状態に達する。なお，気体は理想気体として扱うものとする。

$$\text{A}(\text{気}) \quad + \quad \text{B}(\text{気}) \quad \rightleftharpoons \quad \text{C}(\text{気}) \quad \cdots \quad ①$$

異なる全圧 P_1，P_2，P_3〔Pa〕について，平衡状態における気体 **C** の体積百分率と温度の関係は図のようになった。

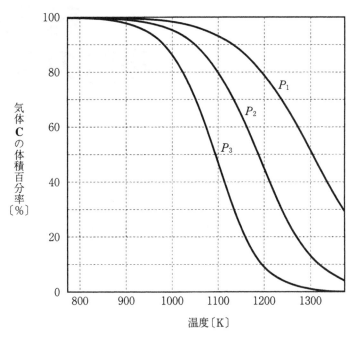

図．平衡状態における気体 **C** の体積百分率と温度の関係

問 1. P_1 と P_3 の大小関係を，不等号を用いて答えよ。

問 2. 式①の右向きの反応（正反応）は，発熱反応あるいは吸熱反応のどちらであるか答えよ。

問 3. 式①の反応の圧平衡定数 K_p〔Pa^{-1}〕は，温度を上げると大きくなるか，あるいは小さくなるかを答えよ。

問 4. 気体 **A** と **B** を密閉容器に入れて，温度を T〔K〕に保ったところ，平衡状態になった。このとき，全圧が 3.0×10^5 Pa であり，気体 **A**，**B**，**C** の物質量はすべて同じであった。圧平衡定数 K_p〔Pa^{-1}〕を有効数字 2 桁で答えよ。

問 5. 4.0 mol の気体 **A** と 2.0 mol の気体 **B** を密閉容器に入れて，温度を T〔K〕に保ったところ，平衡状態になった。このとき，気体 **C** のモル分率は 0.20 であった。**問 4** で求めた圧平衡定数の値を用いて，全圧〔Pa〕を有効数字 2 桁で答えよ。

解 答

問1 $P_1 > P_3$

問2 発熱反応

問3 小さくなる

問4 $1.0 \times 10^{-5} \mathrm{Pa^{-1}}$

問5 $1.7 \times 10^5 \mathrm{Pa}$

ポイント

　問題量が少なく難問もない。グラフの読み取りや平衡前後の物質の変化を平衡定数，モル濃度，分圧等と関連させて理解することが重要。

解 説

問1 A（気）+ B（気）⇌ C（気）の平衡において，左辺の気体物質の総和は2mol，右辺は1molであるから，全圧と平衡移動の関係は，「全圧を上げれば平衡は右へ移動する」となる。問題の図より，$P_1 \rightarrow P_2 \rightarrow P_3$ と変化するとき，一定温度における気体Cの体積百分率は小さくなっている。このことは，$P_1 \sim P_3$ の変化で平衡が左へ移動していることを意味するので，$P_1 \sim P_3$ の変化は全圧が小さくなる変化であり，$P_1 > P_3$ となる。

問2 同じく問題の図より，温度を上げると気体Cの体積百分率は小さくなっている。このことは，「温度を上げると平衡は左へ移動する」ことを意味し，ルシャトリエの原理より，式①の右向きの反応（気体Cが生成する反応）は発熱反応である。

問3 問2より，式①の平衡では温度を上げると平衡は左へ移動する。この平衡の圧平衡定数 K_p は，それぞれの物質の平衡時の分圧を P_A〔Pa〕，P_B〔Pa〕，P_C〔Pa〕とすると，$K_\mathrm{p} = \dfrac{P_\mathrm{C}}{P_\mathrm{A} \cdot P_\mathrm{B}}$ の式で表される。温度を上げると平衡は左へ移動し，P_A と P_B は増加，P_C は減少するので，K_p の値は小さくなる。

問4 平衡時の全圧が $3.0 \times 10^5 \mathrm{Pa}$ であり，気体A，B，Cの物質量がすべて同じであるから，$P_\mathrm{A} = P_\mathrm{B} = P_\mathrm{C} = 1.0 \times 10^5$〔Pa〕である。よって

$$K_\mathrm{p} = \frac{P_\mathrm{C}}{P_\mathrm{A} \cdot P_\mathrm{B}} = \frac{1.0 \times 10^5}{(1.0 \times 10^5)^2} = 1.0 \times 10^{-5} \, [\mathrm{Pa^{-1}}]$$

問5 平衡時に気体Cが x〔mol〕生成しているとして，平衡の前後での各物質の物質量の関係をまとめると，次のようになる。

	A（気）	+ B（気）	⇌ C（気）	計	
反応前	4.0	2.0	0	6.0	〔mol〕
変化量	$-x$	$-x$	$+x$		〔mol〕
平衡時	$4.0-x$	$2.0-x$	x 、	$6.0-x$	〔mol〕

平衡時の気体Cのモル分率より

$$\frac{x}{6.0-x}=0.20 \qquad \therefore \quad x=1.0 \, \text{(mol)}$$

平衡時の各物質の物質量の比が，A：B：C＝3：1：1 となるので，平衡時の全圧を P 〔Pa〕として，各気体の分圧は次のようになる。

$$P_A=\frac{3}{5}P \, \text{(Pa)}$$

$$P_B=P_C=\frac{1}{5}P \, \text{(Pa)}$$

$$K_p=\frac{P_C}{P_A \cdot P_B}=\frac{\frac{1}{5}P}{\frac{3}{5}P \times \frac{1}{5}P}=\frac{5}{3P}=1.0 \times 10^{-5}$$

$$\therefore \quad P=1.66 \times 10^5 \fallingdotseq 1.7 \times 10^5 \, \text{(Pa)}$$

21 塩素発生の反応の量的関係，リン酸の電離平衡と pH

(2022 年度　第 3 問)

次の文章(1)と(2)を読み，**問 1 〜問 5** に答えよ。

(1)　次亜塩素酸ナトリウム <u>NaClO</u> を主成分とする洗浄剤は塩素系洗浄剤であり，

a)
漂白剤や殺菌剤として使われている。塩素系洗浄剤とは別に，塩酸を含む塩酸
系（または酸系）洗浄剤も使われている。これらの塩素系と塩酸系の洗浄剤を
混合すると，塩素が発生する。また，水道水の殺菌などに用いられる<u>高度さら</u>

b)
<u>し粉（主成分は $Ca(ClO)_2 \cdot 2H_2O$）も，塩酸を加えると塩素が発生する</u>。

問 1. 下線部 a) の化学式 NaClO における Cl の酸化数を答えよ。

問 2. 下線部 b) について，下に示した化学反応式における係数 a, b, c, およ
び生成物 **X** の化学式を答えよ。

$$Ca(ClO)_2 \cdot 2H_2O + a\,HCl \longrightarrow X + b\,H_2O + c\,Cl_2 \uparrow$$

問 3. 塩素系および塩酸系の洗浄剤を，それぞれ表に示す次亜塩素酸ナトリウム
水溶液と塩酸であるとする。これらを混合して発生する塩素の体積は，温度
$300\,K$，圧力 $1.0 \times 10^5\,Pa$ で何 L か，有効数字 2 桁で答えよ。ただし，発生す
る塩素はすべて気体になるものとし，気体定数 R は $8.3 \times 10^3\,Pa \cdot L/(mol \cdot K)$
とする。また，どちらかの成分（NaClO または HCl）がなくなるまで，塩素
が発生する反応のみが進行するものとし，未反応の成分は分解しないものと
する。

表. 洗浄剤に対応する水溶液

洗浄剤	水溶液	質量パーセント濃度〔%〕	水溶液の質量〔g〕
塩素系洗浄剤	次亜塩素酸 ナトリウム水溶液	7.45	100
塩酸系洗浄剤	塩酸	10.0	100

(2) リン酸 H_3PO_4 を水に溶かすと，式①〜③に示す3段階の電離平衡が成り立つ。

$$H_3PO_4 \rightleftarrows H^+ + H_2PO_4^- \cdots ①$$

$$H_2PO_4^- \rightleftarrows H^+ + HPO_4^{2-} \cdots ②$$

$$HPO_4^{2-} \rightleftarrows H^+ + PO_4^{3-} \cdots ③$$

　リン酸水溶液の pH が4〜10の場合，$H_2PO_4^-$ と HPO_4^{2-} が主に存在し，H_3PO_4 と PO_4^{3-} の割合は無視できるほど小さいため，ここでは式②の電離平衡のみを考えるものとする。また，式②の電離定数を 6.3×10^{-8} mol/L（25℃）とし，水の電離平衡は無視できるものとする。必要な場合は，以下の数値を計算に用いよ。

$$\log_{10}\sqrt{6.3} = 0.40 \qquad \log_{10}\sqrt{63} = 0.90$$

$$\log_{10}6.3 = 0.80 \qquad \log_{10}63 = 1.8$$

問 4. 0.10 mol のリン酸二水素ナトリウム NaH_2PO_4 を水に溶解して 1.0 L の水溶液（25℃）にしたときの pH を小数第1位まで答えよ。

問 5. 0.10 mol/L の NaH_2PO_4 水溶液 1.0 L に，ある体積の 0.10 mol/L の水酸化ナトリウム $NaOH$ 水溶液を加えた。このとき得られた水溶液中の $H_2PO_4^-$ と HPO_4^{2-} の濃度が等しくなった。この水溶液（25℃）の pH を小数第1位まで答えよ。

解　答

問1　+1
問2　$a:4$　$b:4$　$c:2$　Xの化学式：$CaCl_2$
問3　2.5L
問4　4.1
問5　7.2

ポイント
　塩素発生の化学反応式から，物質量の関係を正確に整理すればよい。リン酸の電離平衡は一見複雑に見えるが，問題設定に従って対数計算を確実に進めよう。

解　説

問1　化合物中のナトリウムの酸化数を+1，酸素の酸化数を-2として，塩素の酸化数をxとすると，$NaClO$において

$$(+1)+x+(-2)=0 \quad \therefore \quad x=+1$$

問2　$Ca(ClO)_2$中のClの酸化数は問1の$NaClO$と同じで+1，HCl中のClの酸化数は-1である。反応後生じるCl_2中のClの酸化数は0なので，酸化剤と還元剤は次のように反応すると考えられる。

酸化剤：$2ClO^- + 4H^+ + 2e^- \longrightarrow 2H_2O + Cl_2$　……①
還元剤：$2Cl^- \longrightarrow Cl_2 + 2e^-$　……②

①+②より　　$2ClO^- + 4H^+ + 2Cl^- \longrightarrow 2H_2O + 2Cl_2$

上式の両辺にCa^{2+}と$2Cl^-$を足すと，次の反応式が書ける。

$$Ca(ClO)_2 + 4HCl \longrightarrow CaCl_2 + 2H_2O + 2Cl_2$$

これに$Ca(ClO)_2$の結晶水$2H_2O$を加えると，次の反応式が書ける。

$$Ca(ClO)_2 \cdot 2H_2O + 4HCl \longrightarrow CaCl_2 + 4H_2O + 2Cl_2$$

よって，$X=CaCl_2$，$a=4$，$b=4$，$c=2$となる。

問3　次亜塩素酸ナトリウムと塩酸の質量とその物質量は，それぞれ次のようになる。
$NaClO$（式量74.5）：

$$100 \times \frac{7.45}{100} \text{〔g〕}$$

$$100 \times \frac{7.45}{100} \times \frac{1}{74.5} = 0.10 \text{〔mol〕}$$

HCl（分子量36.5）：

$$100 \times \frac{10.0}{100} \text{〔g〕}$$

$$100 \times \frac{10.0}{100} \times \frac{1}{36.5} = 0.2739 ≒ 0.274 \text{〔mol〕}$$

次亜塩素酸ナトリウムと塩酸の反応は，次の反応式で示される。

$$NaClO + 2HCl \longrightarrow NaCl + H_2O + Cl_2$$

$NaClO$ 1 mol に対して，HCl は 2 mol 反応するので，この実験では用いた塩酸が過剰である。$NaClO$ 1 mol から Cl_2 1 mol が生成するので，実験で生成する Cl_2 は 0.10 mol となる。その体積は気体の状態方程式より次のように計算できる。

$$\frac{0.10 \times 8.3 \times 10^3 \times 300}{1.0 \times 10^5} = 2.49 ≒ 2.5 \text{〔L〕}$$

問4 リン酸二水素ナトリウムは，水に溶けて次のようにイオン化する。

$$NaH_2PO_4 \longrightarrow Na^+ + H_2PO_4^-$$

$H_2PO_4^-$ の電離平衡に関して，c〔mol/L〕の $H_2PO_4^-$ の電離度 α と水素イオン濃度 $[H^+]$〔mol/L〕の関係は，次のように示される。

$$H_2PO_4^- \rightleftharpoons H^+ + HPO_4^{2-} \quad \cdots\cdots②$$

反応前	c	0	0	〔mol/L〕
変化量	$-c\alpha$	$+c\alpha$	$+c\alpha$	〔mol/L〕
平衡時	$c(1-\alpha)$	$c\alpha$	$c\alpha$	〔mol/L〕

式②における電離定数を K_a とすると

$$K_a = \frac{[H^+][HPO_4^{2-}]}{[H_2PO_4^-]} = \frac{c^2\alpha^2}{c(1-\alpha)} = \frac{c\alpha^2}{1-\alpha}$$

$1-\alpha ≒ 1$ と仮定すると

$$K_a = c\alpha^2 \qquad \alpha = \sqrt{\frac{K_a}{c}}$$

$$[H^+] = c\alpha = \sqrt{cK_a}$$

$c = 0.10$〔mol/L〕，$K_a = 6.3 \times 10^{-8}$〔mol/L〕であるから

$$[H^+] = \sqrt{0.10 \times 6.3 \times 10^{-8}} = \sqrt{6.3} \times 10^{-4.5}$$

よって

$$pH = 4.5 - \log_{10}\sqrt{6.3}$$
$$= 4.5 - 0.40 = 4.1$$

参考 $c = 0.10$〔mol/L〕，$K_a = 6.3 \times 10^{-8}$〔mol/L〕を用いて α の値を求めると

$$\alpha = \sqrt{\frac{K_a}{c}} = \sqrt{\frac{6.3 \times 10^{-8}}{0.10}} = \sqrt{6.3 \times 10^{-7}} = \sqrt{63} \times 10^{-4}$$
$$≒ 8.0 \times 10^{-4}$$

この値より，$1-\alpha ≒ 1$ の仮定は成り立つと考えてよい。

問5 式②の電離定数は次のとおり。

$$6.3 \times 10^{-8} = \frac{[\text{HPO}_4{}^{2-}][\text{H}^+]}{[\text{H}_2\text{PO}_4{}^-]}$$

$[\text{H}_2\text{PO}_4{}^-] = [\text{HPO}_4{}^{2-}]$ であるので

$$6.3 \times 10^{-8} = [\text{H}^+]$$

よって

$$\text{pH} = -\log_{10}[\text{H}^+] = -\log_{10}(6.3 \times 10^{-8})$$
$$= 8 - \log_{10}6.3 = 8 - 0.80 = 7.20 \fallingdotseq 7.2$$

22 反応速度と平衡移動，平衡定数と解離度

(2021年度　第1問)

次の文章(1)と(2)を読み，**問1**から**問6**に答えよ。なお，気体は理想気体として扱うものとする。

(1) 以下の式①は窒素と水素からアンモニアを合成する反応の熱化学方程式である。

$$N_2(気) + 3H_2(気) = 2NH_3(気) + 92\,kJ \qquad \cdots ①$$

この反応は可逆反応であり，アンモニアを生成する反応は〔　ア　〕反応で，総物質量が〔　イ　〕反応である。したがって，平衡時におけるアンモニアの生成量を多くするには，反応容器内の圧力を〔　ウ　〕する，あるいは温度を〔　エ　〕するとよい。

問1. 〔　ア　〕から〔　エ　〕に入る適切な語句を以下から一つずつ選び，答えよ。同じ語句を何度選んでも良い。

> 発熱，断熱，吸熱，減少する，変化しない，増加する，低く，一定に，
> 高く

問2. 図1の太い実線**X**は，ある一定の温度と圧力において得られたアンモニアの生成量の時間変化を表したものである。次の(i)から(iii)のように反応条件を変えたとき，予想される曲線を図1の**A**から**E**より一つずつ選び，記号で答えよ。

(i) 圧力は同じまま，温度を高くする。

(ii) 圧力は同じまま，温度を低くする。

(iii) 圧力と温度は同じまま，触媒を加える。

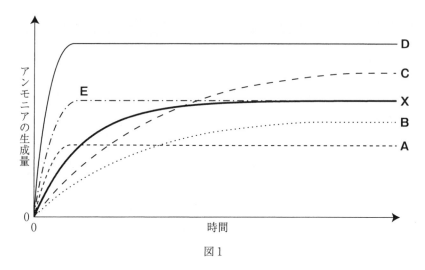

図1

問 3. 窒素ガスと水素ガスの物質量の比が 25 : 75 の混合気体を，全圧が 3.0×10^7 Pa となるよう体積一定の密閉容器に入れた。その後，式①の反応を開始してある温度に保つと，全圧が 1.8×10^7 Pa に減少して平衡状態に達した。この時，反応前の窒素ガスのうちの何％がアンモニアに変換されたか，有効数字2桁で答えよ。

（2） 常温において，N_2O_4 は NO_2 に解離し，両者は平衡状態に達する。この可逆反応の熱化学方程式は式②で表される。

$$N_2O_4 (気) = 2NO_2 (気) - 57 \, \text{kJ} \quad \cdots ②$$

ここで，N_2O_4 と NO_2 の分圧を，それぞれ $p_{N_2O_4}$ と p_{NO_2} とすると，圧平衡定数 K_p は以下の式③で与えられる。

$$K_p = \frac{(p_{NO_2})^2}{p_{N_2O_4}} \quad \cdots ③$$

問 4. 大気圧下で，ピストン付きの密閉容器を二つ用意し，一方に N_2O_4 と NO_2 の混合気体を，もう一方に混合気体と同じ体積の空気を封入した。この二つの容器を同じ温度まで温めた時に起こる変化として正しいものを，以下の(A)から(E)より一つ選び記号で答えよ。ただし，温度変化の前後で N_2O_4 と NO_2 の混合気体は平衡状態にあるとする。

　(A)　N_2O_4 と NO_2 の混合気体の体積は変わらず，空気の体積は増加した。

　(B)　体積はどちらも増加し，同じ体積となった。

　(C)　体積はどちらも増加し，N_2O_4 と NO_2 の混合気体の体積は空気の体積よりも大きかった。

　(D)　体積はどちらも増加し，N_2O_4 と NO_2 の混合気体の体積は空気の体積よりも小さかった。

　(E)　N_2O_4 と NO_2 の混合気体の体積は減少し，空気の体積は増加した。

問 5. 体積一定の密閉容器に N_2O_4 を $1.0\,\text{mol}$ 入れ，NO_2 との平衡状態になるまで待ったところ，N_2O_4 の解離度（加えた N_2O_4 のうち NO_2 に解離した割合）が 0.20 で，全圧が $1.0 \times 10^5\,\text{Pa}$ となった。この時の圧平衡定数 $K_p\,[\text{Pa}]$ を，有効数字2桁で答えよ。

問 6. ピストン付きの密閉容器に N_2O_4 を $n\,[\text{mol}]$ 入れ，NO_2 との平衡状態になるまで待ったところ，N_2O_4 の解離度は α で，混合気体の体積は $V\,[\text{L}]$ となった。温度と全圧が一定のもと，容器内にアルゴンガスを加え，新たな平衡状態になるまで待ったところ，体積が $V'\,[\text{L}]$ まで増加した。体積比を $\beta = \dfrac{V'}{V}$ と表すと，新たな平衡状態における N_2O_4 の解離度 x は，以下の式④で求められる。

$$x = \boxed{\text{オ}} \times \left\{ \alpha \times \sqrt{\boxed{\text{カ}} + \boxed{\text{キ}}} - \boxed{\text{カ}} \right\} \qquad \cdots \text{④}$$

$\boxed{\text{オ}}$ から $\boxed{\text{キ}}$ にあてはまる式を以下のAからFより一つずつ選び，記号で答えよ。ただし，アルゴンは反応に関与しないものとする。

A： n^2 B： a^2 C： β^2

D： $\dfrac{\beta}{2 \times (1-\alpha)}$ E： $\dfrac{\beta}{n+1}$ F： $\dfrac{4 \times (1-\alpha)}{\beta}$

解　答

問1　ア. 発熱　イ. 減少する　ウ. 高く　エ. 低く

問2　(i)－A　(ii)－C　(iii)－E

問3　8.0×10 %

問4　Ⓒ

問5　1.7×10⁴Pa

問6　オ－D　カ－B　キ－F

ポイント

　平衡の量的関係や移動に関して，結果だけでなく理由を正確に理解しておかないと満足な解答ができない。難問も含め，計算のやり方に慣れ，見通しを立てて解答を進めることが重要。

解　説

問1　N_2 (気) $+ 3H_2$ (気) $= 2NH_3$ (気) $+ 92$ kJ　……①

　アンモニアが生成する反応は①の右向きの反応であり，発熱反応である。また気体の総物質量が4molから2molへ減少する反応である。よってアンモニアの生成量を多くするにはルシャトリエの原理より，気体の総物質量が減少する方向に移動するように容器内の圧力を高くし，発熱の方向に移動するように温度を低くするとよい。

問2　問題の図1において，0点から始まる右上がりのグラフの傾きは反応速度に関わる変化であり，反応速度が大きくなると傾きが急になる。平衡時にはグラフは横軸に平行となり，平衡が右へ移動すると平衡時のアンモニアの生成量が増加する。

(i) 温度を高くすると，反応速度は大きくなり平衡は左へ移動する

　　→曲線Aが該当

(ii) 温度を低くすると，反応速度は小さくなり平衡は右へ移動する

　　→曲線Cが該当

(iii) 触媒は反応速度を大きくするが，平衡は移動させない

　　→曲線Eが該当

問3　分圧＝全圧×モル分率より，反応前の混合気体中の窒素と水素の分圧
（p_{N_2}, p_{H_2}）は次のようになる。

$$p_{N_2} = 3.0 \times 10^7 \times \frac{25}{25 + 75} = 0.75 \times 10^7 \text{ (Pa)}$$

$$p_{H_2} = 3.0 \times 10^7 \times \frac{75}{25 + 75} = 2.25 \times 10^7 \text{ (Pa)}$$

反応した窒素の分圧を $x \times 10^7$ (Pa) とすると，平衡の前後の各物質の圧力の関係は

次のように示される。

$$N_2 \ + \ 3H_2 \ \rightleftharpoons \ 2NH_3 \ \ 合計$$

	N_2	$3H_2$	$2NH_3$	合計	
反応前	0.75	2.25	0	3.0	〔×10^7Pa〕
変化量	$-x$	$-3x$	$+2x$		〔×10^7Pa〕
平衡時	$0.75-x$	$2.25-3x$	$2x$	1.8	〔×10^7Pa〕

平衡時の全圧について

$$0.75-x+2.25-3x+2x=3.0-2x=1.8$$

$$x=0.60 \ 〔×10^7 Pa〕$$

体積と温度が一定であれば，圧力の比は物質量の比に等しいので，アンモニアに変換された窒素の割合は

$$\frac{0.60×10^7}{0.75×10^7}×100=80=8.0×10 \ 〔\%〕$$

別解　窒素と水素の物質量の比が $25:75=1:3$ であることより，反応前の窒素を n〔mol〕，水素を $3n$〔mol〕，反応した窒素を x〔mol〕とすると

$$N_2 \ + \ 3H_2 \ \rightleftharpoons \ 2NH_3 \ \ 合計$$

	N_2	$3H_2$	$2NH_3$	合計	
反応前	n	$3n$	0	$4n$	〔mol〕
変化量	$-x$	$-3x$	$+2x$		〔mol〕
平衡時	$n-x$	$3n-3x$	$2x$	$4n-2x$	〔mol〕

体積と温度一定のもとでは，物質量の総和と容器内の全圧は比例するので

$$\frac{平衡時}{反応前}=\frac{4n-2x}{4n}=\frac{1.8×10^7}{3.0×10^7}=0.60 \qquad x=0.8n$$

$$∴ \ \frac{x}{n}×100=\frac{0.8n}{n}×100=80=8.0×10 \ 〔\%〕$$

問4　一定圧力（大気圧下）では，ボイル・シャルルの法則 $\dfrac{pV}{T}=$ 一定 より，体積と絶対温度は比例するので，物質量の変化がなければ，N_2O_4 と NO_2 の混合気体，空気ともに体積は同じように増加する。しかし混合気体では，②より，温度上昇とともに吸熱方向の右向きに平衡が移動し，気体の総物質量は増加する。よって，一定圧力のもとでの混合気体の体積増加分は空気よりも大きい。

問5　平衡の前後の各物質の物質量の関係は次のように示される。

$$N_2O_4 （気） \rightleftharpoons 2NO_2 （気） \ \ 合計$$

	N_2O_4（気）	$2NO_2$（気）	合計	
反応前	1.0	0	1.0	〔mol〕
変化量	-0.20	$+0.40$		〔mol〕
平衡時	0.80	0.40	1.2	〔mol〕

平衡時の全圧（$1.0×10^5$Pa）より，平衡時の N_2O_4 と NO_2 の分圧（$p_{N_2O_4}$, p_{NO_2}）は次のようになる。

$$p_{N_2O_4}=1.0×10^5×\frac{0.80}{1.2}=\frac{2}{3}×10^5 〔Pa〕$$

$$p_{NO_2} = 1.0 \times 10^5 \times \frac{0.40}{1.2} = \frac{1}{3} \times 10^5 \, [\text{Pa}]$$

$$K_p = \frac{p_{NO_2}{}^2}{p_{N_2O_4}} = \frac{\left(\frac{1}{3} \times 10^5\right)^2}{\frac{2}{3} \times 10^5} = \frac{1}{6} \times 10^5$$

$$= 1.66 \times 10^4$$

$$\fallingdotseq 1.7 \times 10^4 \, [\text{Pa}]$$

問6 $n \, [\text{mol}]$ の N_2O_4 が解離度 α で分解して NO_2 に変化した最初の平衡（平衡 1）での各物質の物質量の変化を次に示す。

$$N_2O_4 \rightleftharpoons 2NO_2 \quad \text{合計}$$

反応前	n	0	n	$[\text{mol}]$
変化量	$-n\alpha$	$+2n\alpha$		$[\text{mol}]$
平衡 1	$n(1-\alpha)$	$2n\alpha$	$n(1+\alpha)$	$[\text{mol}]$ （体積 $V \, [\text{L}]$）

次に，温度と全圧が一定のもと容器内にアルゴンを加えると，体積は平衡 1 のときの体積（$V \, [\text{L}]$）より大きくなり，N_2O_4 と NO_2 の分圧の和は減少するので②の平衡はルシャトリエの原理によって気体の総物質量が増加する方向の右向きに移動する。このときの N_2O_4 の解離度が x であり（$x > \alpha$），体積は $V' \, [\text{L}]$ である。平衡 1 のときと同じく，平衡 2 のときの各物質の物質量の変化を次に示す。

$$N_2O_4 \rightleftharpoons 2NO_2 \quad \text{合計}$$

反応前	n	0	n	$[\text{mol}]$
変化量	$-nx$	$+2nx$		$[\text{mol}]$
平衡 2	$n(1-x)$	$2nx$	$n(1+x)$	$[\text{mol}]$ （体積 $V' \, [\text{L}]$）

ここで，平衡定数 $K_c = \dfrac{[NO_2]^2}{[N_2O_4]}$ について

平衡 1 のとき

$$K_c = \frac{\left(\frac{2n\alpha}{V}\right)^2}{\frac{n(1-\alpha)}{V}} = \frac{4n\alpha^2}{(1-\alpha)V}$$

同じく，平衡 2 のとき

$$K_c = \frac{\left(\frac{2nx}{V'}\right)^2}{\frac{n(1-x)}{V'}} = \frac{4nx^2}{(1-x)V'}$$

温度一定であれば平衡定数 K_c は一定であるから

$$K_c = \frac{4n\alpha^2}{(1-\alpha)V} = \frac{4nx^2}{(1-x)V'}$$

$$\frac{V'}{V} = \beta \ \text{より} \qquad (1-\alpha)\,x^2 = \alpha^2 \beta\,(1-x)$$

$$(1-\alpha)\,x^2 + \alpha^2 \beta x - \alpha^2 \beta = 0$$

$x > 0$ であるから

$$x = \frac{-\alpha^2 \beta + \sqrt{\alpha^4 \beta^2 + 4\,(1-\alpha)\,\alpha^2 \beta}}{2\,(1-\alpha)}$$

$$= \frac{\beta}{2\,(1-\alpha)} \left\{ -\alpha^2 + \alpha \times \sqrt{\alpha^2 + \frac{4\,(1-\alpha)}{\beta}} \right\}$$

$$= \frac{\beta}{2 \times (1-\alpha)} \left\{ \alpha \times \sqrt{\alpha^2 + \frac{4 \times (1-\alpha)}{\beta}} - \alpha^2 \right\}$$

23 平衡の移動と平衡定数，活性化エネルギー，アレニウスの式

(2020 年度　第 1 問)

次の文章を読み，**問 1 ～問 4** に答えよ。

密閉した反応容器中で，1 分子の物質 **A**(気体)と 1 分子の物質 **B**(気体)を反応させると，2 分子の物質 **C**(気体)と 3 分子の物質 **D**(固体)が生成すると仮定する。この反応は可逆反応であり，式(Ⅰ)で表せる。

$$\text{A(気)} + \text{B(気)} \rightleftharpoons 2\,\text{C(気)} + 3\,\text{D(固)} \qquad \cdots(\text{Ⅰ})$$

ここで，式(Ⅰ)の正反応および逆反応を，それぞれ式(Ⅱ)および式(Ⅲ)とする。

$$\text{A(気)} + \text{B(気)} \longrightarrow 2\,\text{C(気)} + 3\,\text{D(固)} \qquad \cdots(\text{Ⅱ})$$

$$2\,\text{C(気)} + 3\,\text{D(固)} \longrightarrow \text{A(気)} + \text{B(気)} \qquad \cdots(\text{Ⅲ})$$

問 1. 反応(Ⅰ)が平衡状態にあるとき，反応容器の温度と体積をいずれも一定に保ったまま物質 **C**(気体)を加えると，物質 **A**(気体)と物質 **B**(気体)の物質量が〔 ア 〕する方向へ平衡が移動する。一方，温度を一定に保ったまま反応容器の圧力を下げると，平衡は〔 イ 〕。また，反応容器の温度と体積をいずれも一定に保ったまま反応(Ⅰ)に作用する触媒(固体)を加えると，平衡は〔 ウ 〕。

　文章中の〔 ア 〕～〔 ウ 〕に入る適切な語句を 1 つ選んで数字で答えよ。ただし，固体の体積は無視できるものとする。

〔 ア 〕　① 減　少　　　　　　② 増　加
〔 イ 〕　① 右方向に移動する　　② 左方向に移動する
　　　　　③ どちらにも移動しない
〔 ウ 〕　① 右方向に移動する　　② 左方向に移動する
　　　　　③ どちらにも移動しない

問 2. 反応容器に物質 **A**(気体)2.0 mol と物質 **B**(気体)2.0 mol を入れて一定温度に保つと反応(Ⅰ)が平衡状態となり，物質 **C**(気体)1.0 mol と物質 **D**(固

体)$1.5\,mol$ が生成する。この反応の平衡定数 K は〔 エ 〕である。

　文章中の〔 エ 〕に入る数字を有効数字2桁で答えよ。

問 3. 化学反応が進行するためには，〔 オ 〕と呼ばれるエネルギーの高い不安定な中間状態を経由しなければならない。この〔 オ 〕にある原子の集合体を〔 カ 〕という。

　反応(Ⅲ)は吸熱反応であり，その活性化エネルギーは $E_{a,1}$〔J/mol〕，反応熱は Q〔J/mol〕である。反応容器の温度と体積をいずれも一定に保ったまま，反応(Ⅰ)に作用する触媒(固体)を加える。このとき，反応(Ⅲ)の活性化エネルギーは $E_{a,2}$〔J/mol〕へと変化して反応速度は大きくなり，反応(Ⅱ)の活性化エネルギー $E_{a,3}$〔J/mol〕は〔 キ 〕へと変化して反応速度は〔 ク 〕。

　文章中の〔 オ 〕〔 カ 〕に入る適切な語句を答えよ。また，〔 キ 〕〔 ク 〕に入る適切な語句を1つ選んで数字で答えよ。ここで，$E_{a,1}$, $E_{a,2}$ および Q は正の値(> 0)である。また，固体の体積は無視できるものとする。

〔 キ 〕　① $E_{a,1}$　　　　　　　② $E_{a,2}$

　　　　　③ $E_{a,1} + E_{a,2}$　　④ $E_{a,1} - E_{a,2}$

　　　　　⑤ $E_{a,1} + Q$　　　　⑥ $E_{a,2} + Q$

　　　　　⑦ $E_{a,1} - Q$　　　　⑧ $E_{a,2} - Q$

　　　　　⑨ $E_{a,1} + E_{a,2} + Q$　⑩ $E_{a,1} + E_{a,2} - Q$

〔 ク 〕　① 小さくなる　　② 大きくなる　　③ 変化しない

問 4. 化学反応の反応速度定数 k は，活性化エネルギー E_a〔J/mol〕と絶対温度 T〔K〕，気体定数 R〔J/(mol·K)〕，比例定数 A を用いて，次のアレニウスの式で表される。

$$k = Ae^{-E_a/RT}$$

(1) 反応(Ⅱ)に対する $300\,K$ および $350\,K$ での速度定数 k が表1の通りであるとき，活性化エネルギー $E_{a,4}$ は〔 ケ 〕$\times 10^2\,kJ/mol$ である。

文章中の〔　ケ　〕に入る数字を有効数字2桁で答えよ。必要な場合には，次の値を用いよ。

　　気体定数 R：8.3 J/(K・mol)＝ 8.3 × 10³ Pa・L/(K・mol)

　　$\log_e 10 = 2.3$

表1　反応(Ⅱ)に対する速度定数 k の温度依存性

温度 T〔K〕	速度定数 k
300	1.0×10^{-6}
350	1.0×10^{-3}

(2)　(1)のように，温度を高くすると反応速度が急激に大きくなる。この理由として，<u>分子の衝突回数の増加</u>および<u>活性化エネルギーより大きい運動エネルギーをもつ分子の割合</u>の〔　a　〕の2つが主な要因として挙げられるが，〔　b　〕の寄与が支配的である。
（Aは「分子の衝突回数の増加」の下，Bは「活性化エネルギーより大きい運動エネルギーをもつ分子の割合」の下）

　　〔　a　〕に入る語句と〔　b　〕に入る記号の正しい組み合わせを，次の①～④の中から1つ選んで〔　コ　〕に数字で答えよ。

①　〔　a　〕減　少　　　〔　b　〕Ⓐ

②　〔　a　〕減　少　　　〔　b　〕Ⓑ

③　〔　a　〕増　加　　　〔　b　〕Ⓐ

④　〔　a　〕増　加　　　〔　b　〕Ⓑ

解　答

問1　アー②　イー③　ウー③
問2　$4.4×10^{-1}$
問3　オ. 活性化状態（遷移状態）　カ. 活性錯体　キー⑧　クー②
問4　ケ. 1.2　コー④

ポイント

　ルシャトリエの原理は結果だけでなく，平衡移動の理由まで理解する。アレニウスの式は教科書の発展内容だが，問題演習で慣れておくことが必要。

解　説

問1　A（気）＋B（気）$\rightleftharpoons$2C（気）＋3D（固）　……(I)
　反応(I)が平衡状態にあるとき，温度と体積が一定の状態で物質C（気体）を加えると，ルシャトリエの原理により物質Cを減少させる方向（左向き）に平衡が移動し，この方向は物質Aと物質Bが増加する方向である。また，温度一定の状態で容器の圧力を下げると，圧力を上げる方向，つまり平衡に関わる気体分子の総数が増加する方向へ平衡は移動する。反応(I)の右辺と左辺の気体分子の数は同じであるから，圧力を下げても平衡はどちらにも移動しない。さらに触媒を加えることによっては，正反応，逆反応どちらの反応速度も大きくなるが，平衡はどちらにも移動しない。

問2　平衡の前後における反応(I)の各物質の変化は次のように示される。

$$A（気）＋B（気）\rightleftharpoons 2C（気）＋3D（固）$$

反応前	2.0	2.0	0	0 〔mol〕
変化量	−0.5	−0.5	+1.0	+1.5 〔mol〕
平衡時	1.5	1.5	1.0	1.5 〔mol〕

物質D（固体）は平衡に関与しないので，容器の体積をV〔L〕とすると，平衡定数Kは次のように求められる。

$$K=\frac{[C]^2}{[A][B]}=\frac{\left(\frac{1.0}{V}\right)^2}{\left(\frac{1.5}{V}\right)^2}=\frac{4}{9}=0.444≒4.4×10^{-1}$$

問3　反応の際に反応物から生成したエネルギーの高い不安定な状態を活性化状態（遷移状態）といい，活性化状態にするために必要な最小のエネルギーが活性化エネルギーである。また活性化状態の原子の集合体は活性錯体という。

A（気）＋B（気）$\overset{\text{反応(II)}}{\underset{\text{反応(III)}}{\rightleftharpoons}}$2C（気）＋3D（固）の反応における反応の進行度とエネルギーの関係を次図に示す。

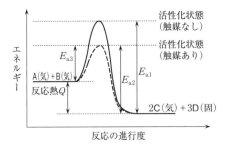

反応(Ⅲ)が吸熱反応で反応熱が Q〔kJ/mol〕であることより，A（気）＋B（気）は
2C（気）＋3D（固）より Q だけ高いエネルギーをもつ。反応(Ⅲ)の活性化エネルギー
$E_{a,1}$ は図に示すように 2C（気）＋3D（固）と活性化状態の間のエネルギーであり，
触媒を加えると活性化エネルギーは下がって反応速度は大きくなり，活性化エネル
ギーは $E_{a,2}$ になる。反応(Ⅱ)の活性化エネルギー $E_{a,3}$ は A（気）＋B（気）と活性化
状態の間のエネルギーであり，触媒を加えたとき図に示すように $E_{a,3} = E_{a,2} - Q$ の
関係となり，活性化エネルギーの減少により，反応(Ⅱ)の反応速度も大きくなる。

問4 (1) アレニウスの式 $k = Ae^{-\frac{E_a}{RT}}$ より，それぞれの温度において次の式が成り立
つ。

$$1.0 \times 10^{-6} = Ae^{-\frac{E_a}{300R}} \quad \cdots\cdots ①$$

$$1.0 \times 10^{-3} = Ae^{-\frac{E_a}{350R}} \quad \cdots\cdots ②$$

①÷② より

$$1.0 \times 10^{-3} = e^{-\frac{E_a}{R}\left(\frac{1}{300} - \frac{1}{350}\right)}$$

両辺の自然対数をとると

$$-3\log_e 10 = -\frac{E_a}{R} \times \frac{350 - 300}{300 \times 350}$$

$$E_a = 6300 \times \log_e 10 \times R$$

$$= 6300 \times 2.3 \times 8.3$$

$$= 120267 \,〔J/mol〕$$

$$\fallingdotseq 1.2 \times 10^2 \,〔kJ/mol〕$$

(2) 低温と高温における気体分子のエネルギー
の分布曲線は右図のようになる。温度を高くす
ると分子の平均速度が大きくなるので一定時間
の衝突回数が増加して反応速度が大きくなる。
さらに右図に示すように活性化エネルギー E_a
よりも大きなエネルギーをもつ分子（図中の網
かけ部分），つまり衝突したときに反応するこ

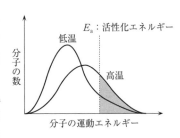

とのできる分子の数が増加することも反応速度を大きくすることになり，こちらの影響の方が大きく寄与すると考えられる。

24 マンガン乾電池とアルカリマンガン乾電池の反応と電極の変化

(2020 年度　第 2 問)

次の文章を読み，**問 1 ～問 6** に答えよ。

マンガン乾電池では下の式に示す反応により起電力が得られる。

正極：$MnO_2 + wH_2O + xe^- \longrightarrow MnO(OH) + yOH^-$

負極：$Zn \longrightarrow Zn^{2+} + ze^-$

ただし，$MnO(OH)$ および MnO_2 は水に全く溶解せず，$MnO(OH)$ は正極から剥落しないものとする。また，正極，負極および電解液は重量の損失なく完全に分離できるものとする。

一方，電解液に水酸化カリウム水溶液を用いる<u>アルカリマンガン乾電池</u>では，負極で生じる物質が〔　ア　〕となって溶解するため，負極の電気抵抗を小さく保つことができる。

負極の〔　イ　〕は水酸化カリウム水溶液と反応し，自発的に〔　ア　〕と〔　ウ　〕を生じる。この副反応を防ぐため，アルカリマンガン乾電池では〔　エ　〕という工夫が施されている。

問 1. 正極および負極の半反応式が適切となるように，文章中の w, x, y および z に当てはまる数を答えよ。

問 2. 文章中の〔　ア　〕～〔　ウ　〕に適するものを，以下の(A)～(J)のなかからそれぞれ一つずつ選んで記号で答えよ。

(A)　Zn　　　　　　　　　(B)　ZnO　　　　　　　　　(C)　$ZnCl_2$

(D)　$[Zn(OH)_4]^{2-}$　　　(E)　$[Zn(NH_3)_4]^{2+}$　　(F)　O_2

(G)　H^+　　　　　　　　(H)　MnO_2　　　　　　　　(I)　KCl

(J)　H_2

問 3. 文章中の〔　エ　〕として最も適切なものを下記より一つ選んで記号で答え
よ。

   (A)　電解液に塩酸を添加しておく

   (B)　負極に MnO_2 を添加しておく

   (C)　電解液に酸化亜鉛を十分に溶解させておく

   (D)　電池の内部に酸素ガスを封入しておく

   (E)　氷晶石を添加しておく

問 4. アルカリマンガン乾電池を放電したとき，負極の重量と，電解液の pH は
どのように変化するか。それぞれ「増加」，「減少」もしくは「変わらない」のい
ずれかで答えよ。

問 5. アルカリマンガン乾電池を 20 mA で 16 分 5 秒間放電したときの正極の重
量変化を「増加」，「減少」もしくは「変わらない」のいずれかで答えよ。またそ
の変化量〔g〕を有効数字 2 桁で答えよ。

問 6. 268 mA の電流値で 1 時間放電することのできるアルカリマンガン乾電池
を作製するためには，正極と負極の合計の重量は最低で何 g 必要か，有効
数字 2 桁で答えよ。ただし電池は使い切るまで抵抗が変化せず完全に放電で
きるものとする。

解 答

問 1　$w:1$　$x:1$　$y:1$　$z:2$

問 2　アー⑩　イー④　ウー⑪

問 3　⑥

問 4　負極の重量：減少　電解液の pH：減少

問 5　正極の重量：増加　変化量：2.0×10^{-4} g

問 6　1.2 g

ポイント

　教科書では取り扱いの少ない電池でも，原理と物質の変化を理解する。各電極の質量や溶液の pH 変化は，電極反応式を確実に書くことが基本。

解 説

問 1　正極：$MnO_2 + wH_2O + xe^- \longrightarrow MnO(OH) + yOH^-$

　　　負極：$Zn \longrightarrow Zn^{2+} + ze^-$

　　反応式の両辺の電荷の和は等しいので，負極の反応式より　　$z=2$

　　正極の反応式より　　$x=y$ ……①

　　正極の反応式の両辺の酸素原子の数より

　　　　$2+w=2+y$　　∴　$w=y$ ……②

　　両辺の水素原子の数より　　$2w=1+y$ ……③

　　②と③より　　$y=1$，$w=1$

　　①より　　$x=1$

問 2　アルカリマンガン乾電池の電池式は次のように示される。

　　　$(-)\ Zn\,|\,KOHaq\,|\,MnO_2(+)$

　　アルカリマンガン乾電池の各電極では，次のような反応が起こる。

　　　　正極：$MnO_2 + H_2O + e^- \longrightarrow MnO(OH) + OH^-$ ……④

　　　　負極：$Zn + 4OH^- \longrightarrow [Zn(OH)_4]^{2-} + 2e^-$ ……⑤

　　電解質（KOH）は強塩基であり，放電の際負極で電子とともに生成する Zn^{2+} は $[Zn(OH)_4]^{2-}$ として溶解する。実際には生じた $[Zn(OH)_4]^{2-}$ は $Zn(OH)_2$ や ZnO に変化して溶液中に存在すると考えられる。亜鉛は両性元素であり，強塩基とは次のような反応も起こる。

　　　　$Zn + 2KOH + 2H_2O \longrightarrow K_2[Zn(OH)_4] + H_2$ ……⑥

問 3　実際の実用電池には起電力の保持のためにさまざまな工夫がなされている。上の⑥の反応は，電池を使用しなくても少しずつ起こる酸化還元反応で，電池の容量が減少する自己放電という現象であり，この反応を防ぐために，電解質の KOH に

加え，電解液に亜鉛の化合物等を溶解させておくのもその1つである。

問4 問2の電極での反応式④，⑤を組み合わせると次のようになる。

$$2MnO_2 + Zn + 2H_2O + 2OH^- \longrightarrow 2MnO(OH) + [Zn(OH)_4]^{2-} \quad \cdots\cdots ⑦$$

この反応式より，電池の放電によって負極の Zn の重量は減少し，OH^- の減少によって電解液の pH も減少することになる。

問5 ④，⑤，⑦の反応式より，放電によって1 mol の電子が移動するとき，正極では1 mol の MnO_2（式量 86.9）が1 mol の $MnO(OH)$（式量 87.9）に変化し，1.0 g の重量増加がある。移動した電子の物質量は

$$\frac{20 \times 10^{-3} \times (16 \times 60 + 5)}{96500} = 2.0 \times 10^{-4} \, [mol]$$

よって，正極の重量の増加は

$$1.0 \times 2.0 \times 10^{-4} = 2.0 \times 10^{-4} \, [g]$$

問6 放電によって1 mol の電子を移動させるとき，正極は1 mol の MnO_2，負極は $\frac{1}{2}$ mol の Zn が消費される。移動する電子の物質量は

$$\frac{268 \times 10^{-3} \times (1 \times 60 \times 60)}{96500} = 9.997 \times 10^{-3} \fallingdotseq 1.00 \times 10^{-2} \, [mol]$$

$$\therefore \left(86.9 + \frac{65.4}{2}\right) \times 1.00 \times 10^{-2} = 1.19 \fallingdotseq 1.2 \, [g]$$

25 水性ガス反応の平衡移動，濃度平衡定数と圧平衡定数

(2019 年度　第 2 問)

次の文章を読み，**問 1 ～問 2** に答えよ。

コークス C（固体）と水蒸気 H_2O（気体）を原料として，これらを高温で接触させることによって CO と H_2 の混合気体が生成する反応（水性ガス反応）は，式①に示す熱化学方程式で表される。一方，この反応の副反応として，式②に示す熱化学方程式で表される反応が同時に進行し，CO および H_2 の生成率に影響を与える。ここでは以下の 2 つの反応について考える。なお，式①，式②中の y, z は反応熱を表す。

$$C（固） + H_2O（気） = CO（気） + H_2（気） + y〔kJ〕 \qquad y < 0 \cdots ①$$
$$CO（気） + H_2O（気） = CO_2（気） + H_2（気） + z〔kJ〕 \quad z > 0 \cdots ②$$

式①の反応は〔　ア　〕，式②の反応は〔　イ　〕を伴う反応である。主反応である式①の反応が一定温度で平衡状態にあるとき，右向きの反応によって気体分子の総数が〔　ウ　〕ので，系全体の圧力を〔　エ　〕すれば H_2 の生成率を大きくすることができる。

問 1. 文章中の〔　ア　〕～〔　エ　〕に入る適切な語句を 1 つ選んで記号で答えよ。

〔　ア　〕　(a)　発　熱　　　　(b)　吸　熱

〔　イ　〕　(a)　発　熱　　　　(b)　吸　熱

〔　ウ　〕　(a)　減少する　　　(b)　変わらない　　　(c)　増加する

〔　エ　〕　(a)　低　く　　　　(b)　一定に　　　　　(c)　高　く

問 2. 体積 V〔L〕の容器中で，圧力が p〔Pa〕，温度が T〔K〕に保持された状態で，式①および式②で表される 2 つの反応が平衡状態にあるとき，以下の(1)~(4)に答えよ。ただし，各気体の分圧は p_{H_2O}, p_{CO}, p_{CO_2} および p_{H_2} で表

すものとし，いずれの気体も理想気体として扱えるものとする。また，コークス C の体積は無視できるものとする。

(1) 式①および式②の反応の平衡定数 K_1 および K_2 を容器内に存在する各気体の分圧 p_{H_2O}，p_{CO}，p_{CO_2}，p_{H_2}，温度 T および気体定数 R を用いてそれぞれ表せ。

(2) 気体がかかわる可逆反応の場合，**問 2** (1)で求めた平衡定数の代わりに，成分気体の分圧を用いた圧平衡定数 K_p が使われる。式①および式②の反応の圧平衡定数 K_{p1} および K_{p2} を容器内に存在する各気体の分圧 p_{H_2O}，p_{CO}，p_{CO_2} および p_{H_2} を用いて表せ。

(3) 得られる H_2 の分圧 p_{H_2} については，以下の手順で p_{CO} および圧平衡定数 K_{p1} および K_{p2} を用いて表すことができる。また，圧平衡定数 K_{p1} および K_{p2} は与えられた温度で一定となり，その比 K_{p1}/K_{p2} も一定の値 α となる。したがって，ある温度での CO の分圧 p_{CO} を測定することができれば，p_{H_2} を計算することができる。〔 オ 〕〜〔 ク 〕に p_{CO}，p_{CO_2}，V，R，T および α を用いて適切な式を記入し，次の文章を完成させよ。

《p_{H_2} の算出方法》

式①および式②の反応における CO，CO_2 の酸素原子と，H_2 の水素原子は，全て H_2O に由来することから，酸素と水素の原子数の比は 1：2 である。これを p_{H_2}，p_{CO} および p_{CO_2} を用いて表すと，

$$〔 オ 〕：\frac{2\,p_{H_2}\cdot V}{RT} = 1：2$$

と書ける。よって，

$$p_{H_2} = p_{CO} + 〔 カ 〕 \quad \cdots ③$$

を得る。一方，**問 2** (2)で表した圧平衡定数の比をとることによって，

$$p_{CO_2} = \frac{〔 キ 〕}{\alpha} \quad \cdots ④$$

を得る。式④を式③に代入することにより，以下のように p_{H_2} を p_{CO} および α を用いて書き表せる。

$$p_{H_2} = p_{CO} + 〔\quad ク \quad〕 \qquad \cdots ⑤$$

(4)　実際に容器内の圧力が 1.01×10^5 Pa，温度が 1273 K に保持されたとき，圧平衡定数の比 α が 7.70×10^6 Pa となり，CO ガスセンサーによって測定された p_{CO} の測定値は 5.00×10^4 Pa であった。このとき p_{H_2} は何 Pa となるか，有効数字 3 桁で答えよ。

解答

問1　アー(b)　イー(a)　ウー(c)　エー(a)

問2　(1) $K_1 = \dfrac{p_{CO} \cdot p_{H_2}}{p_{H_2O}} \cdot \dfrac{1}{RT}$　$K_2 = \dfrac{p_{CO_2} \cdot p_{H_2}}{p_{CO} \cdot p_{H_2O}}$

　　　(2) $K_{p1} = \dfrac{p_{CO} \cdot p_{H_2}}{p_{H_2O}}$　$K_{p2} = \dfrac{p_{CO_2} \cdot p_{H_2}}{p_{CO} \cdot p_{H_2O}}$

　　　(3) オ. $\dfrac{(p_{CO} + 2p_{CO_2}) \cdot V}{RT}$　カ. $2p_{CO_2}$　キ. $p_{CO}{}^2$　ク. $\dfrac{2p_{CO}{}^2}{\alpha}$

　　　(4) $5.06 \times 10^4\,Pa$

ポイント

　文字式への対応に慣れて慎重に解答を進めよう。問題読解力と混合気体の状態に対する考察力がポイント。

解説

問1　熱化学方程式 $aA + bB = cC + dD + Q\,kJ$ で，$Q > 0$ のときは発熱反応，$Q < 0$ のときは吸熱反応である。

また，式①の反応において，左辺の気体分子の総数は1である（C (固) は気体ではないため数えない）。右辺の気体分子の総数は2であるから，右向きの反応によって気体分子の総数が増加する。ルシャトリエの原理より，系全体の圧力を低くすれば平衡は気体分子の総数が増加する方，つまり右向きに移動するので，H_2 の生成率を大きくすることができる。

問2　C (固) + H_2O (気) = CO (気) + H_2 (気) + y [kJ]　……①

　　　CO (気) + H_2O (気) = CO_2 (気) + H_2 (気) + z [kJ]　……②

ここで，$pV = nRT$ より　　モル濃度 [mol/L] $= \dfrac{n}{V} = \dfrac{p}{RT}$

よって，それぞれの物質のモル濃度は，気体の分圧を用いて次のように表される。

$$[H_2O] = \frac{p_{H_2O}}{RT}, \quad [CO] = \frac{p_{CO}}{RT}, \quad [H_2] = \frac{p_{H_2}}{RT}, \quad [CO_2] = \frac{p_{CO_2}}{RT}$$

(1) それぞれ代入し整理すると

$$K_1 = \frac{[CO][H_2]}{[H_2O]} = \frac{\dfrac{p_{CO}}{RT} \times \dfrac{p_{H_2}}{RT}}{\dfrac{p_{H_2O}}{RT}} = \frac{p_{CO} \cdot p_{H_2}}{p_{H_2O}} \cdot \frac{1}{RT}$$

$$K_2 = \frac{[CO_2][H_2]}{[CO][H_2O]} = \frac{\dfrac{p_{CO_2}}{RT} \times \dfrac{p_{H_2}}{RT}}{\dfrac{p_{CO}}{RT} \times \dfrac{p_{H_2O}}{RT}} = \frac{p_{CO_2} \cdot p_{H_2}}{p_{CO} \cdot p_{H_2O}}$$

(2) 圧平衡定数 K_{p1}, K_{p2} も，各成分気体の分圧によって次のように表される。

$$K_{p1} = \frac{p_{CO} \cdot p_{H_2}}{p_{H_2O}}$$

$$K_{p2} = \frac{p_{CO_2} \cdot p_{H_2}}{p_{CO} \cdot p_{H_2O}}$$

(3) 酸素原子の物質量は，CO と CO_2 に含まれる酸素原子の物質量の総和である。

CO の物質量は $\dfrac{p_{CO} \cdot V}{RT}$，$CO_2$ の物質量は $\dfrac{p_{CO_2} \cdot V}{RT}$ であるから，酸素原子の総物質量

は $\dfrac{p_{CO} \cdot V}{RT} + \dfrac{2p_{CO_2} \cdot V}{RT}$ であり，原子の物質量の比が原子数の比と等しいので，次の式

が成り立つ。

$$\frac{(p_{CO} + 2p_{CO_2}) \cdot V}{RT} : \frac{2p_{H_2} \cdot V}{RT} = 1 : 2$$

$$2(p_{CO} + 2p_{CO_2}) = 2p_{H_2}$$

$$\therefore \quad p_{H_2} = p_{CO} + 2p_{CO_2} \quad \cdots\cdots ③$$

圧平衡定数の比を求めると

$$\frac{K_{p1}}{K_{p2}} = \frac{\dfrac{p_{CO} \cdot p_{H_2}}{p_{H_2O}}}{\dfrac{p_{CO_2} \cdot p_{H_2}}{p_{CO} \cdot p_{H_2O}}} = \frac{p_{CO}^2}{p_{CO_2}} = \alpha$$

$$\therefore \quad p_{CO_2} = \frac{p_{CO}^2}{\alpha} \quad \cdots\cdots ④$$

式③，式④より $\quad p_{H_2} = p_{CO} + \dfrac{2p_{CO}^2}{\alpha} \quad \cdots\cdots ⑤$

(4) $p_{CO} = 5.00 \times 10^4$ 〔Pa〕，$\alpha = 7.70 \times 10^6$ 〔Pa〕 より

$$p_{H_2} = p_{CO} + \frac{2p_{CO}^2}{\alpha} = 5.00 \times 10^4 + \frac{2 \times (5.00 \times 10^4)^2}{7.70 \times 10^6}$$

$$= 5.064 \times 10^4 \fallingdotseq 5.06 \times 10^4 \text{〔Pa〕}$$

26 反応熱，反応速度と平衡移動，圧平衡定数と分圧

(2018 年度　第2問)

次の文章を読み，**問1～問5**に答えよ。

　固体の黒鉛(C)に気体の二酸化炭素(CO_2)を727℃で接触させ，気体の一酸化炭素(CO)に変化させる次の反応を考える。

$$C + CO_2 \rightleftharpoons 2\,CO$$

　以下の各問に答えよ。なお，気体定数Rを$8.31 \times 10^3\,Pa\cdot L/(mol\cdot K)$として計算せよ。**問2，問3**は有効数字2桁で答えよ。

問1. CO_2とCOの生成熱がそれぞれ$394\,kJ/mol$，$111\,kJ/mol$のとき，上の反応式の反応熱を求めよ。

問2. 温度727℃で容積10Lの容器内に黒鉛を2.0g，気体のCO_2を$1.0 \times 10^5\,Pa$導入し，導入と同時に容器を密閉した。容器内の圧力の時間変化を測定したところ，30分経過後，系全体の圧力が$1.2 \times 10^5\,Pa$となった。30分経過後のCO_2の分圧を求めよ。また30分間の平均反応速度をmol/minの単位で求めよ。この間，温度は一定であるとする。

問3. 問2の反応状態をさらに継続し，各成分の分圧が変化しなくなるまでその状態を維持した。温度727℃で，圧平衡定数K_pが$4.0 \times 10^5\,Pa$であるとすると，平衡時のCO_2とCOの各分圧はそれぞれ何Paか。また平衡時の黒鉛は何グラムか。なお，$\sqrt{2} = 1.41$，$\sqrt{3} = 1.73$，$\sqrt{5} = 2.24$とする。

問4. 問3の平衡状態に達したあと，密封状態で温度727℃に保ち，平衡を保持しながらゆっくりと容器体積を10Lから少し小さくした。このとき容器内で起こる変化で正しいものを，下の選択肢(a)～(g)の中からひとつ記号で選べ。

選択肢

> (a) 容器内の CO_2 と CO の分圧に変化はない。
>
> (b) CO_2 の分圧が増加し，CO の分圧が減少した。結果，CO/CO_2 の分圧比は減少した。
>
> (c) CO_2 の分圧が減少し，CO の分圧が増加した。結果，CO/CO_2 の分圧比は増加した。
>
> (d) CO_2 と CO の分圧がともに増加し，CO/CO_2 の分圧比は増加した。
>
> (e) CO_2 と CO の分圧がともに増加し，CO/CO_2 の分圧比は減少した。
>
> (f) CO_2 と CO の分圧がともに減少し，CO/CO_2 の分圧比は増加した。
>
> (g) CO_2 と CO の分圧がともに減少し，CO/CO_2 の分圧比は減少した。

問 5. **問 4** の状態から**問 3** の平衡状態に戻し，密封状態をそのまま保ち，727 ℃から平衡を保持しながらゆっくりと温度を上昇させた。そのとき容器内の各ガスの分圧，全圧，圧平衡定数 K_p に生じる変化についての記述である。〔 ア 〕から〔 カ 〕に入る語句として，最も適切なものを下の各選択肢の中から選んで記入せよ。

　黒鉛 C に気体の CO_2 が反応し，CO が生じる反応は，〔 ア 〕である。もとの 727 ℃ から温度を 30 ℃ 上昇させると，**問 1** で求めた反応熱から判断して，圧平衡定数は，〔 イ 〕。容器内の CO/CO_2 の分圧比は，〔 ウ 〕。各分圧に着目すると，CO_2 分圧は〔 エ 〕，CO 分圧は〔 オ 〕。その結果，CO_2 と CO の分圧を加えた全圧は〔 カ 〕。

選択肢

> 〔 ア 〕：吸熱反応，発熱反応
>
> 〔 イ 〕：変化しない，およそ 2 倍になる，およそ 1 / 2 倍になる
>
> 〔 ウ 〕：変化しない，増加する，減少する
>
> 〔 エ 〕：変化せず，増加し，減少し
>
> 〔 オ 〕：変化しない，増加する，減少する
>
> 〔 カ 〕：変化しない，増加する，減少する

解　答

問1　$-172\,\mathrm{kJ/mol}$

問2　CO_2 の分圧：$8.0\times10^4\,\mathrm{Pa}$

　　　平均反応速度：$8.0\times10^{-4}\,\mathrm{mol/min}$

問3　CO_2 の分圧：$3.8\times10^4\,\mathrm{Pa}$　CO の分圧：$1.2\times10^5\,\mathrm{Pa}$

　　　黒鉛：$1.1\,\mathrm{g}$

問4　(e)

問5　ア．吸熱反応　イ．およそ2倍になる　ウ．増加する　エ．減少し

　　　オ．増加する　カ．増加する

ポイント

　反応の進行による物質量と分圧の変化と平衡定数の計算で，2次方程式の解の公式を用いる。選択肢の読み取りにも注意。

解　説

問1　C（黒鉛）$+CO_2$（気）$=2CO$（気）$+Q\,\mathrm{kJ}$ として，反応熱 $Q\,$〔kJ/mol〕を求める。
（反応熱）＝（生成物の生成熱の和）－（反応物の生成熱の和）より

　　$Q=111\times2-394\times1=-172$〔kJ/mol〕

問2　30分経過後までに $x\times10^5$〔Pa〕の CO_2 が反応したとして，時間経過に伴う各物質の分圧の変化をまとめると，次のようになる。

	C（黒鉛）$+$	CO_2 $\longrightarrow$	$2CO$	全圧	
始め		1.0	0	1.0	〔$\times10^5$Pa〕
変化量		$-x$	$+2x$		〔$\times10^5$Pa〕
30分後		$1.0-x$	$2x$	$1.0+x$	〔$\times10^5$Pa〕

$1.0+x=1.2$ より　　$x=0.20$〔$\times10^5$Pa〕

よって，30分経過後の CO_2 の分圧は

　　$(1.0-0.20)\times10^5=0.80\times10^5=8.0\times10^4$〔Pa〕

30分間の平均反応速度を CO_2 の減少速度で考えると，30分間で減少した CO_2 の物質量 n〔mol〕は，気体の状態方程式より

　　$n=\dfrac{2.0\times10^4\times10}{8.31\times10^3\times1000}=\dfrac{2.0}{8.31}\times10^{-1}$〔mol〕

よって，30分間の平均反応速度は

　　$\dfrac{2.0}{8.31}\times10^{-1}\times\dfrac{1}{30}=8.02\times10^{-4}≒8.0\times10^{-4}$〔mol/min〕

問3　平衡時における CO の分圧を $p_{CO}=2x\times10^5$〔Pa〕とすると，CO_2 の分圧 $p_{CO_2}=(1.0-x)\times10^5$〔Pa〕であるから

$$K_p = \frac{(p_{CO})^2}{p_{CO_2}} = \frac{(2x \times 10^5)^2}{(1.0-x) \times 10^5} = 4.0 \times 10^5 \, [Pa]$$

$$4x^2 = 4.0(1.0-x)$$

$$4x^2 + 4x - 4 = 0$$

$$x^2 + x - 1 = 0$$

$$\therefore \quad x = \frac{-1+\sqrt{1+4}}{2} = \frac{-1+\sqrt{5}}{2} = \frac{-1+2.24}{2} = 0.62$$

$$p_{CO_2} = (1.0-x) \times 10^5 = 0.38 \times 10^5 = 3.8 \times 10^4 \, [Pa]$$

$$p_{CO} = 2x \times 10^5 = 1.24 \times 10^5 \fallingdotseq 1.2 \times 10^5 \, [Pa]$$

また，平衡時までに反応した CO_2 の物質量 $n \, [mol]$ は

$$n = \frac{pV}{RT} = \frac{(1.0 \times 10^5 - 3.8 \times 10^4) \times 10}{8.31 \times 10^3 \times 1000} = 0.0746 \, [mol]$$

よって，黒鉛も平衡時までに $0.0746 \, mol$ 反応しているから，求める平衡時の黒鉛の質量は

$$2.0 - 0.0746 \times 12 = 1.10 \fallingdotseq 1.1 \, [g]$$

問4 体積を小さくすると p_{CO_2} と p_{CO} はともに増加するが，平衡が保持されるので，$K_p = \dfrac{(p_{CO})^2}{p_{CO_2}}$ が常に成立する。$\dfrac{p_{CO}}{p_{CO_2}} = \dfrac{K_p}{p_{CO}}$ より，p_{CO} が増加すると $\dfrac{p_{CO}}{p_{CO_2}}$ が減少するように平衡移動する。よって，(e)が正解。

問5 $C \, (黒鉛) + CO_2 \, (気) = 2CO \, (気) - 172 \, kJ$

の平衡において，容器の体積を一定にして温度を上げたときの平衡移動を考えると，温度上昇によってまず平衡は吸熱反応の方向，つまり右向きに移動する。CO_2 と CO の物質量をそれぞれ n_{CO_2} と n_{CO} とすると，n_{CO_2} は減少し，n_{CO} は増加する。n_{CO} の増加分は n_{CO_2} の減少分の 2 倍であるので，$n_{CO} + n_{CO_2}$ は増加する。その結果，全圧 $\dfrac{(n_{CO} + n_{CO_2})RT}{10}$ は T が 30℃ 上昇したため増加する。また，$p_{CO} = \dfrac{n_{CO}RT}{10}$ も増加する。一方，$p_{CO_2} = \dfrac{n_{CO_2}RT}{10}$ の変化は n_{CO_2} が減少し，T が増加しているのでまだ判断できない。

$K_p = \dfrac{\left(\dfrac{n_{CO}RT}{10}\right)^2}{\dfrac{n_{CO_2}RT}{10}} = \dfrac{n_{CO}^2}{n_{CO_2}} \cdot \dfrac{RT}{10}$ は増加し，選択肢から，およそ 2 倍になると考えられる。また，$\dfrac{p_{CO}}{p_{CO_2}} = \dfrac{n_{CO}}{n_{CO_2}}$ も増加する。$K_p = \dfrac{p_{CO}^2}{p_{CO_2}} = \dfrac{n_{CO}^2}{n_{CO_2}} \cdot \dfrac{RT}{10}$ である。T の変化は $\dfrac{1030}{1000} = 1.030$ 倍で小さく，K_p が約 2 倍になるためには，$\dfrac{n_{CO}^2}{n_{CO_2}}$ が約 2 倍にならなけ

ればならない。つまり，平衡移動による物質量の変動による圧力の変化が，ボイ
ル・シャルルの法則から見積もられる圧力の変化よりかなり大きい。したがって，
n_{CO_2} の減少に伴い p_{CO_2} も減少すると推定できる。

27 多段階反応の反応速度，反応速度式と化学平衡

(2016年度　第2問)

次の文章を読み，**問1〜問7**に答えよ。

　以下の式①〜式④に示す化学反応は，いずれも，それ以上分解して表せない素反応を表している。反応はいずれも均一な溶液中で行い，反応中の温度は変わらないものとする。また，反応の進行に伴う反応溶液の体積変化は無いものとする。反応物や生成物の濃度はモル濃度(体積モル濃度)であり，例えば物質Aについては[A]と表す。また，反応速度は濃度の変化で定義する。

[反応1]

　式①で示す物質Aと物質Bの間で進行する反応を考える。k_1は速度定数である。

$$A + B \xrightarrow{k_1} P \qquad \cdots ①$$

　反応速度を測定するために，一定の時間間隔で生成物Pの濃度を測定した。反応はAとBを混合すると同時に開始した。反応開始時($t=0$)のAとBの初濃度は，それぞれ$[A]_0$および$[B]_0$であった。反応開始時にPは存在しておらず，反応開始後の時間$t=t_1$の濃度は$[P]_{t_1}$であった。この反応溶液の体積はVである。

問1. 反応開始から遠くない時間内において，反応開始時から$t=t_1$までの間の平均の反応速度は，反応開始時の瞬間の速度である反応の初速度v_0と等しかった。v_0を生成物の濃度$[P]_{t_1}$を用いて式で答えよ。

問2. 反応時間t_1における反応溶液中のAの物質量を反応の初速度v_0を用いて式で答えよ。

［反応2］

　物質Cと物質Dから物質Eへの正反応と共に，EからCとDへの逆反応が進行する式②に示す反応を考える。k_2とk_{-2}は，それぞれ正反応および逆反応の速度定数である。反応開始時のCとDの初濃度は，それぞれ$[C]_0$および$[D]_0$であり，反応開始時にEは存在しなかった。CとDを混合して反応が進行した後，見かけ上反応が止まった状態(平衡状態)に達した。平衡状態におけるEの濃度は$[E]_e$であった。

$$C + D \underset{k_{-2}}{\overset{k_2}{\rightleftharpoons}} E \qquad\qquad \cdots ②$$

問 3. 正反応および逆反応の反応速度を，それぞれv_+およびv_-とする。式②の反応が平衡状態にある時，v_+とv_-はどのような関係にあるか，式で答えよ。

問 4. v_+は$v_+ = k_2[C]_t[D]_t$，v_-は$v_- = k_{-2}[E]_t$と表される。ここで$[C]_t$，$[D]_t$および$[E]_t$は，時間tにおける，それぞれの物質の濃度である。k_2とk_{-2}の比k_2/k_{-2}を，$[E]_e$およびCとDの初濃度を用いて答えよ。

［反応3］

　物質Xと物質Yが反応し，XとYが結合した中間生成物Zを経由して生成物Qが生成する式③および式④で示す反応を考える。反応溶液中でZの濃度は，これらの二つの反応の進行に伴って変化する。k_3，k_{-3}，およびk_4はそれぞれの反応過程の速度定数である。

$$X + Y \underset{k_{-3}}{\overset{k_3}{\rightleftharpoons}} Z \qquad\qquad \cdots ③$$

$$Z \overset{k_4}{\longrightarrow} Q \qquad\qquad \cdots ④$$

　XとYを混合して反応を開始させた。XとYの初濃度は，それぞれ$[X]_0$および$[Y]_0$であり，$[Y]_0$は$[X]_0$に比べて非常に大きい。また，反応開始時にZおよびQは存在しなかった。式④の反応は式③の反応に比べ進行がずっと遅い。反応開始から遠くない時間内において，Qがゆっくり生成し始め，その後，Qが生
(a)

成する速度が一定となり，この状態が一定時間保たれた。

問 5. 反応が進行して，反応溶液はX，Y，ZおよびQの混合溶液になった。反応溶液中のZの時間 t における濃度$[Z]_t$ を，$[X]_0$，$[X]_t$，および$[Q]_t$ を用いて表せ。$[X]_t$ および$[Q]_t$ は，XおよびQの時間 t における濃度である。

問 6. Zの濃度が変化する速度は，Zが生成する反応速度 $v_{Z(生成)}$ とZが消滅する反応速度 $v_{Z(消滅)}$ によって決定される。$v_{Z(生成)}$ は，$v_{Z(生成)} = k_3[X]_t[Y]_t$ と表される。$[Y]_t$ は，Yの時間 t における濃度である。$v_{Z(消滅)}$ を表す反応速度式を，$[Z]_t$ を用いて答えよ。

問 7. 下線部(a)の状態にある時，Zが生成する反応速度とZが消滅する反応速度はつり合っている。この状態での濃度の比 $\dfrac{[Z]_t}{[X]_t[Y]_t}$ を，速度定数を用いて近似せずに表せ。

解 答

問1 $v_0 = \dfrac{[\mathrm{P}]_{t_1}}{t_1}$

問2 Aの物質量 $= ([\mathrm{A}]_0 - v_0 t_1)\, V$

問3 $v_+ = v_-$

問4 $\dfrac{k_2}{k_{-2}} = \dfrac{[\mathrm{E}]_e}{([\mathrm{C}]_0 - [\mathrm{E}]_e)([\mathrm{D}]_0 - [\mathrm{E}]_e)}$

問5 $[\mathrm{Z}]_t = [\mathrm{X}]_0 - [\mathrm{X}]_t - [\mathrm{Q}]_t$

問6 $v_{\mathrm{Z}(消滅)} = (k_{-3} + k_4)[\mathrm{Z}]_t$

問7 $\dfrac{[\mathrm{Z}]_t}{[\mathrm{X}]_t[\mathrm{Y}]_t} = \dfrac{k_3}{k_{-3} + k_4}$

ポイント

　多段階反応の反応速度を問題文に従って段階的に理解する。設問中の定義と文字式の取り扱いに注意。

解 説

問1 反応速度は「単位時間あたりの物質の濃度の変化量」であり，時間 t_1 の間に生成物の濃度がゼロから $[\mathrm{P}]_{t_1}$ まで増加したときの反応速度（これが初速度 v_0 と等しい）は，次の式で表される。

$$v_0 = \frac{[\mathrm{P}]_{t_1} - 0}{t_1 - 0} = \frac{[\mathrm{P}]_{t_1}}{t_1}$$

問2 生成物質Pが1mol生成するときに，反応物質Aは1mol減少する。よって，反応時間 t_1 におけるAの物質量を $[\mathrm{A}]_0$ と $[\mathrm{P}]_{t_1}$, 体積 V を使って表すと，$(t=0$ の物質量$)-($反応による減少量$)$ より $[\mathrm{A}]_0 V - [\mathrm{P}]_{t_1} V$ となる。問1より，$[\mathrm{P}]_{t_1} = v_0 t_1$ なので，求めるAの物質量は次の式で表せる。

$$[\mathrm{A}]_0 V - [\mathrm{P}]_{t_1} V = [\mathrm{A}]_0 V - v_0 t_1 V = ([\mathrm{A}]_0 - v_0 t_1)\, V$$

問3 平衡状態とは，「正反応と逆反応の反応速度が等しくなり，反応が止まったように見える」状態であるから，このとき，$v_+ = v_-$ となる。

問4 物質Eが $[\mathrm{E}]_e$ 生じたとき，物質C，Dはそれぞれ $[\mathrm{E}]_e$ だけ減少しているから，平衡時のC，D，Eの濃度は $[\mathrm{E}]_e$ を用いて次のように示される。

$$[\mathrm{C}]_t = [\mathrm{C}]_0 - [\mathrm{E}]_e$$
$$[\mathrm{D}]_t = [\mathrm{D}]_0 - [\mathrm{E}]_e$$
$$[\mathrm{E}]_t = [\mathrm{E}]_e$$

$\therefore\ v_+ = k_2[\mathrm{C}]_t[\mathrm{D}]_t = k_2([\mathrm{C}]_0 - [\mathrm{E}]_e)([\mathrm{D}]_0 - [\mathrm{E}]_e)$

$v_- = k_{-2}[\mathrm{E}]_t = k_{-2}[\mathrm{E}]_e$

平衡状態のとき，$v_+ = v_-$ より

$$k_2([\text{C}]_0 - [\text{E}]_e)([\text{D}]_0 - [\text{E}]_e) = k_{-2}[\text{E}]_e$$

$$\therefore \quad \frac{k_2}{k_{-2}} = \frac{[\text{E}]_e}{([\text{C}]_0 - [\text{E}]_e)([\text{D}]_0 - [\text{E}]_e)}$$

問5 $[\text{Z}]_t$ は，式③で生じる Z の濃度から，式④で減少する Z の濃度を引いたものである。式③での増加量は $[\text{X}]_0 - [\text{X}]_t$，式④での減少量は $[\text{Q}]_t$ であるので

$$[\text{Z}]_t = [\text{X}]_0 - [\text{X}]_t - [\text{Q}]_t$$

問6 $v_{\text{Z(消滅)}}$ は，式③の左向きの反応（$\text{Z} \xrightarrow{k_{-3}} \text{X} + \text{Y}$）の反応速度と，式④の右向き

の反応（$\text{Z} \xrightarrow{k_4} \text{Q}$）の合計である。

$$\therefore \quad v_{\text{Z(消滅)}} = k_{-3}[\text{Z}]_t + k_4[\text{Z}]_t = (k_{-3} + k_4)[\text{Z}]_t$$

問7 中間生成物 Z が生成する反応速度 $v_{\text{Z(生成)}}$ と消滅する反応速度 $v_{\text{Z(消滅)}}$ は，それぞれ次のように表せる。

$$v_{\text{Z(生成)}} = k_3[\text{X}]_t[\text{Y}]_t$$

$$v_{\text{Z(消滅)}} = (k_{-3} + k_4)[\text{Z}]_t$$

下線部(a)の状態にあるとき，$v_{\text{Z(生成)}} = v_{\text{Z(消滅)}}$ となるので

$$k_3[\text{X}]_t[\text{Y}]_t = (k_{-3} + k_4)[\text{Z}]_t$$

$$\therefore \quad \frac{[\text{Z}]_t}{[\text{X}]_t[\text{Y}]_t} = \frac{k_3}{k_{-3} + k_4}$$

28 酸化鉄（Ⅲ）の還元反応の反応熱，鉄の溶鉱炉の反応

（2016年度　第3問）

　次の文章を読み，**問1〜問2**に答えよ。ここで Fe_2O_3（固体），CO_2（気体）の生成熱は，それぞれ 824 kJ/mol，394 kJ/mol とする。

（1）　溶鉱炉では，酸化鉄 Fe_2O_3 を還元して鉄の単体を製造しており，酸化鉄は主に一酸化炭素や炭素により還元されている。それぞれの反応を式①，式②に示す。式①で必要とする一酸化炭素は，式②および式③の反応により得られる。溶鉱炉では，還元反応や融解に必要な熱は，式③に示す炭素の燃焼反応による反応熱に大きく依存している。

$$Fe_2O_3（固体）+ 3\,CO（気体）\longrightarrow 2\,Fe（固体）+ 3\,CO_2（気体）\quad \cdots ①$$

$$Fe_2O_3（固体）+ 3\,C（黒鉛）\longrightarrow 2\,Fe（固体）+ 3\,CO（気体）\quad \cdots ②$$

$$C（黒鉛）+ \frac{1}{2}\,O_2（気体）\longrightarrow CO（気体）\qquad\qquad\qquad \cdots ③$$

問1. 式①の反応により 1 mol の Fe_2O_3（固体）を還元する反応は発熱反応であり，その反応熱を 25 kJ とする。式②の反応により 1 mol の Fe_2O_3（固体）を還元するときの反応熱，および式③の反応により 1 mol の C（黒鉛）を酸化するときの反応熱はそれぞれいくらか，符号を含めて答えよ。

（2）　式①，式②および式③の反応を利用して鉄の単体を得る溶鉱炉を模した図2に示す反応器がある。この反応器に酸化鉄 Fe_2O_3 を毎分 10 mol，空気を毎分 100 mol 供給するとともに，炭素をある一定速度で供給した。反応器内では，供給された酸化鉄，炭素および空気中の酸素のみが反応し，いずれも全量が消費された。反応器から排出される物質は鉄の単体および一酸化炭素，二酸化炭素，窒素の三成分からなる混合ガスのみであり，それらの排出速度は一定であった。また，反応器から排出される一酸化炭素と二酸化炭素の物質量の比は 2：1 で一定であった。空気は酸素と窒素のみからなる混合気体とし，それらの物質量の比は 21：79 であり，窒素は反応していなかった。

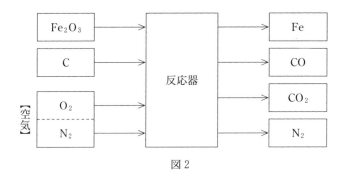

図 2

問 2. 次の文章中の〔 ア 〕～〔 キ 〕に入る適切な数値を，小数点以下を四捨五入して整数で答えよ。

　図 2 の反応器での反応において，得られる鉄の単体の物質量は毎分〔 ア 〕mol であり，供給される空気中の酸素分子の物質量は毎分〔 イ 〕mol である。空気中の酸素分子がかかわる反応は式③の反応のみであるため，この反応器において式③の反応で消費される炭素の物質量は毎分〔 ウ 〕mol であることがわかる。また，反応器に供給される空気および酸化鉄に含まれる酸素原子数の和と，排出される一酸化炭素および二酸化炭素に含まれる酸素原子数の和は等しいことから，反応器から排出される二酸化炭素の物質量は毎分〔 エ 〕mol であることがわかる。一方，反応器から排出される炭素原子数の総和は供給される炭素原子数と一致するため，反応器へ供給される炭素の物質量は毎分〔 オ 〕mol となる。供給された炭素のうち，式③の反応で消費されなかった炭素は式②の反応で消費される。このことから，式②の反応により還元される酸化鉄の物質量は毎分〔 カ 〕mol であり，それ以外の酸化鉄が式①の反応により還元されることがわかる。また，この反応器で鉄の単体 100 g を得るために消費される炭素の質量は〔 キ 〕g である。

解答

問1　式②：$-491\,\mathrm{kJ}$　式③：$+111\,\mathrm{kJ}$

問2　ア. 20　イ. 21　ウ. 42　エ. 18　オ. 54　カ. 4　キ. 58

ポイント
　反応熱の計算は最も速く正確に答えが出る方法を素早く選択する。問題文の読み取り能力と応用力で差がつく。

解 説

問1　式①の反応は熱化学方程式を用いると，次のように示される。

　　$\mathrm{Fe_2O_3}$（固体）$+3\mathrm{CO}$（気体）$=2\mathrm{Fe}$（固体）$+3\mathrm{CO_2}$（気体）$+25\,\mathrm{kJ}$

問題文より，$\mathrm{Fe_2O_3}$（固体）の生成熱は$824\,\mathrm{kJ/mol}$，$\mathrm{CO_2}$（気体）の生成熱は394 $\mathrm{kJ/mol}$であるから，熱化学方程式における，（反応熱）＝（生成物の生成熱の和）－（反応物の生成熱の和）の関係を用いて，それぞれの反応熱を求めることができる。式③の$1\,\mathrm{mol}$のC（黒鉛）を酸化するときの反応熱は，CO（気体）の生成熱であるから，この値を$x\,[\mathrm{kJ/mol}]$とすると

　　$25=\{(\mathrm{CO_2}$（気体）の生成熱$)\times 3\}-\{(\mathrm{Fe_2O_3}$（固体）の生成熱$)\times 1+3x\}$

　　　$=394\times 3-(824+3x)$

∴　$x=111\,[\mathrm{kJ/mol}]$

式②の反応熱を$y\,[\mathrm{kJ}]$とすると

　　$\mathrm{Fe_2O_3}$（固体）$+3\mathrm{C}$（黒鉛）$=2\mathrm{Fe}$（固体）$+3\mathrm{CO}$（気体）$+y\,\mathrm{kJ}$

∴　$y=\{(\mathrm{CO}$（気体）の生成熱$)\times 3\}-\{(\mathrm{Fe_2O_3}$（固体）の生成熱$)\times 1\}$

　　　$=111\times 3-824=-491\,[\mathrm{kJ}]$

問2　$\mathrm{Fe_2O_3}$（固体）$+3\mathrm{CO}$（気体）$\longrightarrow 2\mathrm{Fe}$（固体）$+3\mathrm{CO_2}$（気体）　……①

　　　$\mathrm{Fe_2O_3}$（固体）$+3\mathrm{C}$（黒鉛）$\longrightarrow 2\mathrm{Fe}$（固体）$+3\mathrm{CO}$（気体）　　……②

　　　C（黒鉛）$+\dfrac{1}{2}\mathrm{O_2}$（気体）$\longrightarrow \mathrm{CO}$（気体）　　　　　　　　　　……③

ア．式①，②のどちらの反応が起こっても，$1\,\mathrm{mol}$の$\mathrm{Fe_2O_3}$（固体）からは$2\,\mathrm{mol}$のFe（固体）が生成するので，$\mathrm{Fe_2O_3}$（固体）を毎分$10\,\mathrm{mol}$供給したときに生成するFeは毎分$20\,\mathrm{mol}$である。

イ．空気中の物質量の比が$\mathrm{O_2}：\mathrm{N_2}=21：79$なので，毎分$100\,\mathrm{mol}$の空気を供給したときに供給される$\mathrm{O_2}$は毎分$100\times\dfrac{21}{21+79}=21\,[\mathrm{mol}]$である。

ウ．式③の反応で消費される炭素の物質量は，供給される$\mathrm{O_2}$の物質量の2倍であるから，毎分$21\times 2=42\,[\mathrm{mol}]$である。

エ．反応器に供給される酸素原子の物質量は，$\mathrm{Fe_2O_3}$と$\mathrm{O_2}$の合計で毎分

$(10 \times 3 + 21 \times 2)$ 〔mol〕である。

また，反応器から排出される二酸化炭素の物質量を毎分 x〔mol〕とすると，一酸化炭素と二酸化炭素の物質量の比から，排出される一酸化炭素の物質量は毎分 $2x$〔mol〕である。

このことから，次の式が成り立つ。

$$10 \times 3 + 21 \times 2 = 2x \times 1 + x \times 2 \quad \therefore \quad x = 18 \text{〔mol〕}$$

オ．反応器へ供給される炭素の物質量は，排出される一酸化炭素と二酸化炭素中の炭素の物質量と等しいので，毎分 $18 \times 2 + 18 \times 1 = 54$〔mol〕である。

カ．反応器へ供給される炭素の物質量 54 mol から，式③で消費される炭素の物質量 42 mol を引いた 12 mol が式②で消費される炭素の物質量であり，式②で還元される酸化鉄の毎分の物質量は，次の式で求められる。

$$12 \times \frac{1}{3} = 4 \text{〔mol〕}$$

キ．式①と②で 10 mol の酸化鉄から 20 mol の鉄が生成するとき，消費される炭素は 54 mol であることから，100 g の鉄を得るために消費される炭素の質量は次の式で求められる。

$$100 \times \frac{12.0 \times 54}{55.8 \times 20} = 58.0 \fallingdotseq 58 \text{〔g〕}$$

29 反応速度と濃度，分圧，半減期

(2015年度 第3問)

次の文章（1）～（4）を読み，**問1～問5**に答えよ。

（1） 物質AがBとCに変化する式①の反応を考える。

$$A \longrightarrow B + C \qquad\qquad \cdots ①$$

反応の途中で温度は変わらないとする。図1に示すように，時刻 t_1 で Aの濃度を測定したところ $[A]_1$ であった。また，時刻 t_1 から Δt だけ時間が過ぎた時刻 t_2 での濃度は $[A]_2$ であった。この時，時刻 t_1 から時刻 t_2 までの間の平均の反応速度 v_{av} は t_1, t_2, $[A]_1$, $[A]_2$ を用いて式②で表せる（$t_1 < t_2$, $[A]_1 > [A]_2$）。

$$v_{av} = 〔 \quad ア \quad 〕 \qquad\qquad \cdots ②$$

すなわち，図1の曲線上の二つの点 g_1, g_2 を結んだ直線の傾きに－（マイナス）記号を付けた値が，時刻 t_1 から時刻 t_2 までの間の平均の反応速度を表す。ここで，－（マイナス）記号を付けるのは平均の反応速度 v_{av} を正の値にするためである。

式②において，$\Delta[A] = [A]_2 - [A]_1$ とすると v_{av} は Δt と $\Delta[A]$ を用いて式③で表せる。

$$v_{av} = 〔 \quad イ \quad 〕 \qquad\qquad \cdots ③$$

Δt を十分小さくすると v_{av} は時刻 t_1 の時の瞬間的な反応速度を表す。従って，時刻 t_1 における曲線の〔 ウ 〕の傾きに－（マイナス）記号を付けた値が時刻 t_1 の瞬間的な反応速度を表す。

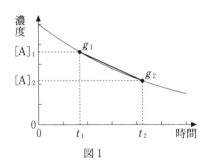

図1

問 1. 〔　ア　〕と〔　イ　〕に適切な式と，〔　ウ　〕に適切な語句を答えよ。

(2)　今，式①の反応速度 v が，反応速度定数 k と A の濃度[A]を用いて式④で表すことができた。

$$v = k[A] \qquad \cdots ④$$

　　反応開始から時刻 t_5 までの A の濃度変化を時間に対して示すと図 2 のようになった。図中の t_3，t_4，t_5 はいずれも反応途中の時刻を表している。反応の初期濃度は$[A]_0$ である。

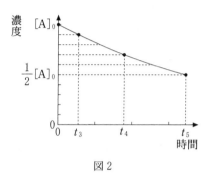

図 2

問 2. 反応速度 v は時間とともにどのように変化するか。図 2 にならって解答用紙に実線で図示せよ。縦軸を反応速度，横軸を時間とする。図示する時間は反応開始から時刻 t_5 までとする。また，反応開始時の反応速度は v_0 とする。時刻 $t = 0$，t_3，t_4，t_5 における値は図 2 にならって黒丸(●)で示せ。

〔解答用紙〕

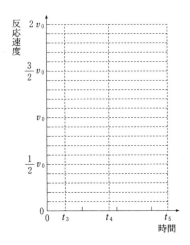

（3）　ある時刻 t_a における A の濃度を $[A]_a$ とした時，濃度が $[A]_a$ からその半分の濃度である $\frac{1}{2}[A]_a$ になるまでにかかる時間 $t_{1/2}$ を半減期と呼ぶ。反応速度が式④に従う場合，半減期 $t_{1/2}$ は自然対数（底が e の対数）を用いて式⑤で表せる。

$$t_{1/2} = \frac{\log_e 2}{k} \qquad \cdots ⑤$$

　式⑤から，式①の反応の半減期は反応速度定数 k に反比例し，A の濃度 $[A]_a$ によらないことがわかる。

問 3. 濃度が $[A]_0$ から $\frac{1}{2}[A]_0$ になる時間と，$[A]_0$ から $\frac{1}{4}[A]_0$ になる時間をそれぞれ半減期 $t_{1/2}$ を用いて表せ。

（4）　反応が式①で表され，反応速度が式④に従う一つの例として，$C_2H_5NH_2$（気体）が分解して，C_2H_4（気体）と NH_3（気体）になる反応がある。この反応は式⑥で表せる。

$$C_2H_5NH_2（気体）\longrightarrow C_2H_4（気体）+ NH_3（気体）\qquad \cdots ⑥$$

　$C_2H_5NH_2$（気体）を一定体積の容器に入れ，圧力を測定したところ，反応開始時の圧力は P_0 であった。また，反応開始6時間後の圧力を測定したと

ころ$\left(\dfrac{15}{8}\right)P_0$であった。気体はすべて理想気体とし，反応の途中で反応温度
は変わらないとする。

問 4. 反応開始6時間後の反応速度は，反応開始時の反応速度の何倍か，答え
　　よ。

問 5. 式⑥の反応の半減期 $t_{1/2}$ は何時間か，答えよ。

解 答

問1 ア. $-\dfrac{[A]_2-[A]_1}{t_2-t_1}$ イ. $-\dfrac{\varDelta[A]}{\varDelta t}$

ウ. 接線

問2 右図。

問3 $[A]_0$ から $\dfrac{1}{2}[A]_0$ ： $t_{1/2}$

$[A]_0$ から $\dfrac{1}{4}[A]_0$ ： $2t_{1/2}$

問4 0.125 $\left(\text{または} \dfrac{1}{8}\right)$ 倍

問5 2時間

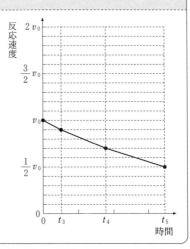

ポイント

　反応速度や半減期の定義や数学的な取り扱い方法は頻出。グラフの描図は軸の単位や目盛りに注意して慎重に進めよう。

解 説

問1 　反応速度を「一定時間に変化する反応物質の濃度」と考えると，図1より，時刻 t_1 と t_2 の間の平均の反応速度は，$-\dfrac{[A]_2-[A]_1}{t_2-t_1}$ と表せる。また，時刻 t_1 における瞬間の反応速度は $-\dfrac{\varDelta[A]}{\varDelta t}$ であり，図1中の時間 t_1 における濃度変化のグラフの接線の傾きが反応速度である。

問2 　式④ $v=k[A]$ より反応速度は物質Aの濃度に比例するので，反応速度 v は，時刻 t_3 のとき $\dfrac{9}{10}v_0$，t_4 のとき $\dfrac{7}{10}v_0$，t_5 のとき $\dfrac{1}{2}v_0$ となる点を通る曲線となる。

問3 　式⑤は，半減期がAの濃度によらず一定であることを示している。

$[A]_0 \to \dfrac{1}{2}[A]_0$ の変化では濃度が $\dfrac{1}{2}$ になっていて，その時間を半減期としているので，$t=t_{1/2}$ となる。

また，$\dfrac{1}{2}[A]_0 \to \dfrac{1}{4}[A]_0$ の変化でも濃度が半分になるので，同じく $t_{1/2}$ の時間がかかることになる。

よって，$[A]_0 \rightarrow \dfrac{1}{4}[A]_0$ にかかる時間は

$$t_{1/2} + t_{1/2} = 2t_{1/2}$$

となる。

問4 反応物質と生成物質がすべて気体の場合，物質の分圧は物質量に比例し，一定体積での反応であればモル濃度とも比例する。式⑥の反応に関して，反応開始時に P_0 の圧力をもつ $C_2H_5NH_2$（気体）が反応開始6時間後に $P_0(1-x)$ の圧力になったとして，分圧の関係を次に示す。

	$C_2H_5NH_2$（気体）$\longrightarrow$	C_2H_4（気体）$+$	NH_3（気体）	全圧
反応開始時	P_0	0	0	P_0
変化量	$-P_0x$	$+P_0x$	$+P_0x$	
反応開始6時間後	$P_0(1-x)$	P_0x	P_0x	$P_0(1+x)$

6時間後の容器内の全圧が $P_0(1+x)$ であるから

$$P_0(1+x) = \dfrac{15}{8}P_0 \quad \therefore \quad x = \dfrac{7}{8}$$

反応開始時の反応速度を v_0，反応開始6時間後の反応速度を v とすると，$C_2H_5NH_2$ の分圧は $P_0\left(1-\dfrac{7}{8}\right) = \dfrac{1}{8}P_0$ になるので，モル濃度も $\dfrac{1}{8}$ になる。したがって，式④ $v = k[A]$ より

$$v = \dfrac{1}{8}v_0 \quad \therefore \quad \dfrac{v}{v_0} = \dfrac{1}{8} = 0.125$$

問5 反応開始6時間後の $C_2H_5NH_2$（気体）の圧力は，反応開始時の圧力の $\dfrac{1}{8}$ $= \left(\dfrac{1}{2}\right)^3$ 倍になることより，反応物質の濃度が $\dfrac{1}{2}$ になる時間 $t_{1/2}$（半減期）を用いた式を立てると

$$\left(\dfrac{1}{2}\right)^{\frac{6}{t_{1/2}}} = \dfrac{1}{8} = \left(\dfrac{1}{2}\right)^3 \quad \therefore \quad \dfrac{6}{t_{1/2}} = 3 \quad t_{1/2} = 2\,〔時間〕$$

30 アンモニアの製法と反応，反応熱，反応速度と平衡

次の文章を読み，**問1～問4**に答えよ。なお，解答中の数値は有効数字3桁で答えよ。

農業では，窒素やリンなどの補給が肥料によって行われている。窒素を補給するための代表的な化学肥料として，硫酸アンモニウムが使われている。この物質はアンモニアと硫酸の中和反応から得られる。

アンモニアの合成には，その原料として水素が必要である。代表的な水素の工業的生産法として，下の式①の熱化学方程式で表されるような炭化水素と水蒸気を用いた手法がある。

$$CH_4(気) + H_2O(気) = CO(気) + 3H_2(気) + Q[kJ] \quad \cdots ①$$

水素と窒素を原料とするアンモニアの合成は，下の式②の熱化学方程式で表される。

$$N_2(気) + 3H_2(気) = 2NH_3(気) + 92.2\,kJ \quad \cdots ②$$

工業的なアンモニアの合成は，反応平衡および反応速度を考慮し，高圧容器内500℃程度で，触媒を用いて行われる。

下の式③の中和反応式によって硫酸アンモニウムが生成する。

$$2NH_3 + H_2SO_4 \longrightarrow (NH_4)_2SO_4 \quad \cdots ③$$

生成した硫酸アンモニウムは，水に溶解して電離すると弱〔　(ア)　〕を示す。これは電離した〔　(イ)　〕イオンの一部が水に〔　(ウ)　〕を与えて，〔　(エ)　〕になろうとする傾向があるためである。

問1. 文中の〔　(ア)　〕，〔　(イ)　〕，〔　(エ)　〕には適切な語句を，〔　(ウ)　〕には適切なイオン式を，それぞれ答えよ。

問2. 式①の反応熱 Q を符号を含めて答えよ。ただし，メタンの燃焼熱を892

kJ/mol，水素の燃焼熱を286 kJ/mol，一酸化炭素の燃焼熱を283 kJ/mol お
よび水の蒸発熱を44.0 kJ/mol とする。

問 3. 下図は，体積と圧力が一定の容器内で，式②にしたがって生成したアンモ
ニアの体積百分率の時間変化を表している。図中の実線は反応温度500 ℃
における時間変化を示す。

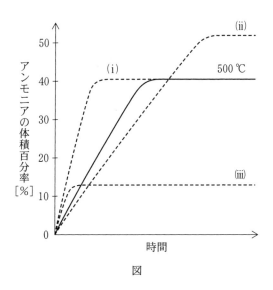

図

　反応温度400 ℃ の時間変化，500 ℃ で触媒を使用した場合の時間変化，
および反応温度700 ℃ の時間変化は，それぞれ図中の破線(i)，(ii)，(iii)のど
れに相当するか。最も適切な(i)，(ii)，(iii)の組み合わせを，以下のA～Fの中
から選び答えよ。

	(i)	(ii)	(iii)
A	400 ℃	700 ℃	触媒使用
B	700 ℃	触媒使用	400 ℃
C	触媒使用	400 ℃	700 ℃
D	700 ℃	400 ℃	触媒使用
E	400 ℃	触媒使用	700 ℃
F	触媒使用	700 ℃	400 ℃

問 4. 式③の反応によって 0.600 mol/L のアンモニア水溶液 60.0 mL を中和す
るのに，0.150 mol/L の硫酸は何 mL 必要か答えよ。また，このとき得られ
る硫酸アンモニウムの濃度は何 mol/L か答えよ。

解 答

問1 (ア)酸性 (イ)アンモニウム (ウ)H^+ (エ)アンモニア

問2 $-205\,kJ$

問3 C

問4 硫酸の量：$1.20×10^2\,mL$

　　硫酸アンモニウムの濃度：$1.00×10^{-1}\,mol/L$

ポイント

反応熱の計算は速く解答できる方法を選択しよう。触媒と反応速度，平衡移動の関係は頻出。

解 説

問1 硫酸アンモニウム $(NH_4)_2SO_4$ の水溶液が弱酸性を示すのは，電離して生じるアンモニウムイオンが次のように加水分解するからである。

$$NH_4^+ + H_2O \rightleftharpoons NH_3 + H_3O^+$$

問2 ヘスの法則を用いて，次の熱化学方程式の Q の値を求める。

$$CH_4\,(気) + H_2O\,(気) = CO\,(気) + 3H_2\,(気) + Q\,kJ$$

問題文より，次の4つの熱化学方程式を書くことができる。

$$CH_4\,(気) + 2O_2\,(気) = CO_2\,(気) + 2H_2O\,(液) + 892\,kJ \quad \cdots\cdots ㋐$$

$$H_2\,(気) + \frac{1}{2}O_2\,(気) = H_2O\,(液) + 286\,kJ \quad \cdots\cdots ㋑$$

$$CO\,(気) + \frac{1}{2}O_2\,(気) = CO_2\,(気) + 283\,kJ \quad \cdots\cdots ㋒$$

$$H_2O\,(液) = H_2O\,(気) - 44.0\,kJ \quad \cdots\cdots ㋓$$

㋐－㋑×3－㋒－㋓より

$$Q = 892 - 286×3 - 283 - (-44.0) = -205\,〔kJ〕$$

問3 グラフの右上がりの直線が水平になった点が，アンモニア生成における平衡に達した点と考えることができる。

グラフの判断の基準は次の2点である。

① 水平になったときのアンモニアの体積百分率（％）

$$N_2\,(気) + 3H_2\,(気) \rightleftharpoons 2NH_3\,(気)$$

の平衡において，平衡が右へ移動するとアンモニアの体積百分率が上がるので，グラフの水平部分の位置は高くなり，平衡が左へ移動するとその位置は低くなる。

② 右上がりの直線の傾きで表される反応速度

反応速度が上がればグラフの傾きは急になり，反応速度が下がればグラフの傾

きは緩やかになる。

　平衡移動に伴うグラフの変化について考えると，アンモニアの生成は発熱反応であり，ルシャトリエの原理より500℃の実線に対し，より低温の400℃では平衡が右へ移動するので，破線はより高い位置になり，高温の700℃では平衡が左へ移動するので，破線はより低い位置になる。次に，反応速度とグラフの変化について考えると，低温では反応速度が下がるのでグラフの傾きが緩やかになり，高温では反応速度が上がるのでグラフの傾きが急になる。さらに触媒とグラフの変化の関係を考えると，触媒は平衡移動には影響を与えず，正・逆両方向の反応速度を上げるので，500℃で触媒を使用すると，グラフの水平部分の高さは変わらず，グラフの傾きは急になる。

　以上のことから，反応温度400℃のグラフは(ii)，700℃のグラフは(iii)，触媒を使用したときのグラフは(i)であり，Cの組み合わせが正解となる。

問4　中和に必要な硫酸の体積を x〔mL〕とすると

$$2 \times 0.150 \times \frac{x}{1000} = 1 \times 0.600 \times \frac{60.0}{1000}$$

∴　$x = 120 = 1.20 \times 10^2$〔mL〕

中和後の混合溶液の体積は

$$60.0 + 120 = 180 \text{〔mL〕}$$

生成する硫酸アンモニウムの物質量は，反応したアンモニアの物質量の $\frac{1}{2}$ であるから，反応後の硫酸アンモニウムの濃度は，次のように求めることができる。

$$0.600 \times \frac{60.0}{1000} \times \frac{1}{2} \times \frac{1000}{180} = 0.100 = 1.00 \times 10^{-1} \text{〔mol/L〕}$$

31 銅の反応，平衡移動，硫酸銅（Ⅱ）水溶液 の電気分解

（2013年度　第2問）

次の文章を読み，問1〜問5に答えよ。

元素の周期表の11族に属する〔　(ア)　〕は，赤味のある金属である。

〔　(ア)　〕と濃硝酸を反応させると，〔　(A)　〕(気体)が発生した。赤褐色の
〔　(A)　〕は，水に溶けやすく空気より重いので，〔　(イ)　〕置換で捕集した。

〔　(ア)　〕と希硝酸を反応させると，〔　(B)　〕(気体)が発生した。この酸化還元
(a)
反応では，〔　(ア)　〕が〔　(ウ)　〕剤，希硝酸が〔　(エ)　〕剤である。

〔　(ア)　〕と熱濃硫酸を反応させると，〔　(C)　〕(気体)が発生した。〔　(C)　〕が
(b)
酸素と反応して，〔　(D)　〕(気体)を生じる反応は，発熱反応である。

〔　(ア)　〕の2価の陽イオンと硫酸イオンからできた物質の水溶液は，〔　(オ)　〕
色である。この水溶液を2本の白金電極を用いて電気分解すると，陽極から標準
(c)
状態で 4.48×10^2 mLの〔　(E)　〕(気体)が発生した。

問1.　文中の〔　(ア)　〕〜〔　(オ)　〕に適切な語句を記せ。

問2.　文中の〔　(A)　〕〜〔　(E)　〕に適切な化合物の化学式を記せ。

問3.　下線部(a)の化学反応式を記せ。

問4.　下線部(b)の可逆反応が平衡状態にあるとき，次の(1)〜(5)の各条件変化に対
　　　して平衡はどちらの方向に移動するか。次の①〜③の中から選び，数字で記
　　　せ。ただし，気体はすべて理想気体とし，触媒の体積は無視できるとする。

(1)　温度・圧力を一定に保ちながら触媒を加える。

(2)　圧力を一定に保ちながら温度を上げる。

(3)　温度を一定に保ちながら圧縮により加圧する。

(4)　温度・体積を一定に保ちながら酸素（気体）を加える。

(5)　温度・体積を一定に保ちながらアルゴン（気体）を加える。

　　①　〔　(D)　〕が増える方向

　　②　〔　(D)　〕が減る方向

　　③　どちらにも移動しない

問 5.　下線部(C)の電気分解によって，陰極の質量は何 g 増加するか。有効数字
　　　3 桁で答えよ。

解　答

問1　(ア)銅　(イ)下方　(ウ)還元　(エ)酸化　(オ)青

問2　(A)NO_2　(B)NO　(C)SO_2　(D)SO_3　(E)O_2

問3　$3Cu+8HNO_3 \longrightarrow 3Cu(NO_3)_2+4H_2O+2NO$

問4　(1)—③　(2)—②　(3)—①　(4)—①　(5)—③

問5　$2.54\,g$

ポイント

　化学反応式は丸暗記ではなく，反応物と生成物から推測して完成させる地道な練習で，より理解が深まる。

解　説

問1～問3　銅と濃硝酸，希硝酸，熱濃硫酸との反応は，それぞれ次に示す化学反応式で表され，発生する気体も異なる。

①濃硝酸：二酸化窒素が発生

　　$Cu+4HNO_3 \longrightarrow Cu(NO_3)_2+2H_2O+2NO_2$

②希硝酸：一酸化窒素が発生

　　$3Cu+8HNO_3 \longrightarrow 3Cu(NO_3)_2+4H_2O+2NO$

③熱濃硫酸：二酸化硫黄が発生

　　$Cu+2H_2SO_4 \longrightarrow CuSO_4+2H_2O+SO_2$

銅と希硝酸の反応で，CuとNの酸化数は，Cuは$0 \rightarrow +2$，Nは$+5 \rightarrow +2$のように変化し，酸化数の増加した銅が還元剤，酸化数が減少した窒素を含む希硝酸が酸化剤である。

問4　下線部(b)は，次の熱化学方程式で表される。

　　$2SO_2+O_2=2SO_3+Q\,kJ \quad (Q>0)$

(1)～(5)の条件変化によって，それぞれ平衡は次のように移動する。

(1)　触媒は平衡そのものは移動させず，反応速度を大きくして平衡に至るまでの時間を短くする。

(2)　温度を下げる方向（吸熱方向）へ平衡が移動するので，平衡は左，つまりSO_3が減る方向へ移動する。

(3)　圧力を下げる方向，つまり気体分子の総数が減る方向へ平衡が移動するので，平衡は右，すなわちSO_3が増える方向に移動する。

(4)　酸素を減少させる方向へ平衡が移動するので，平衡は右，すなわちSO_3が増える方向に移動する。

(5)　温度・体積が一定ならば，アルゴンを加えて容器内の全圧が増加しても，平衡

に関係する SO_2，O_2，SO_3 の分圧は変化しないので，平衡は移動しない。

問5　硫酸銅(Ⅱ)水溶液を白金電極を用いて電気分解すると，それぞれの電極で次に示す反応が起こる。

陽極：$2H_2O \longrightarrow 4H^+ + O_2 + 4e^-$

陰極：$Cu^{2+} + 2e^- \longrightarrow Cu$

反応式より，電子 1mol が流れたとき，陽極で酸素が $\frac{1}{4}$mol，陰極で銅が $\frac{1}{2}$mol 生成するから，発生した酸素の 2 倍の物質量の銅が生成することになる。よって

$$\frac{4.48 \times 10^2 \times 10^{-3}}{22.4} \times 2 \times 63.5 = 2.54〔g〕$$

32 電離平衡と中和滴定，酸化還元反応と酸化還元滴定

(2013年度　第3問)

以下の問いに答えよ。なお，**問1**，**問2**および**問4**は有効数字2桁で答えよ。

問1. 弱酸 HA の 0.10 mol/L 水溶液の 25 ℃ における pH が 3.00 であった。弱酸 HA の電離定数 K_a(mol/L) を求めよ。ただし，水分子の電離による pH への影響は無視できるとする。

問2. 濃度が未知の弱酸 HA の水溶液と 0.20 mol/L 水酸化ナトリウム水溶液をそれぞれ 100 mL ずつ混合し，そのうちの 20 mL を 0.10 mol/L 塩酸で滴定すると，塩酸を 15 mL 加えたところで中和点になった。混合前の HA 水溶液中の HA の濃度 (mol/L) を求めよ。

問3. 過マンガン酸イオン (MnO_4^-) とシュウ酸 ($(COOH)_2$) の電子を含むイオン反応式はそれぞれ(1), (2)式で表わされ，過マンガン酸イオンとシュウ酸のイオン反応式は(3)式で表される。空欄〔　(ア)　〕～〔　(コ)　〕に適切な数値を入れよ。

(1) $MnO_4^- + 〔 (ア) 〕H^+ + 〔 (イ) 〕e^- \rightarrow Mn^{2+} + 〔 (ウ) 〕H_2O$

(2) $(COOH)_2 \rightarrow 〔 (エ) 〕CO_2 + 〔 (オ) 〕H^+ + 〔 (カ) 〕e^-$

(3) $2MnO_4^- + 〔 (キ) 〕H^+ + 〔 (ク) 〕(COOH)_2$
$$\rightarrow 2Mn^{2+} + 〔 (ケ) 〕H_2O + 〔 (コ) 〕CO_2$$

問4. 100 mL の過酸化水素水を 0.050 mol/L の過マンガン酸カリウム水溶液で滴定すると，過マンガン酸カリウム水溶液を 25 mL 加えたところで，過酸化水素がすべて消費されて終点に達した。滴定前の過酸化水素水中の過酸化水素の濃度 (mol/L) を求めよ。

解　答

問1　1.0×10^{-5} mol/L

問2　5.0×10^{-2} mol/L

問3　㋐8　㋑5　㋒4　㋓2　㋔2　㋕2　㋖6　㋗5　㋘8　㋙10

問4　3.1×10^{-2} mol/L

ポイント

　電離度とpH，逆滴定，酸化還元のイオン反応式と酸化還元滴定はいずれも頻出内容。取りこぼしのない解答が必須。

解　説

問1　HA $\rightleftharpoons$ H$^+$ + A$^-$ で示される弱酸の電離平衡について，酸の濃度を c〔mol/L〕，電離度を α として，平衡時のそれぞれの濃度を表すと次のようになる。

$$\begin{array}{cccc} & \text{HA} & \rightleftharpoons & \text{H}^+ + \text{A}^- \\ 平衡時 & c(1-\alpha) & & c\alpha \quad c\alpha \quad 〔\text{mol/L}〕 \end{array}$$

ここで，電離定数 K_a〔mol/L〕は次のように表される。

$$K_a = \frac{[\text{H}^+][\text{A}^-]}{[\text{HA}]} = \frac{c^2\alpha^2}{c(1-\alpha)} = \frac{c\alpha^2}{1-\alpha}$$

弱酸では $1 \gg \alpha$ なので，$1 - \alpha \fallingdotseq 1$ と近似すると

$$K_a \fallingdotseq c\alpha^2$$

水溶液のpHが3.00であるから，0.10 mol/L の弱酸HAの電離度 α は

$$1.0 \times 10^{-3} = 0.10 \times \alpha \qquad \therefore \quad \alpha = 1.0 \times 10^{-2}$$

よって，弱酸の電離定数 K_a〔mol/L〕は

$$K_a = 0.10 \times (1.0 \times 10^{-2})^2 = 1.0 \times 10^{-5} 〔\text{mol/L}〕$$

問2　混合後の溶液中のNaOHの濃度を y〔mol/L〕とすると

$$\frac{1 \times 0.10 \times 15}{1000} = \frac{1 \times y \times 20}{1000} \qquad \therefore \quad y = 0.075 〔\text{mol/L}〕$$

200 mL の混合溶液中に残っていたNaOHの物質量は

$$0.075 \times \frac{200}{1000} = 1.5 \times 10^{-2} 〔\text{mol}〕$$

よって，最初のHAの濃度を x〔mol/L〕とすると

$$\frac{1 \times 0.20 \times 100}{1000} - \frac{1 \times x \times 100}{1000} = 1.5 \times 10^{-2}$$

$$\therefore \quad x = 5.0 \times 10^{-2} 〔\text{mol/L}〕$$

問3　過マンガン酸イオン（酸化剤）とシュウ酸（還元剤）のイオン反応式は次のように表される。

酸化剤：$MnO_4^- + 8H^+ + 5e^- \longrightarrow Mn^{2+} + 4H_2O$　……①

還元剤：$(COOH)_2 \longrightarrow 2CO_2 + 2H^+ + 2e^-$　　　　……②

①×2 + ②×5 より

$2MnO_4^- + 6H^+ + 5(COOH)_2 \longrightarrow 2Mn^{2+} + 8H_2O + 10CO_2$

問 4　過酸化水素は MnO_4^- と反応するとき，次のように反応して還元剤としてはたらく。

$H_2O_2 \longrightarrow 2H^+ + O_2 + 2e^-$　……③

①，③より，過マンガン酸カリウム 1 mol は 5 mol の e^- を受け取り，過酸化水素 1 mol は 2 mol の e^- を与える。酸化剤が受け取る e^- と還元剤が与える e^- の物質量は等しいので，滴定前の過酸化水素の濃度を x [mol/L] とすると

$$\frac{5 \times 0.050 \times 25}{1000} = \frac{2 \times x \times 100}{1000}$$

∴　$x = 3.125 \times 10^{-2} \fallingdotseq 3.1 \times 10^{-2}$ [mol/L]

33 電気分解の電極反応と硫酸の二段階電離

(2012年度 第3問)

次の文章を読み，**問1**〜**問3**に答えよ。

表1の①〜③に示す電極A，電極Bの組み合わせがある。この電極Aと電極Bを10 mLの0.1 mol/L硫酸水溶液中に電極間距離が1 cmとなるように浸した。次に，電極Aを陽極，電極Bを陰極として電極間に直流電源を用いて電圧をかけた。

表1．電極の組み合わせ.

	①	②	③
電極A	Pt	Cu	Zn
電極B	Pt	Pt	Pt

問 1. ①の電極の組み合わせで電極間に2.0 Vの電圧を1時間かけると，18.0 Cの電気量が流れた。このとき，電極Aと電極Bから発生した気体の物質量の合計を有効数字2桁で答えよ。

問 2. ②の電極の組み合わせで電極間に1.0 Vの電圧を1時間かけると，27.02 Cの電気量が流れた。反応後，電極の重量は，電極Aが8.89 mg減少し，電極Bが2.54 mg増加した。電極Aと電極Bで起こった反応のイオン反応式をすべて書け。このとき，電極Aと電極Bから気体が発生する場合はその気体の物質量を有効数字2桁で答えよ。ただし，気体が発生しない場合は「無し」と答えよ。また，反応後の溶液中の金属イオン濃度と水素イオン濃度を有効数字2桁で答えよ。なお，水素イオン濃度を求める場合，硫酸の1段階目の電離は完全に進行し，2段階目の電離定数は0.01 mol/Lとして計算せよ。

問 3. ①と③の電極の組み合わせで電極間に 0.1 V の電圧をそれぞれ 1 時間かけ
た。このとき，電極 A で起こる反応のイオン反応式を書け。ただし，反応
が起こらない場合は「無し」と答えよ。

解 答

問1　1.4×10^{-4} mol

問2　電極A：$Cu \longrightarrow Cu^{2+} + 2e^-$

　　　電極B：$2H^+ + 2e^- \longrightarrow H_2$

　　　　　　　$Cu^{2+} + 2e^- \longrightarrow Cu$

　　　電極Aから発生する気体：無し

　　　電極Bから発生する気体：1.0×10^{-4} mol

　　　金属イオン濃度：1.0×10^{-2} mol/L　　水素イオン濃度：9.0×10^{-2} mol/L

問3　①の電極A：無し　③の電極A：$Zn \longrightarrow Zn^{2+} + 2e^-$

ポイント

　電極間距離の短い電気分解に注意。水素イオン濃度の計算は硫酸の二段階電離を考慮した応用力と計算力が必要。

解 説

問1　硫酸水溶液を両極とも白金電極で電気分解するとき（組み合わせ①），それぞれの電極では次の反応が起こる。

　　　陽極：$2H_2O \longrightarrow O_2 + 4H^+ + 4e^-$

　　　陰極：$2H^+ + 2e^- \longrightarrow H_2$

1 mol の電子の流れで，陽極では O_2 が $\dfrac{1}{4}$ mol，陰極では H_2 が $\dfrac{1}{2}$ mol，合計で $\dfrac{3}{4}$ mol の気体が発生する。したがって，発生する気体の総物質量は

$$\frac{18.0}{96500} \times \frac{3}{4} = 1.39 \times 10^{-4} \fallingdotseq 1.4 \times 10^{-4} \, \text{(mol)}$$

問2　この実験で回路に流れた電子の物質量は

$$\frac{27.02}{96500} = 2.8 \times 10^{-4} \, \text{(mol)}$$

電極の質量変化の値より，陽極（電極A）と陰極（電極B）では次の反応が起きたと考えられる。

　　　陽極：$Cu \longrightarrow Cu^{2+} + 2e^-$

　　　陰極：$Cu^{2+} + 2e^- \longrightarrow Cu$

　　　　　　$2H^+ + 2e^- \longrightarrow H_2$

陽極での銅の溶解に関わる電子は

$$\frac{8.89 \times 10^{-3}}{63.5} \times 2 = 2.8 \times 10^{-4} \, \text{(mol)}$$

したがって，陽極では流れた電子のすべてが銅の溶解に関わったことがわかる。よ

って，電極Aから気体の発生はない。

一方，陰極で銅の生成に関わった電子は

$$\frac{2.54 \times 10^{-3}}{63.5} \times 2 = 0.8 \times 10^{-4} \,(\text{mol})$$

これ以外の電子が水素の発生に関わったことになるので，発生する水素の物質量は

$$(2.8 - 0.8) \times 10^{-4} \times \frac{1}{2} = 1.0 \times 10^{-4} \,(\text{mol})$$

電気分解後の水溶液の銅(II)イオン濃度は，溶解した物質量と生成した物質量の差で求まる。

$$(2.8 \times 10^{-4} - 0.8 \times 10^{-4}) \times \frac{1}{2} \times \frac{1000}{10} = 1.0 \times 10^{-2} \,(\text{mol/L})$$

硫酸の電離は次のような二段階で起きる。

一段階目：$H_2SO_4 \longrightarrow H^+ + HSO_4^-$

二段階目：$HSO_4^- \longrightarrow H^+ + SO_4^{2-}$

一段階目の電離は完全に進行するので，これで生じる H^+ の物質量は

$$0.1 \times \frac{10}{1000} = 1.0 \times 10^{-3} \,(\text{mol})$$

H_2 の発生により減少した H^+ の物質量は 2.0×10^{-4} mol であり，これを差し引くと，残る水素イオン濃度は

$$(1.0 \times 10^{-3} - 2.0 \times 10^{-4}) \times \frac{1000}{10} = 0.08 \,(\text{mol/L})$$

このとき，硫酸水素イオンの濃度は

$$[HSO_4^-] = 1.0 \times 10^{-3} \times \frac{1000}{10} = 0.1 \,(\text{mol/L})$$

ここで，二段階目の電離によって，x〔mol/L〕の濃度の水素イオンが生じるとすると，次の関係が成り立つ。

	$HSO_4^- \longrightarrow$	H^+	$+ SO_4^{2-}$	
電離前	0.1	0.08	0	〔mol/L〕
変化量	$-x$	$+x$	$+x$	〔mol/L〕
電離後	$0.1-x$	$0.08+x$	x	〔mol/L〕

二段階目の電離における電離定数を K とおくと

$$K = \frac{[H^+][SO_4^{2-}]}{[HSO_4^-]} = \frac{(0.08+x) \times x}{0.1-x} = 0.01$$

$$x^2 + 0.09x - 0.001 = 0 \qquad (x - 0.01)(x + 0.1) = 0$$

∴　$x = 0.01,\ -0.1$（不適）

よって，電気分解後の水溶液中の水素イオン濃度は

$$[H^+] = 0.08 + 0.01 = 0.09 = 9.0 \times 10^{-2} \,(\text{mol/L})$$

問3　電気分解が起こるには，必要な最小の電圧（分解電圧）がある。電気分解によって生じる物質により，電極間には起電力が生じ，この起電力より大きな電圧を加えないと電気分解は起こらない。①の電極の組み合わせでは，両極に水素と酸素が発生することになり，これは燃料電池の反応の逆反応と考えることができる。燃料電池の起電力が1.23Vなので，これ以下の電圧では逆反応である電気分解は起こらないと考えられる。③の組み合わせでは，それぞれの電極で次の反応が起きる。

　　　電極A：$Zn \longrightarrow Zn^{2+} + 2e^-$

　　　電極B：$2H^+ + 2e^- \longrightarrow H_2$

これは負極にZn，正極に白金を用いた電池ができたと考えられ，自発的にこれらの反応が起き，さらに電気分解による電子の流れも同じ向きであるから，これらの反応が進むと考えられる。

34 燃料電池の仕組み

(2011年度　第2問)

次の文章を読み，**問1～問3**に答えよ。

　物質の化学エネルギーを電気エネルギーとして取り出す装置を電池という。近年，環境にやさしいエネルギーを作り出す目的から，燃料電池が注目を集めている。燃料電池では，水素(燃料)と酸素を反応させて水を作る際に電気エネルギーを取り出している。

問 1. 右図は電解質に高分子の膜を用いた場合の発電原理である。以下に示した電子を含むイオン反応式の（　　　）に適当な記号や化学式を記せ。また，正極および負極を合わせた全体での反応式も記せ。

$$正極：（\quad）+（\quad）+（\quad）\rightarrow 2\,H_2O$$
$$負極：\quad H_2 \rightarrow（\quad）+（\quad）$$
$$全体：（\quad）+（\quad）\rightarrow\ 2\,H_2O$$

問 2. 水素 $2.0\,g$ を消費した際に流れる電気量 $[C]$ を有効数字2桁で求めよ。ただし，酸素は十分に存在しているとする。

問 3. 下図に示した高分子化合物のうち，燃料電池の電解質に適するのはどれか。最適なものを解答欄に記号で記せ。ただし，分子式中の n は任意の数字が入る。

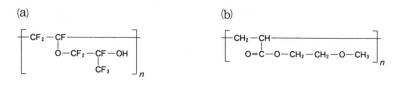

解　答

問1　正極：$O_2+4H^++4e^- \longrightarrow 2H_2O$
　　　負極：$H_2 \longrightarrow 2H^++2e^-$
　　　全体：$2H_2+O_2 \longrightarrow 2H_2O$

問2　$1.9\times10^5\,C$

問3　(c)

ポイント

　燃料電池は酸性型，塩基性型ともに重要事項。電気量と物質の変化に関する計算を確実に。電解質の選別には考察力が必要。

解　説

問1　水素と酸素を反応させる燃料電池では，全体の反応は水の電気分解の逆反応になる。

問2　$2\,mol$ の電子が回路に流れたときに，$1\,mol$ の水素を消費するので

$$\frac{2.0}{2.0}\times2\times9.65\times10^4=1.93\times10^5 \fallingdotseq 1.9\times10^5 〔C〕$$

問3　燃料電池の中には，リン酸水溶液などを電解質として用いるものの他に，「固体高分子形燃料電池」として，イオン交換膜を電解質水溶液の代わりに用いるものがある。(a)〜(d)の高分子化合物のうち，(c)は分子内のスルホ基がイオン交換作用をもち，イオン伝導性をもつ高分子化合物として燃料電池に用いられている。

35 反応速度式と反応速度定数

(2011年度　第4問)

次の文章(1)および(2)を読み，〔　(ア)　〕～〔　(キ)　〕にあてはまる語句と記号を答えよ。

(1)　分子間で起こる化学反応は，主に分子の衝突によって起こるので，単位時間当りの衝突の〔　(ア)　〕が多くなるほど，反応速度は大きくなる。そのため，体積と温度が一定で，AとBが反応する場合，AとBの濃度が高いほど，反応速度は大きくなる。この関係から，反応速度をAとBの濃度を使って表すことができる。例えば，Aの濃度を一定にして，Bの濃度を2倍，4倍と高くしたときに，反応速度が2倍，4倍と大きくなり，Bの濃度を一定にして，Aの濃度を2倍，4倍と高くしたときに，反応速度が4倍，16倍と大きくなった場合，反応速度 v は以下のように表すことができる。ただし，体積と温度は一定であるとする。また，k は反応速度定数であり，A，Bの濃度はおのおの[A]，[B]で示すとする。

$$v = k〔　(イ)　〕〔　(ウ)　〕$$

(2)　下に示すようなXとYからZを生成する化学反応を考える。まず，反応式(a)の右向きの反応で，XとYは反応性の高いZ^*を生成する。この反応には，Z^*からXとYに戻る左向きの反応も存在する。次に，反応式(b)に従い，Z^*はすみやかにZを生成する。k_1～k_3は各反応の反応速度定数である。このとき，Zを生成する反応速度を求めたい。ただし，体積と温度は一定であるとし，X，Y，Z，Z^*の濃度は，おのおの[X]，[Y]，[Z]および$[Z^*]$で示すとする。

$$X + Y \underset{k_2}{\overset{k_1}{\rightleftarrows}} Z^* \qquad (a)$$

$$Z^* \xrightarrow{k_3} Z \qquad (b)$$

ここで，反応式(a)の右向きの反応速度を v_1，反応式(a)の左向きの反応速度を v_2，反応式(b)の反応速度を v_3 とする。このとき，反応速度 v_1～v_3 は，以下の

ように示すことができたとする。

$$v_1 = k_1[X][Y]$$

$$v_2 = k_2[Z^*]$$

$$v_3 = k_3[Z^*]$$

このとき，Z^* の生成と消費を考慮して Z^* の生成する反応速度を v_1，v_2 および v_3 で示すと，

$$\frac{\Delta[Z^*]}{\Delta t} = 〔\quad (エ)\quad 〕$$

となり，これを $[X]$，$[Y]$，$[Z^*]$ および反応速度定数で示すと，

$$\frac{\Delta[Z^*]}{\Delta t} = 〔\quad (オ)\quad 〕$$

となる。

生成した Z^* は反応性が高く，すぐに消費されるから，Z^* が生成する反応速度は非常に小さく，見かけ上，

$$\frac{\Delta[Z^*]}{\Delta t} = 0$$

と近似できる。この式から，$[Z^*]$ を $[X]$，$[Y]$ および反応速度定数で示すと，

$$[Z^*] = 〔\quad (カ)\quad 〕$$

が得られる。また，Z が生成する反応速度は，v_3 で表わすことができるので，$[X]$，$[Y]$ および反応速度定数を使って，〔　(キ)　〕と求めることができる。

解 答

(ア)回数　(イ)$[A]^2$　(ウ)$[B]$　(エ)$v_1-v_2-v_3$　(オ)$k_1[X][Y]-(k_2+k_3)[Z^*]$

(カ)$\dfrac{k_1}{k_2+k_3}[X][Y]$　(キ)$\dfrac{k_1k_3}{k_2+k_3}[X][Y]$

ポイント

反応速度論は頻出内容。問題文の誘導に従って慎重に解答を進めよう。反応速度と化学平衡の関係の理解も重要。

解 説

(1) 反応速度は，反応する物質の濃度と関係があり，AとBが関係する反応で反応速度を $v=[A]^n[B]^m$ のように表せる場合，n, m を反応の次数という。Aの濃度を2倍，4倍としたとき，反応速度が4倍，16倍と大きくなるなら，Aの濃度の二乗に反応速度が比例するので $n=2$，Bの濃度を2倍，4倍としたとき，反応速度が2倍，4倍と大きくなるなら，Bの濃度に反応速度が比例するので $m=1$ である。

(2) XとYから Z^* を経由してZを生成する化学反応は，次のように表される。

$$X+Y \underset{v_2}{\overset{v_1}{\rightleftarrows}} Z^* \xrightarrow{v_3} Z$$

よって，Z^* の生成する速度は

$$\frac{\Delta[Z^*]}{\Delta t}=v_1-v_2-v_3$$
$$=k_1[X][Y]-k_2[Z^*]-k_3[Z^*]$$
$$=k_1[X][Y]-(k_2+k_3)[Z^*]$$

ここで，$\dfrac{\Delta[Z^*]}{\Delta t}=0$ とすると

$$k_1[X][Y]-(k_2+k_3)[Z^*]=0$$
$$\therefore\ [Z^*]=\frac{k_1}{k_2+k_3}[X][Y]$$

また　$v_3=k_3[Z^*]=\dfrac{k_1k_3}{k_2+k_3}[X][Y]$

36 金属イオンの反応と電気分解の量的関係，溶解度積

（2010年度　第3問）

次の文章を読み，**問1～問3**に答えよ。

$Al_2(SO_4)_3$ が 5.0×10^{-2} mol/L，$CuSO_4$ が 1.0×10^{-1} mol/L，H_2SO_4 が 5.0×10^{-2} mol/L となるように混合して調製した水溶液Aを用いて以下の実験1～3を行った。

実験1：25℃，500 mLの水溶液Aに 5.0×10^{-3} mol の ZnO 粉末を添加して溶液を撹拌したところ反応〔　(ア)　〕が進行し，反応終了後の溶液中の H_2SO_4 濃度は〔　(イ)　〕mol/L になった。

実験2：25℃，500 mLの水溶液Aに 1.0×10^{-1} mol の Zn 粉末を添加して溶液を撹拌したところ最初は主に反応〔　(ウ)　〕が進み，続いて反応〔　(エ)　〕が優勢となった。さらに，溶液中の pH が〔　(オ)　〕を超えたところで，反応〔　(カ)　〕が起こり始め，Al を含む白色の沈殿が生じた。

実験3：25℃，500 mLの水溶液Aにおいて陽極および陰極に白金を用いて，1.00 A の電流を 96500 秒間流して電気分解（電解）を行った。この電解により溶液中の Cu^{2+} は完全に消費された。電解が終了するまでに陰極では標準状態で〔　(キ)　〕Lの気体〔　(ク)　〕が発生し，電解終了後の溶液中の H_2SO_4 濃度は〔　(ケ)　〕mol/L となった。電解終了後，さらに 1.0×10^{-2} mol の Zn 粉末と 1.0×10^{-2} mol の Cu 粉末を添加し，溶液を撹拌したところ，標準状態で〔　(コ)　〕Lの気体〔　(ク)　〕が発生した。

問1. 〔　(ア)　〕，〔　(ウ)　〕，〔　(エ)　〕，〔　(カ)　〕のイオン反応式を記せ。

問2. 〔　(ク)　〕の分子式を記せ。

問3. 〔　(イ)　〕，〔　(オ)　〕，〔　(キ)　〕，〔　(ケ)　〕，〔　(コ)　〕に適切な数字を有効数字2桁で答えよ。ただし，本実験において，水溶液の体積は変化しないとする。また，25℃における水のイオン積 $[H^+][OH^-]$ は，1.0×10^{-14}

$[\text{mol}^2/\text{L}^2]$であり，$Al(OH)_3$の溶解度積$[Al^{3+}][OH^-]^3$は，$1.0 \times 10^{-32}$ $[\text{mol}^4/\text{L}^4]$とする。ファラデー定数は$9.65 \times 10^4$ C/mol である。

解　答

問1　(ア) $ZnO + 2H^+ \longrightarrow Zn^{2+} + H_2O$

　　(ウ) $Zn + Cu^{2+} \longrightarrow Zn^{2+} + Cu$

　　(エ) $Zn + 2H^+ \longrightarrow Zn^{2+} + H_2$

　　(カ) $Al^{3+} + 3H_2O \longrightarrow Al(OH)_3 + 3H^+$ 　$(Al^{3+} + 3OH^- \longrightarrow Al(OH)_3)$

問2　H_2

問3　(イ)4.0×10^{-2}　(オ)3.7　(キ)1.0×10　(ケ)1.5×10^{-1}　(コ)2.2×10^{-1}

ポイント

　イオン化傾向と反応性の関係に注意。溶液中の各イオンの濃度を正確に把握して計算を進めよう。

解　説

問2　実験3の電気分解の陰極での反応に注目すると，まずイオン化傾向が小さい銅が，単体として陰極表面に析出する。溶液中の銅イオンがなくなると，次に水素が発生する。電解終了後にも溶液中に水素イオンは存在するので，亜鉛の粉末を加えたとき，(エ)と同じ反応が起きて，水素が発生する。

問1・問3　(ア)・(イ)　ZnO と硫酸の反応を化学反応式で示すと次のようになる。

　　$ZnO + H_2SO_4 \longrightarrow ZnSO_4 + H_2O$

1 mol の ZnO が 1 mol の H_2SO_4 と反応するので，反応終了後に残っている硫酸の濃度は，次の式で求めることができる。

$$\left(5.0 \times 10^{-2} \times \frac{500}{1000} - 5.0 \times 10^{-3}\right) \times \frac{1000}{500} = 4.0 \times 10^{-2} \, [\text{mol/L}]$$

(ウ)〜(カ)　実験2では，水溶液Aに Zn 粉末を加え続けると，最初は(ウ)のイオン反応式で示されるように，亜鉛はイオンとなり，単体の銅が析出する。さらに，Zn 粉末を加え続けると，(エ)のイオン反応式で示されるように，水素が発生し，溶液中の H^+ は減少し続けるので，溶液の pH の値も大きくなる。pH の値が大きくなると，溶液中の $[OH^-]$ の値は増加し，$Al(OH)_3$ の溶解度積の値を超えたときに，水酸化アルミニウム $Al(OH)_3$ の白色沈殿が生じる。

$Al(OH)_3$ が生成するときの $[OH^-] = x \, [\text{mol/L}]$ とすると，

$[Al^{3+}][OH^-]^3 = 1.0 \times 10^{-32} \, [(\text{mol/L})^4]$ より

　　$1.0 \times 10^{-1} \times x^3 = 1.0 \times 10^{-32}$

　　$x^3 = 1.0 \times 10^{-31} = 100 \times 10^{-33}$ 　∴　$x = \sqrt[3]{100} \times 10^{-11} \, [\text{mol/L}]$

ここで，水のイオン積より

$$[H^+] = \frac{1.0 \times 10^{-14}}{[OH^-]} = \frac{1.0 \times 10^{-14}}{\sqrt[3]{100} \times 10^{-11}} = \frac{1}{\sqrt[3]{100}} \times 10^{-3} \, [mol/L]$$

$$\therefore \quad pH = -\log[H^+] = 3 + \frac{1}{3}\log 100 = 3 + \frac{2}{3} = 3.66 \fallingdotseq 3.7$$

(キ) **実験3**の電気分解の各電極では，次に示す反応が起こる。

　陽極：$2H_2O \longrightarrow O_2 + 4H^+ + 4e^-$

　陰極：$Cu^{2+} + 2e^- \longrightarrow Cu$ 　　その後　$2H^+ + 2e^- \longrightarrow H_2$

1 mol の銅を析出するために使われる電子は 2 mol，同じく 1 mol の水素を生成するために使われる電子も 2 mol である。

電気分解全体で流れた電子は $\dfrac{1.00 \times 96500}{9.65 \times 10^4} = 1.00 \, [mol]$ であるから，銅が析出した後で陰極で発生する水素の体積は，次の式で求めることができる。

$$\left(1.00 - 1.0 \times 10^{-1} \times \frac{500}{1000} \times 2\right) \times \frac{1}{2} \times 22.4 = 10.08 \fallingdotseq 1.0 \times 10 \, [L]$$

(ケ) 電気分解が進んでも，溶液中の硫酸イオンの濃度に変化はない。電解終了後に溶液中に残った水素イオンの濃度の $\dfrac{1}{2}$ が硫酸の濃度である。陰極での銅の析出と同時に，陽極からは酸素が発生し，析出した銅の 2 倍の物質量の H^+ が生成する。このとき生成する H^+ は

$$1.0 \times 10^{-1} \times \frac{500}{1000} \times 2 = 0.10 \, [mol]$$

であるから，電解終了後の溶液中の H_2SO_4 濃度は，次の式で求めることができる。

$$\left(5.0 \times 10^{-2} \times \frac{500}{1000} \times 2 + 0.10\right) \times \frac{1000}{500} \times \frac{1}{2} = 1.5 \times 10^{-1} \, [mol/L]$$

(コ) **実験3**の電解終了後の溶液に Zn 粉末と Cu 粉末を加えると，Zn のみが残った H_2SO_4 と反応して水素が発生する。

　$Zn + H_2SO_4 \longrightarrow ZnSO_4 + H_2$

残った H_2SO_4 の物質量は

$$1.5 \times 10^{-1} \times \frac{500}{1000} = 7.5 \times 10^{-2} \, [mol]$$

これは加えた Zn の物質量よりも多いので，発生する水素の物質量は加えた Zn の物質量と同じである。

よって，発生する水素の体積は

$$1.0 \times 10^{-2} \times 22.4 = 0.224 \fallingdotseq 2.2 \times 10^{-1} \, [L]$$

37 触媒と反応経路，酵素反応の反応速度

(2010 年度　第 4 問)

次の文章(1)〜(3)を読み，**問 1 〜問 5** に答えよ。

(1)　一般に触媒が存在すると化学反応は速くなる。この理由は，触媒が作用すると反応の仕組みが変わって〔　(ア)　〕のより小さい経路で反応が進むためである。触媒を用いた場合，反応熱は〔　(イ)　〕。触媒はその作用の仕方で〔　(ウ)　〕と〔　(エ)　〕に大別できる。例えば，過酸化水素の水溶液中における分解反応の触媒として $FeCl_3$ 水溶液や MnO_2 粉末を利用できるが，$FeCl_3$ は〔　(ウ)　〕，MnO_2 は〔　(エ)　〕として働いている。

　　細胞内の化学反応の多くは触媒として酵素（E と表記する）が関わっている。酵素が触媒として作用する物質を〔　(オ)　〕（S と表記する）という。S は酵素と結合して「酵素—〔　(オ)　〕複合体」（E・S と表記する）をつくる。

問 1.　〔　(ア)　〕〜〔　(オ)　〕に最も適切な語句を記せ。

(2)　S の加水分解により生成物 P を生じる反応を，酵素 E が触媒として進める場合を考えてみよう。

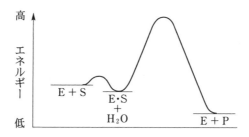

図 1　酵素 E による S の加水分解反応に伴うエネルギー変化

　　図 1 のように，酵素 E の作用する反応では E・S がつくられるため，反応は式①，式②で表される 2 つの段階にわけることができる。

$$E + S \rightleftharpoons E \cdot S \qquad \cdots\cdots ①$$

$$E \cdot S + H_2O \longrightarrow E + P \qquad \cdots\cdots ②$$

　　E・Sに対して水が作用しPが生じるので，Pの生成する速度vは速度定数
をkとして式③で与えられる。

$$v = k\,[H_2O]\,[E \cdot S] \qquad\qquad \cdots\cdots ③$$

　　最初に加えた酵素Eの濃度（初期濃度）を$c\,[mmol/L]$とすると，反応の進行
中，酵素Eの濃度$[E]\,[mmol/L]$，E・Sの濃度$[E \cdot S]\,[mmol/L]$の間には，式
④の関係が常に成立する。ただし，$mmol/L = 10^{-3}\,mol/L$とする。

$$[E] + [E \cdot S] = c \qquad\qquad \cdots\cdots ④$$

　　多くの酵素反応では，式①の正反応およびその逆反応はいずれも式②の反応
と比べはるかに速い。したがって，式②の反応が進行中でも式①の平衡関係が
成立しているとみなすことができる。

問 2. 式①の平衡定数を$K\,[(mmol/L)^{-1}]$とする。Kを$[E \cdot S]$，c，Sの濃度$[S]$
　　　$[mmol/L]$を用いて表せ。

問 3. $[E \cdot S]$をK，c，$[S]$を用いて表せ。

(3)　酵素による反応を水溶液中で行う場合，大過剰に存在する水の濃度$[H_2O]$
　　$[mmol/L]$は定数とみなしてよい。文章(2)で説明した酵素反応において，式③
　　の速度定数$k\,[(mmol/L)^{-1}(秒)^{-1}]$と$[H_2O]$の積は$5.0\,(秒)^{-1}$であり，式①の
　　平衡定数Kは$0.10\,[(mmol/L)^{-1}]$であった。

問 4. 反応溶液内のSの濃度を高めると式①の平衡が移動するため，式②の反
　　　応速度vは増大する。しかしSの濃度をいくら高めても，最大速度v_{max}と
　　　よばれる値を超えることはない。酵素Eの初期濃度cが$0.30\,mmol/L$であ
　　　る水溶液中で，酵素EによるSの加水分解反応を行なう場合のv_{max}を有効
　　　数字2桁で答えよ。

問 5. 酵素の触媒能力の目安として，vがv_{max}の半分となるSの濃度が用いら
　　　れる。酵素Eの初期濃度cが$0.10\,mmol/L$である水溶液では，酵素Eによ
　　　るSの加水分解反応のv_{max}は$0.50\,[(mmol/L)(秒)^{-1}]$である。vがv_{max}の
　　　半分となるSの濃度を有効数字2桁で答えよ。

解　答

問1 ㋐活性化エネルギー　㋑変化しない　㋒均一触媒　㋓不均一触媒　㋔基質

問2 $K=\dfrac{[\mathrm{E\cdot S}]}{(c-[\mathrm{E\cdot S}])\,[\mathrm{S}]}$

問3 $[\mathrm{E\cdot S}]=\dfrac{Kc\,[\mathrm{S}]}{1+K\,[\mathrm{S}]}$

問4 $v_{\max}=1.5\,(\mathrm{mmol/L})\,(秒)^{-1}$

問5 $1.0\times10\,\mathrm{mmol/L}$

ポイント

　触媒のはたらきとエネルギーの関係を明確に。設定を理解し，誘導に従って式の変形を慎重に行おう。

解　説

問1 ㋒・㋓　反応物と均一に混合して作用する触媒が均一触媒で，問題文の過酸化水素の分解における $\mathrm{Fe^{3+}}$ の水溶液などの例がある。一方，反応物と均一に混合しない状態で作用する触媒は不均一触媒で，酸化マンガン(Ⅳ)や白金などの例がある。不均一触媒は固体触媒で，表面に反応が速く進むような中間体が形成されて触媒の作用をする。

問2 平衡時のそれぞれの物質の濃度は次のように表される。

$$\mathrm{E}\ +\ \mathrm{S}\ \rightleftharpoons\ \mathrm{E\cdot S}$$

平衡時　　$c-[\mathrm{E\cdot S}]$　$[\mathrm{S}]$　　$[\mathrm{E\cdot S}]$　〔mmol/L〕

よって

$$K=\frac{[\mathrm{E\cdot S}]}{[\mathrm{E}]\,[\mathrm{S}]}=\frac{[\mathrm{E\cdot S}]}{(c-[\mathrm{E\cdot S}])\,[\mathrm{S}]}\ [(\mathrm{mmol/L})^{-1}]$$

問3 問2の結果より

$$K\cdot(c-[\mathrm{E\cdot S}])\cdot[\mathrm{S}]=[\mathrm{E\cdot S}]$$
$$[\mathrm{E\cdot S}]\,(1+K\,[\mathrm{S}])=Kc\,[\mathrm{S}]$$

$$\therefore\ [\mathrm{E\cdot S}]=\frac{Kc\,[\mathrm{S}]}{1+K\,[\mathrm{S}]}\ 〔\mathrm{mmol/L}〕$$

問4 $v=k\,[\mathrm{H_2O}]\,[\mathrm{E\cdot S}]$　……③

③で，$k\,[\mathrm{H_2O}]=5.0\,(秒)^{-1}$，$[\mathrm{E\cdot S}]=\dfrac{Kc\,[\mathrm{S}]}{1+K\,[\mathrm{S}]}$ より

$$v=\frac{5.0Kc\,[\mathrm{S}]}{1+K\,[\mathrm{S}]}=\frac{5.0c\,[\mathrm{S}]}{[\mathrm{S}]+\dfrac{1}{K}}$$

v と $[S]$ について，上の式は次に示すような $[S] = -\dfrac{1}{K}$ ，$v = 5.0c$ を漸近線とす

る双曲線の一部として表すことができる。

このグラフからも v は $5.0c$ を超えないことがわかり，

$v_{max} = 5.0c$ である。

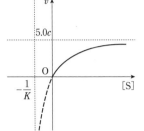

よって

$\qquad v_{max} = 5.0c = 5.0 \times 0.30 = 1.5 \,〔(mmol/L)(秒)^{-1}〕$

問5　$v_{max} = 5.0c$ の関係より

$\qquad v = \dfrac{5.0Kc\,[S]}{1 + K\,[S]} = \dfrac{Kv_{max}\,[S]}{1 + K\,[S]}$

ここで，$v = \dfrac{v_{max}}{2}$ となるときの $[S]$ を $[S] = x〔mmol/L〕$ とすると

$\qquad \dfrac{v_{max}}{2} = \dfrac{Kv_{max}x}{1 + Kx}$

$\qquad 2Kx = 1 + Kx \qquad \therefore \quad Kx = 1$

$K = 0.10〔(mmol/L)^{-1}〕$ であるから

$\qquad x = \dfrac{1}{K} = \dfrac{1}{0.10} = 10 = 1.0 \times 10〔mmol/L〕$

38 電気分解と中和反応，水素の燃焼と混合気体の圧力

(2009年度 第2問)

実験1〜実験3について述べた次の文章を読み，**問1〜問3**に答えよ。

実験1：電流1.0Aを38600秒間流して，水酸化ナトリウム40gを水183.6gに溶かした水溶液を白金電極で電気分解した。陰極では標準状態で〔 (ア) 〕mLの気体**A**，陽極では標準状態で〔 (イ) 〕mLの気体**B**が発生した。フェノールフタレインを少量加えた1mol/Lの塩酸水溶液20mLに，上記実験で電気分解し終えた水溶液を〔 (ウ) 〕g以上，かき混ぜながら滴下したところ，無色透明な塩酸水溶液は赤くなった。

実験2：容積448mLの頑丈な容器に，標準状態で224mLの気体**A**と標準状態で224mLの気体**B**を混合した気体を閉じ込め密閉し，あらかじめ容器内に設置しておいたニクロム線に電流を流して赤熱したところ爆発した。爆発後，この容器の温度を400Kにしたところ，圧力は〔 (エ) 〕atmとなった。更に，この容器の温度を218Kにしたところ，圧力は〔 (オ) 〕atmとなった。

実験3：塩化ナトリウム水溶液を炭素電極で電気分解したところ，陰極では気体**A**，陽極では気体**C**が発生した。

問1. 〔 (ア) 〕〜〔 (オ) 〕に適切な数字を有効数字2桁で記せ。必要な場合には，次の値を用いよ。

気体定数：8.31 kPa·L/(K·mol)あるいは0.082 atm·L/(K·mol)

問2. 気体**A**，気体**B**および気体**C**を分子式で記せ。

問3. 実験3で気体**C**を発生させた反応を例にならって電子式で記せ。

(例) 硫化水素の酸化反応

$$H : \overset{..}{\underset{..}{S}} : H \longrightarrow : \overset{.}{\underset{..}{S}} : + 2H^+ + 2e^-$$

解答

問1 (ア)4.5×10^3 (イ)2.2×10^3 (ウ)4.4 (エ)1.1 (オ)2.0×10^{-1}

問2 A. H_2 B. O_2 C. Cl_2

問3 $2\left[:\overset{..}{\underset{..}{Cl}}:\right]^{-} \longrightarrow :\overset{..}{\underset{..}{Cl}}:\overset{..}{\underset{..}{Cl}}: + 2e^{-}$

ポイント

水溶液の電気分解の電極反応式を確実に理解しよう。圧力の単位の取り扱いに注意。

解 説

問1 **実験1**：水酸化ナトリウム水溶液の電気分解における各電極での反応は，次のように示される。

陰極：$2H_2O + 2e^{-} \longrightarrow H_2 + 2OH^{-}$

陽極：$4OH^{-} \longrightarrow O_2 + 2H_2O + 4e^{-}$

反応式より，$1\,mol$ の e^{-} が流れると H_2 は $\dfrac{1}{2}\,mol$，O_2 は $\dfrac{1}{4}\,mol$ 生成するので，各電極で発生する標準状態での気体の体積は，次のように求められる。

陰極：$\dfrac{1.0 \times 38600}{96500} \times \dfrac{1}{2} \times 22400 = 4480$

$$\fallingdotseq 4.5 \times 10^3 \,(mL)$$

陽極：$\dfrac{1.0 \times 38600}{96500} \times \dfrac{1}{4} \times 22400 = 2240$

$$\fallingdotseq 2.2 \times 10^3 \,(mL)$$

各電極での反応の反応式より，$4\,mol$ の電子の移動で $2H_2O \longrightarrow 2H_2 + O_2$ の水の電気分解が起きたことがわかる。このとき減少した水の質量は

$$\dfrac{1.0 \times 38600}{96500} \times \dfrac{1}{2} \times 18 = 3.6 \,(g)$$

よって，電気分解後の水溶液中の水の質量は

$$183.6 - 3.6 = 180 \,(g)$$

塩酸水溶液に，電気分解後の水酸化ナトリウム水溶液 $x\,(g)$ を加えたときに中和反応が終了すると考えると

$$1 \times \dfrac{20}{1000} = x \times \dfrac{40}{40 + 180} \times \dfrac{1}{40} \quad \therefore \quad x = 4.4 \,(g)$$

したがって，$4.4\,g$ 以上の水酸化ナトリウム水溶液を加えると，塩酸水溶液は赤くなる。

実験2：気体Aは H_2，気体Bは O_2 であり，それぞれ $\dfrac{224}{22400} = 0.010 \,(mol)$ である

から，燃焼反応の前後の物質量の関係は，次のように示される。

$$2H_2 \ + \ O_2 \ \longrightarrow \ 2H_2O$$

	2H₂	O₂	2H₂O	
反応前	0.010	0.010	0	〔mol〕
変化量	−0.010	−0.0050	+0.010	〔mol〕
反応後	0	0.0050	0.010	〔mol〕

反応後，400 K（= 127 ℃）では水もすべて気体（水蒸気）であると考えられるので，容器内の圧力 P は気体の状態方程式より次のように求められる。

$$P = \frac{(0.0050 + 0.010) \times 0.082 \times 400}{0.448} = 1.09 ≒ 1.1 \, 〔\text{atm}〕$$

また，218 K（= −55 ℃）では，水蒸気は固体になっていると考えられ，その圧力は無視できるので，容器内の圧力 P' は次のように求められる。

$$P' = \frac{0.0050 \times 0.082 \times 218}{0.448} = 0.199 ≒ 2.0 \times 10^{-1} \, 〔\text{atm}〕$$

問2　**実験3**：塩化ナトリウム水溶液の電気分解における各電極での反応は，次のように示される。

　　陰極：$2H_2O + 2e^- \longrightarrow H_2 + 2OH^-$

　　陽極：$2Cl^- \longrightarrow Cl_2 + 2e^-$

よって，気体 **C** は塩素 Cl_2 である。

問3　塩化物イオン Cl^- は $\left[\, \vdots \overset{\cdot\cdot}{\underset{\cdot\cdot}{Cl}} \vdots \,\right]^-$，塩素分子 Cl_2 は $\overset{\cdot\cdot}{\underset{\cdot\cdot}{Cl}} : \overset{\cdot\cdot}{\underset{\cdot\cdot}{Cl}} :$ のように示される。

39 四酸化二窒素の分解反応の反応熱と平衡移動，混合気体の分圧と圧平衡定数

(2009年度　第4問)

次の文章(1)および(2)を読み，**問1～問4**に答えよ。必要な場合には，次の値を用いよ。

気体定数：8.31 kPa・L/(K・mol)あるいは0.082 atm・L/(K・mol)

(1) 四酸化二窒素(N_2O_4)が分解して，二酸化窒素(NO_2)になる気体反応は可逆反応であり，式①で表すことができる。

$$N_2O_4(気体) \rightleftarrows 2NO_2(気体) \qquad \cdots\cdots①$$

問1. 式①の反応にともなう熱の出入りは，次の熱化学方程式②で表すことができる。

$$N_2O_4(気体) = 2NO_2(気体) + Q[kJ] \qquad \cdots\cdots②$$

N_2O_4(気体)とNO_2(気体)の生成熱をそれぞれ－9.2 kJ/mol，－33.2 kJ/molとする。式②の熱化学方程式における$Q[kJ]$を求めよ。

問2. 式①の反応が平衡状態にあるとき，次の(i)～(v)の操作を行った。このとき，平衡はどのように移動するか。(a)～(c)の中から1つを選び記号で答えよ。

〔操　作〕
  (i) 温度を一定に保ち，圧力を加える。
  (ii) 温度と体積を一定に保ち，希ガスを加える。
  (iii) 圧力を一定に保ち，加熱する。
  (iv) 温度と圧力を一定に保ち，希ガスを加える。
  (v) 触媒を加える。

〔平衡の移動〕
  (a) N_2O_4(気体)の分解の方向に移動する。
  (b) N_2O_4(気体)の生成の方向に移動する。
  (c) どちらにも移動しない。

(2)　8.0×10^{-2} mol の N_2O_4（液体）をあらかじめ真空にしておいた容積 1.0 L の
容器の中に入れ，温度を 313 K に上昇させた。このとき N_2O_4 はすべて蒸発
し，N_2O_4（気体）の 20 ％ が NO_2（気体）に分解して平衡状態になるとする。
　　　　　　　　　　　　　　　　　　　　　　　　　　　(a)

問 3.　下線部(a)における NO_2（気体）の分圧は全圧の何パーセントか。有効数字
2 桁で答えよ。

問 4.　下線部(a)における圧平衡定数 [Pa] を有効数字 2 桁で答えよ。

解　答

問1　$-57.2\,\mathrm{kJ}$

問2　(i)—(b)　(ii)—(c)　(iii)—(a)　(iv)—(a)　(v)—(c)

問3　33%

問4　$4.2×10^4\,\mathrm{Pa}$

ポイント

　N_2O_4 と NO_2 の平衡や圧平衡定数に関する文字式の変換は頻出項目。熱化学方程式やルシャトリエの原理に関する設問は確実に解答しよう。

解　説

問1　N_2O_4（気体）と NO_2（気体）の生成熱の値より，次の熱化学方程式が書ける。

N_2（気体）$+2O_2$（気体）$=N_2O_4$（気体）$-9.2\,\mathrm{kJ}$　……③

$\dfrac{1}{2}N_2$（気体）$+O_2$（気体）$=NO_2$（気体）$-33.2\,\mathrm{kJ}$　……④

④$×2-$③ より

N_2O_4（気体）$=2NO_2$（気体）$-57.2\,\mathrm{kJ}$

よって，求める Q は　　$Q=-57.2\,[\mathrm{kJ}]$

問2　(i)〜(v)の操作を行ったときの N_2O_4（気体）$\rightleftharpoons 2NO_2$（気体） の平衡移動は，ルシャトリエの原理によって次のように説明できる。右向きが N_2O_4 の分解，左向きが N_2O_4 の生成の方向である。

(i)　圧力が増加すると，それを減少させる方向，つまり全体の気体分子数が減少する方向へ平衡は移動するので，左へ移動する。

(ii)　温度・体積一定で希ガスを加えると，全圧は増加するが平衡に関係する各気体の分圧に変化はないので，平衡は移動しない。

(iii)　加熱すると温度を下げる方向，つまり吸熱反応の方向へ平衡は移動するので，右へ移動する。

(iv)　温度・圧力一定で希ガスを加えると，容器全体の体積を大きくすることになり，平衡に関係する各気体の分圧は小さくなる。よって，全体の分子数を増やして圧力を上げる方向，つまり右へ平衡は移動する。

(v)　触媒は反応速度を大きくし，平衡に達するまでの時間は短縮するが，平衡そのものは移動させない。

問3　各気体の濃度の変化は，次のように示される。

$$\mathrm{N_2O_4\,(気体)} \rightleftharpoons \mathrm{2NO_2\,(気体)}$$

反応前	8.0×10^{-2}	0	〔mol/L〕
変化量	-0.080×0.20	$+0.080 \times 0.20 \times 2$	〔mol/L〕
平衡時	6.4×10^{-2}	3.2×10^{-2}	〔mol/L〕

温度が一定ならば濃度と圧力は比例するので，全圧に対する $\mathrm{NO_2}$ の分圧の比は

$$\frac{3.2 \times 10^{-2}}{6.4 \times 10^{-2} + 3.2 \times 10^{-2}} \times 100 = 33.3 \fallingdotseq 33 \,〔\%〕$$

問4 平衡時における各気体の分圧は，気体の状態方程式より次のように示される。

$$P_{\mathrm{N_2O_4}} = \frac{n_{\mathrm{N_2O_4}}RT}{V} = \frac{6.4 \times 10^{-2} \times 8.31 \times 10^3 \times 313}{1.0}\,〔\mathrm{Pa}〕$$

$$P_{\mathrm{NO_2}} = \frac{n_{\mathrm{NO_2}}RT}{V} = \frac{3.2 \times 10^{-2} \times 8.31 \times 10^3 \times 313}{1.0}\,〔\mathrm{Pa}〕$$

したがって，圧平衡定数 K_P は

$$K_\mathrm{P} = \frac{P_{\mathrm{NO_2}}{}^2}{P_{\mathrm{N_2O_4}}} = \frac{(3.2 \times 10^{-2} \times 8.31 \times 10^3 \times 313)^2}{6.4 \times 10^{-2} \times 8.31 \times 10^3 \times 313}$$

$$= \frac{3.2 \times 10^{-2} \times 8.31 \times 10^3 \times 313}{2} = 4.16 \times 10^4$$

$$\fallingdotseq 4.2 \times 10^4\,〔\mathrm{Pa}〕$$

40 気体の溶解度，電離平衡と pH，硫黄化合物の反応

(2008年度 第3問)

次の文章を読み，**問1～問4**に答えよ。

化石燃料中には硫黄化合物が含まれており，燃焼の際に生成する硫黄酸化物は大気汚染の原因物質の一つとなる。大気中への硫黄酸化物の放出を抑制するために，重油からの硫黄成分の除去ならびに石炭燃焼排煙からの硫黄酸化物の除去が行われる。

重油中に硫黄は有機化合物として存在するので，その結合を切るために，高温高圧にした重油に水素を吹き込み，固体の触媒と接触させる。このようにして重油中の硫黄は硫化水素として除去される。さらに，<u>この硫化水素は二酸化硫黄と反応させて単体硫黄として回収される</u>。これは硫酸の原料として利用される。
(a)

排煙からの硫黄酸化物の除去には，粉状の石灰石を水に分散させたものが用いられる。<u>この石灰石と水の混合物を霧のように排煙に吹き付けて二酸化硫黄を吸収させ，さらに酸素と反応させてセッコウ($CaSO_4 \cdot 2H_2O$)として回収する</u>。ま
(b)
た，排煙に含まれる三酸化硫黄も，同様にセッコウとして回収される。このようにして得られたセッコウはセメントの原料などに用いられる。

問1. 硫黄酸化物のような酸性大気汚染物質が存在しなくても，大気中には二酸化炭素が存在するため，雨水は酸性となる。そこで，大気中の二酸化炭素が溶けて平衡状態にある雨水の水素イオン濃度よりも高濃度の水素イオンを含む雨を一般に酸性雨と呼ぶ。25℃において，この酸性雨の目安となる水素イオン濃度を，次の(1)と(2)の手順に従って求めよ。

ただし，大気中の二酸化炭素濃度は0.038体積%，25℃における二酸化炭素の水への溶解度(気体の分圧が1.0×10^5 Paの時の，水1Lに溶ける気体の物質量)は3.4×10^{-2} mol/Lであり，ヘンリーの法則が成り立つものとする。水に溶けた二酸化炭素は一部が水と反応して弱酸として働き，次のような電離平衡が成り立つ。

$$CO_2 + H_2O \rightleftharpoons H^+ + HCO_3^-$$

　その電離定数は 4.3×10^{-7} mol/L である。また，与えられた条件では HCO_3^- の電離は無視できる。

(1)　水に溶けた二酸化炭素の濃度 [mol/L] を求め，有効数字 2 桁で答えよ。

(2)　大気中の二酸化炭素が溶けた水の水素イオン濃度 [mol/L] を求め，有効数字 2 桁で答えよ。

問 2.　下線部(a)の反応を，硫化水素と二酸化硫黄にわけてそれぞれ電子を含む反応式として示せ。また，この反応で酸化剤として作用した化合物は何か。化学式で示せ。

問 3.　下線部(b)の反応をまとめて一つの反応式で示せ。

問 4.　質量パーセントで 2.4 ％ の硫黄を含む石炭を 1 分間に 1.0 kg 消費する燃焼炉がある。この炉から出る排煙中の硫黄酸化物をすべてセッコウとして回収するためには，1 分間に何 g の石灰石と反応させる必要があるか。有効数字 2 桁で答えよ。

　ただし，すべての化学反応は完全に進むものとする。

解　答

問1　(1)　$1.3×10^{-5}\,mol/L$　(2)　$2.4×10^{-6}\,mol/L$

問2　硫化水素の反応式：$H_2S \longrightarrow S+2H^++2e^-$
　　　二酸化硫黄の反応式：$SO_2+4H^++4e^- \longrightarrow S+2H_2O$
　　　酸化剤として作用した化合物：SO_2

問3　$2CaCO_3+4H_2O+2SO_2+O_2 \longrightarrow 2CaSO_4\cdot2H_2O+2CO_2$

問4　$7.5×10\,g$

ポイント

　反応式の組み合わせと物質量の関係の整理を確実に。ヘンリーの法則や電離平衡の問題は類題での演習が有効。平方根の処理に注意。

解　説

問1　(1)　ヘンリーの法則は，「一定温度で，溶解度の小さい気体が一定量の溶媒に溶けるとき，気体の溶解度（物質量，質量）は接している気体の圧力に比例する」というものである。溶液 1L 中に溶けている二酸化炭素の物質量を求めるとよい。混合気体に占める体積の比と，分圧の比は同じであるから，大気中の二酸化炭素の圧力は

$$1.0×10^5×\frac{0.038}{100}\,[Pa]$$

したがって，二酸化炭素の濃度は

$$3.4×10^{-2}×\frac{1.0×10^5×\dfrac{0.038}{100}}{1.0×10^5}=0.129×10^{-4}$$

$$≒1.3×10^{-5}\,[mol/L]$$

(2)　水溶液中の CO_2 の濃度を $c\,[mol/L]$，電離度を α として，電離平衡における濃度の関係をまとめると次のようになる。

$$CO_2\ +H_2O \rightleftharpoons H^+ +HCO_3^-$$

平衡前	c		0	0
変化量	$-c\alpha$		$+c\alpha$	$+c\alpha$
平衡後	$c(1-\alpha)$		$c\alpha$	$c\alpha$

（単位はすべて $[mol/L]$）

電離定数を K_a とすると

$$K_a=\frac{[H^+][HCO_3^-]}{[CO_2]}=\frac{c^2\alpha^2}{c(1-\alpha)}=\frac{c\alpha^2}{1-\alpha}$$

α が十分小さいとき，$1-\alpha≒1$ と近似できるので

$$K_a=\frac{c\alpha^2}{1-\alpha}≒c\alpha^2 \quad \therefore \quad \alpha=\sqrt{\frac{K_a}{c}}$$

したがって，$[H^+]$ は

$$[H^+] = c\alpha = \sqrt{cK_a} = \sqrt{1.3 \times 10^{-5} \times 4.3 \times 10^{-7}}$$
$$= \sqrt{5.59 \times 10^{-12}}$$
$$= 2.36 \times 10^{-6}$$
$$\fallingdotseq 2.4 \times 10^{-6} \, [mol/L]$$

問2 硫化水素と二酸化硫黄の反応は，次のような半反応式の組み合わせで考えられ，この反応では硫化水素が還元剤，二酸化硫黄が酸化剤となる。

（還元剤）$H_2S \longrightarrow S + 2H^+ + 2e^-$ ……①

（酸化剤）$SO_2 + 4H^+ + 4e^- \longrightarrow S + 2H_2O$ ……②

① $\times$ 2 + ② より $2H_2S + SO_2 \longrightarrow 3S + 2H_2O$

問3 $aCaCO_3 + bH_2O + cSO_2 + dO_2 \longrightarrow eCaSO_4 \cdot 2H_2O + fCO_2$

とおいて，$a = 1$ とおくと

$$b = 2, \ c = 1, \ d = \frac{1}{2}, \ e = 1, \ f = 1$$

であるから，すべての係数を2倍することで次の反応式が得られる。

$2CaCO_3 + 4H_2O + 2SO_2 + O_2 \longrightarrow 2CaSO_4 \cdot 2H_2O + 2CO_2$

問4 問3の化学反応式より，$1\,mol$ の SO_2 は，$1\,mol$ の $CaCO_3$（式量100）と反応することがわかる。$1\,mol$ の SO_2 は $1\,mol$ の S から生成するので

$$1000 \times \frac{2.4}{100} \times \frac{1}{32} \times 100 = 75 = 7.5 \times 10 \, [g]$$

41 分子の運動エネルギーと反応速度，アレニウスの式

(2008年度 第4問)

気体の化学反応速度に関する次の(1)～(4)の文章を読み，**問1～問7**に答えよ。

(1) 運動する気体がもつエネルギーを気体の運動エネルギーといい，その大きさは，気体分子の質量と気体分子の平均速度の2乗の積で表され，それは，絶対温度に比例する。絶対温度を T[K]，気体分子の分子量を M，気体分子の平均速度を v とすると，v は，M と T を用いて，

$$v \propto \left[\quad (\mathcal{P}) \quad \right]$$

と表すことができる(ただし，$\propto$ は比例記号)。この場合，温度 606 K から 20 K 上昇させたとき，v は〔 (イ) 〕倍になる。

問1.〔 (ア) 〕にあてはまる文字式を記せ。

問2.〔 (イ) 〕に数値を記せ。ただし，有効数字2桁とする。

(2) 多くの実際の化学反応では，温度が 10 K 上昇すると，反応速度は2～4倍になる。運動している気体分子すべてが，化学反応するわけではない。化学反応することができる気体分子は，ある一定以上の運動エネルギーをもっていなければならない。絶対温度 T_1[K] のときの反応する気体分子の運動エネルギー分布図(縦軸に気体分子数の割合，横軸に分子のもつ運動エネルギーをとったもの)は，次の図のようになる。図中に示している E_a はこの反応の活性化エネルギーであり，運動エネルギーが E_a 以上の分布面積 S は，化学反応することが可能な分子数の割合を示す。

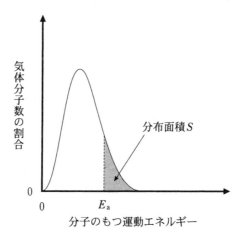

絶対温度 $T_1[\mathrm{K}]$ のときの気体分子の運動エネルギー分布図

問 3. この化学反応において，絶対温度 $T_2[\mathrm{K}]$ $(T_1 < T_2)$ のときの反応する気体の運動エネルギー分布を上図に書き入れた場合，下記のどのグラフになるか。記号で記せ。

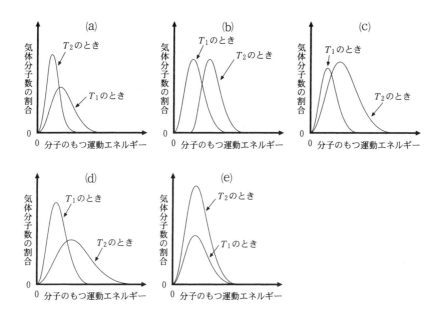

(3) 活性化エネルギー E_a 以上の運動エネルギーをもつ気体分子が化学反応に関わるが，その分布面積 S は底が e である次の指数関数で表すことができる。

$$\frac{1}{e^{f(E_a, T)}}$$

　ここで，e は自然対数の底，f は活性化エネルギー E_a と絶対温度 T の関数とする。

問 4. 関数 $f(E_a, T)$ はどのような関数か。問3で解答した絶対温度 $T_1[\mathrm{K}]$ と $T_2[\mathrm{K}]$ における運動エネルギー分布図を参考にして，次のものから選び，記号で記せ（ただし，C は比例定数）。

(ア) $C \times (E_a T)$　　　　　　　　(イ) $C \times (E_a + T)$

(ウ) $C \times \left(\dfrac{T}{E_a}\right)$　　　　　　　(エ) $C \times \left(\dfrac{E_a}{T}\right)$

問 5. 問4で解答した根拠を35字以内で記せ。

(4) ヨウ化水素の気体を一定容器中にいれ，高温に保つと，

$$2\,\mathrm{HI} \longrightarrow \mathrm{H_2} + \mathrm{I_2}$$

の分解反応がおこる。この反応の反応速度定数 $k\,[l/(\mathrm{mol \cdot s})]$ と絶対温度 $T[\mathrm{K}]$ との関係を調べた。各温度の結果を，横軸に T の逆数 $(1/T)$，縦軸に e を底にする k の対数値 $(\log_e k)$ をとったグラフに書き入れると，次の図のように，直線上に並んだ。

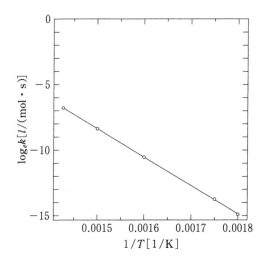

問 6. この図の直線の傾きを $-A(A>0)$，縦軸切片を $B(B<0)$ とすると，

$\log_e k = $ 〔　(ウ)　〕 となる。

〔　(ウ)　〕に文字式を記せ。

問 7. 絶対温度 606 K のときのこの反応の反応速度定数を k_1，その温度から 20 K 上昇させたときの反応速度定数を k_2 とすると，k_2 は k_1 に比べて〔　(エ)　〕倍となる。〔　(エ)　〕に数値を記せ。ただし，$A = 21890$，$\log_{10} e = 0.4343$，$\sqrt{2} = 1.414$，$\sqrt{3} = 1.732$，$\sqrt{5} = 2.236$ とする。答えは，小数点第 2 位を四捨五入して示せ。

解 答

問1　$\sqrt{\dfrac{T}{M}}$

問2　1.0

問3　(d)

問4　(エ)

問5　絶対温度が高く，活性化エネルギーが小さいほど分布面積は大きくなるため。(35字以内)

問6　$-\dfrac{A}{T}+B$

問7　3.2

ポイント

　説明文に従って分子の運動と反応速度の関係を整理する考察力が必要。見慣れないグラフでも指示に従って慎重に解答を進めるとよい。指数や対数を用いる計算に慣れよう。

解 説

問1　問題文より，気体の運動エネルギーは，気体の分子量 M と気体分子の平均速度 v ($v>0$) を用いて Mv^2 と表され，これが絶対温度 T に比例するので

$$Mv^2 \propto T \quad \therefore \quad v \propto \sqrt{\dfrac{T}{M}}$$

問2　気体分子の平均速度を，606 K のとき v，626 K のとき v' とすると，比例定数を k として

$$v = k\sqrt{\dfrac{606}{M}}, \quad v' = k\sqrt{\dfrac{626}{M}}$$

$$\therefore \quad \dfrac{v'}{v} = \sqrt{\dfrac{626}{606}} = \sqrt{1.033} = 1.01 \fallingdotseq 1.0$$

問3　問2より，温度が上昇すれば気体分子の平均速度は大きくなり，分子のもつ運動エネルギーの平均値も大きくなる。さらに，温度が高くなると分子のもつ運動エネルギーのばらつきも大きくなると考えられるので，温度上昇とともに運動エネルギーのピークが右へ移動し，かつ曲線のすそ野が広くなる(d)が正しい。

問4・問5　活性化エネルギー E_a 以上の運動エネルギーをもつ気体分子の分布面積 S を，$S = \dfrac{1}{e^f}$ の式で表している。

E_a が一定のとき，絶対温度 T の値が大きくなると，グラフのピークが右へ動くので，S は大きくなる。また，絶対温度 T が一定のとき，E_a の値が小さくなると S

は大きくなる。$S=\dfrac{1}{e^f}$ の式で e^f の値が分母にあるので，S を大きくするためには f の値が小さいほどよい。よって，T が大きく，E_a が小さいとき，f が小さい式を選べばよいので，(エ)の $C\times\left(\dfrac{E_a}{T}\right)$ が正解となる。

問6 グラフは右下がりの直線であり，傾き $-A$，縦軸切片が B であれば，縦軸が $\log_e k$，横軸が $\dfrac{1}{T}$ であるから，このグラフの式は次のように表せる。

$$\log_e k = -\frac{A}{T}+B$$

問7 $\dfrac{k_2}{k_1}$ の値を求めるために，問6の結果を利用すると，k_2 は 626 K，k_1 は 606 K のときの値であり，$\log_e k_1 = -\dfrac{A}{606}+B$，$\log_e k_2 = -\dfrac{A}{626}+B$，$A=21890$ であるから

$$\log_e \frac{k_2}{k_1} = \log_e k_2 - \log_e k_1$$
$$= -\frac{21890}{626} - \left(-\frac{21890}{606}\right)$$
$$= 1.15$$

$\dfrac{k_2}{k_1} = e^{1.15}$ より

$$\log_{10}\frac{k_2}{k_1} = 1.15\log_{10}e = 1.15\times 0.4343$$
$$= 0.499 \fallingdotseq 0.50$$

$$\therefore \quad \frac{k_2}{k_1} = 10^{0.5} = \sqrt{10} = \sqrt{2}\times\sqrt{5}$$
$$= 1.414\times 2.236$$
$$= 3.161 \fallingdotseq 3.2$$

第4章
無機物質

42 14族元素の単体および化合物の構造・性質・反応

（2021年度　第2問）

次の文章を読み，**問1**から**問7**に答えよ。

炭素の同素体の一つである黒鉛では，隣接する炭素原子どうしが共有結合しており，正六角形を基本単位とする層状の平面構造を形成している。この平面構造どうしは比較的弱い分子間力である〔　ア　〕力により結合しているため，黒鉛はこの層に沿って薄くはがれやすく，軟らかい。また黒鉛の層状構造の一層だけの同素体を〔　イ　〕という。黒鉛はリチウムイオン電池の負極活物質として用いられている。リチウムイオンが黒鉛に取り込まれる充電反応は，以下のように表される。
a)

$$Li^+ + e^- \longrightarrow Li（黒鉛中）$$

ケイ素の単体は酸化物を還元してつくる。例えば，二酸化ケイ素を電気炉中で
b)
融解し，炭素を用いて還元する。このとき，無色無臭の有毒な気体が発生する。ケイ素の単体はダイヤモンドと同じ結晶構造をもつ。二酸化ケイ素の結晶構造の
c)
一つでは，単体のケイ素の結晶構造中の隣接するケイ素原子間の中間に酸素原子が入り込んだ構造をしている。

二酸化ケイ素を約2000℃で融解したのち凝固させると石英ガラスと呼ばれる
d)
非晶質になる。この固体はフッ化水素酸に溶ける。また，水酸化ナトリウムと反
e)
応し，ケイ酸ナトリウムを生じる。無色透明で粘性の大きな液体である〔　ウ　〕はケイ酸ナトリウムに水を加えて加熱すると生じる。〔　ウ　〕の水溶液に塩酸を加えると，ケイ酸の白色ゲル状沈殿が生成する。さらにケイ酸を加熱し脱水すると，〔　エ　〕になる。

問1. 〔　ア　〕から〔　エ　〕に入る適切な語句を答えよ。

問2. 下線部a)の充電反応のあと，リチウムイオンを取り込んだ負極活物質の質量が，充電前と比べて3.82 g増加していた。この充電反応において流れ

た電子の物質量は何 mol か，有効数字2桁で答えよ。

問 3．下線部 b)において起こっている反応の化学反応式を答えよ。その反応により ケイ素の単体が2.81 g 生成したとき，同時に発生する無色無臭の有毒な気体の体積は標準状態(0℃，1.01 × 10⁵ Pa)で何 L か，有効数字2桁で答えよ。ただし，この気体は理想気体として扱えるものとする。

問 4．下線部 c)について，この二酸化ケイ素の結晶構造の単位格子に含まれるすべての原子の数を答えよ。なお，図1はケイ素の単体の単位格子の模式図である。ただし，図1内の薄い色の球(●)は完全に単位格子中に含まれたケイ素原子を示しており，単位格子を八分割した立方体の互い違いの位置に存在する。

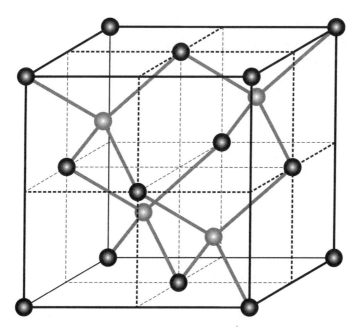

図1．ケイ素の単体の単位格子の模式図

問 5. 下線部 d)の「非晶質」に関する次の(A)から(D)の文章について，それぞれ正しいものには○，誤ったものには×を記せ。

（A） すべてのガラスは無色透明である。

（B） 非晶質では常に，原子やイオンなどの粒子が規則的に配列している。

（C） すべてのガラスは一定の融点を示さず，ある温度の幅で軟化する。

（D） すべての非晶質は電気を流さない。

問 6. 下線部 e)について，石英ガラスがフッ化水素酸に溶ける反応の化学反応式を答えよ。

問 7. 炭素やケイ素と同じ 14 族元素であるスズと鉛に関する次の(A)から(D)の文章について正しいものをすべて選び，記号で答えよ。

（A） 塩化スズ(Ⅱ)は強い酸化剤である。

（B） ブリキの表面はスズで覆われている。

（C） 鉛(Ⅱ)イオンを含む水溶液は，硫化物イオンと反応し白色沈殿を生成する。

（D） スズと鉛はいずれも両性金属である。

解　答

問1　ア. ファンデルワールス　イ. グラフェン　ウ. 水ガラス
　　　エ. シリカゲル

問2　5.5×10^{-1} mol

問3　反応式：$SiO_2 + 2C \longrightarrow Si + 2CO$　気体の体積：4.5 L

問4　24 個

問5　(A)—×　(B)—×　(C)—○　(D)—×

問6　$SiO_2 + 6HF \longrightarrow H_2SiF_6 + 2H_2O$

問7　(B)・(D)

ポイント

　詳しく学習することは少ない 14 族元素を中心とした内容であるが，炭素の同素体やリチウムイオン電池，二酸化ケイ素の結晶構造といった基本から新しい内容まで，幅広く正確な知識が必要。

解　説

問1　周期表の 14 族元素のうち，第 2 周期の炭素にはダイヤモンド，黒鉛，フラーレン等の同素体がある。黒鉛では各炭素原子の 3 個の価電子が共有結合に使われ，正六角形の連続した平面網目構造が何層にも重なっている。平面構造間は，分子間力の 1 つであるファンデルワールス力によって弱く結びつくので，黒鉛は薄くはがれやすい性質をもち，その 1 つの平面構造をグラフェンという。二酸化ケイ素はほとんどの試薬とは反応しないが，フッ化水素やフッ化水素酸には溶け，水酸化ナトリウムや炭酸ナトリウムなどの塩基とともに融解すると，ケイ酸ナトリウム Na_2SiO_3 を生じる。

$$SiO_2 + 2NaOH \longrightarrow Na_2SiO_3 + H_2O$$
$$SiO_2 + Na_2CO_3 \longrightarrow Na_2SiO_3 + CO_2$$

ケイ酸ナトリウムに水を加えて加熱すると，無色透明で粘性の大きな液体である水ガラスができる。水ガラスの水溶液に塩酸を加えると，三次元構造をもつケイ酸 H_2SiO_3 が白色ゲル状沈殿として得られる。

$$Na_2SiO_3 + 2HCl \longrightarrow H_2SiO_3 + 2NaCl$$

ケイ酸を加熱，乾燥させると無定形固体のシリカゲルが得られる。シリカゲルは多孔質で乾燥剤や吸着剤として用いられる。

問2　リチウムイオン電池の負極では，リチウムイオンが同じ物質量の電子を受け取り黒鉛中に取り込まれる。負極活物質の質量増加分が取り込まれたリチウムイオンの質量である。リチウムイオンとリチウム原子の質量はほぼ同じと考えると，リチ

ウムの原子量（6.94）より，このとき流れた電子の物質量は，次のように求めることができる。

$$\frac{3.82}{6.94} = 0.550 \fallingdotseq 5.5 \times 10^{-1} \text{〔mol〕}$$

問3　下線部 b）の化学反応式は次のように示され，発生する有毒な気体は一酸化炭素 CO である。

$$SiO_2 + 2C \longrightarrow Si + 2CO$$

1 mol のケイ素が生成するとき 2 mol の一酸化炭素が発生するので，発生する一酸化炭素の標準状態での体積は

$$\frac{2.81}{28.1} \times 2 \times 22.4 = 4.48 \fallingdotseq 4.5 \text{〔L〕}$$

問4　二酸化ケイ素の単位格子は右図に示すように，問題文の図1のケイ素の単体の単位格子で，隣接したケイ素原子間の結合（計 16 個）の間に酸素原子を1つずつ入れた構造である。右図で1つの単位格子に含まれるケイ素原子の数は

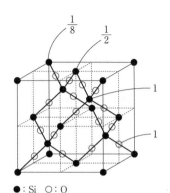

: Si ○ : O
二酸化ケイ素の単位格子中に含まれる原子の割合

$$\frac{1}{8} \times 8 + \frac{1}{2} \times 6 + 1 \times 4 = 8 \text{ 個}$$

SiO_2 の化学式より，単位格子中に含まれる酸素原子の数はケイ素原子の数の2倍で 16 個であるから，単位格子に含まれるすべての原子の数は 8 + 16 = 24 個となる。

問5　(A)　誤文。ガラスに含まれる二酸化ケイ素以外の成分によっては有色や不透明のものも存在する。

(B)　誤文。構成粒子の配列が不規則なものが非晶質（アモルファス）である。

(C)　正文。非晶質であるガラスは明瞭な融点をもたず，ある温度で軟らかくなる軟化点が存在する。

(D)　誤文。金属でも非晶質のものを作ることができ，電気は通す。

問6　石英ガラスは二酸化ケイ素 SiO_2 であり，フッ化水素やその水溶液であるフッ化水素酸とは次のように反応する。

$$SiO_2 + \quad 4HF \quad \longrightarrow SiF_4 + 2H_2O$$
　　　　　フッ化水素

$$SiO_2 + \quad 6HF \quad \longrightarrow \quad H_2SiF_6 \quad + 2H_2O$$
　　　　　フッ化水素酸　　ヘキサフルオロケイ酸

問7　(A)　誤文。塩化スズ(Ⅱ)中の Sn^{2+} は Sn^{4+} に酸化されやすいので，強い還元力をもつ。

⑻　正文。鉄の表面にスズをめっきしたものがブリキ，亜鉛をめっきしたものがトタンである。

⒞　誤文。鉛(Ⅱ)イオンは次のように硫化物イオンと反応し，硫化鉛(Ⅱ)PbS の黒色沈殿を生じる。

$$Pb^{2+} + S^{2-} \longrightarrow PbS\ (黒)$$

⒟　正文。単体が酸および強塩基の水溶液と反応して水素を発生する元素が両性元素であり，アルミニウム，亜鉛，スズ，鉛などが知られている。

43 ハロゲンの単体とその化合物の性質，ヨウ素の結晶構造

（2020年度　第3問）

フッ素，塩素，臭素，ヨウ素に関する以下の**問1**～**問5**に答えよ。必要な場合には，次の値を用いよ。

アボガドロ定数 $N_A：6.0 \times 10^{23}$/mol

$\sqrt{2} = 1.4,\ \sqrt{3} = 1.7,\ \sqrt{5} = 2.2$

問1. 以下の文章を読み，問いに答えよ。

　　ハロゲンは〔　ア　〕族の原子であり，〔　イ　〕個の価電子をもつことから〔　ウ　〕価の陰イオンになりやすい。また，ハロゲンの単体の酸化力は〔　エ　〕が最も弱く，〔　オ　〕が最も強い。

　　ハロゲン単体を水素と反応させて得られるハロゲンの化合物は，水によく溶け，それら水溶液の酸の強さは〔　カ　〕が最も弱く，〔　キ　〕が最も強い。また，ハロゲン単体を水素と反応させて得られるハロゲンの化合物の中で沸点が最も高いものは〔　ク　〕，沸点が最も低いものは〔　ケ　〕である。これは，〔　ク　〕には〔　コ　〕結合が働いているためである。

(i)　〔　ア　〕〔　イ　〕〔　ウ　〕に適切な数字を記入せよ。

(ii)　〔　エ　〕～〔　ケ　〕に適切な物質の分子式を記入せよ。

(iii)　〔　コ　〕に適切な語句を以下の(A)～(D)の中から選び記号で答えよ。

　(A) 共　有　　　　(B) イオン　　　　(C) 金　属　　　　(D) 水　素

問2. 以下の文章中の〔　サ　〕～〔　セ　〕に当てはまるハロゲン化物の組成式を記入し，融点が変化する理由を以下の(A)～(D)の中から選び記号で答えよ。

　　ハロゲン単体をナトリウムと反応させて得られるハロゲン化物の融点は〔　サ　〕が最も低く，〔　シ　〕，〔　ス　〕，〔　セ　〕の順に高くなる。

(A) 陰イオンのイオン半径が大きくなるほど，結晶の密度が小さくなり融点が変化する。

(B) 陰イオンのイオン半径が大きくなるほど，陽イオンと陰イオンとの間にはたらく静電的な引力が減少し融点が変化する。

(C) 陰イオンのイオン半径が大きくなるほど，配位数が増え融点が変化する。

(D) 陰イオンのイオン半径が大きくなるほど，充填率が小さくなり融点が変化する。

問 3. ヨウ素単体は室温で分子結晶である。以下の物質の中から，分子結晶となりうる物質をすべて選び，それらの分子式を記入せよ。

> ドライアイス　硫化亜鉛　炭酸カルシウム　ナフタレン　氷
> 二酸化ケイ素　斜方硫黄

問 4. 常温常圧下におけるヨウ素結晶の単位格子が下図で与えられると仮定し，ヨウ素結晶の密度を有効数字 2 桁で求めよ。ヨウ素分子は，直方体の頂点と面の中央に位置している。

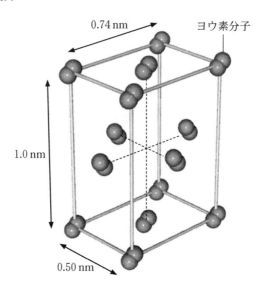

0.74 nm　ヨウ素分子

1.0 nm

0.50 nm

問 5. **問4** で示したヨウ素結晶に 64 GPa の高圧をかけると原子間結合が切断さ
れ，ヨウ素原子は面心立方格子の結晶構造をとる。このときの単位格子の一
辺の長さを 0.42 nm と仮定して，最近接のヨウ素原子間の距離を有効数字
2桁で求めよ。また，**問4** で示した常温常圧下のヨウ素結晶と比較して，
64 GPa の高圧下ではヨウ素結晶の密度が何倍に増加したか，有効数字2桁
で求めよ。

解　答

問1　(i)ア. 17　イ. 7　ウ. 1

　　(ii)エ. I_2　オ. F_2　カ. HF　キ. HI　ク. HF　ケ. HCl

　　(iii)—(D)

問2　サ. NaI　シ. NaBr　ス. NaCl　セ. NaF　理由：(B)

問3　CO_2, $C_{10}H_8$, H_2O, S_8

問4　$4.6\,g/cm^3$

問5　距離：$0.29\,nm$　密度：2.5 倍

ポイント

　ハロゲンのイオン半径と単体や化合物の性質の関係の理解が必要。結晶格子の計算には応用力をはたらかせよう。

解　説

問1　周期表の17族に属するハロゲン（F，Cl，Br，I など）は，いずれも7個の価電子をもち，1価の陰イオンになりやすい。単体の酸化力の強さは原子番号が小さいほど強く，$F_2 > Cl_2 > Br_2 > I_2$ の順となる。ハロゲンの水素化物（ハロゲン化水素）は極性分子で水によく溶け，水溶液は酸性を示す。酸の強さに関しては，ハロゲン化イオンの半径が大きいほど安定であることから，HI > HBr > HCl ≫ HF となり，HF を除くハロゲン化水素酸は電離度が1に近い強酸である。一般に同じ構造をもつ分子では分子量の大きなものほど分子間力も大きいので沸点は高くなるが，ハロゲン化水素では沸点の高い順に HF > HI > HBr > HCl となる。フッ化水素が他のハロゲン化水素に比べ，性質に法則性がない理由は，分子間で強い水素結合を形成しているからであり，分子が電離しにくいので酸性が弱く，分子がより強く引き合うので沸点も高くなる。

問2　ハロゲン化ナトリウムはいずれもイオン結合性物質である。イオン結合性物質は一般に構成するイオンの価数が大きく，イオン半径が小さいほどクーロン力（静電気的な引力）が強いので，融点も高くなる。よって，融点の低い順に並べると，NaI < NaBr < NaCl < NaF となる。

問3　分子結晶は非金属元素の原子で構成される。よって，可能性のあるものは，ドライアイス（CO_2），ナフタレン（$C_{10}H_8$），氷（H_2O），二酸化ケイ素（SiO_2），斜方硫黄（S_8）であるが，二酸化ケイ素は構成するすべての原子が共有結合で結びついた「共有結合の結晶」なので，分子結晶ではない。

問4　ヨウ素結晶の単位格子1個中の分子の個数は

$$\frac{1}{8} \times 8 + \frac{1}{2} \times 6 = 4 \text{ 個}$$

よって, 結晶の密度〔g/cm³〕は

$$\frac{\dfrac{127 \times 2}{6.0 \times 10^{23}} \times 4}{(0.74 \times 10^{-7}) \times (0.50 \times 10^{-7}) \times (1.0 \times 10^{-7})} = 4.57 \fallingdotseq 4.6 \text{〔g/cm}^3\text{〕}$$

問5　高圧下でのヨウ素結晶の単位格子（面心立方格子）を下図に示す。一辺の長さを a〔nm〕，ヨウ素原子の原子半径を r〔nm〕とすると

$$4r = \sqrt{2}a \qquad 4r = 0.42 \times \sqrt{2}$$

$$\therefore \quad r = \frac{\sqrt{2}}{4} \times 0.42 \text{〔nm〕}$$

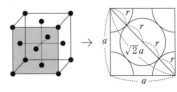

最近接のヨウ素原子間の距離は $2r$ であるから

$$2r = 2 \times \frac{\sqrt{2}}{4} \times 0.42 = \frac{1.4 \times 0.42}{2} = 0.294 \fallingdotseq 0.29 \text{〔nm〕}$$

高圧下でのヨウ素結晶の密度〔g/cm³〕は，単位格子1個あたり $\dfrac{1}{8} \times 8 + \dfrac{1}{2} \times 6 = 4$ 個の原子を含むことから

$$\frac{\dfrac{127}{6.0 \times 10^{23}} \times 4}{(0.42 \times 10^{-7})^3} = \frac{127 \times 4}{(0.42)^3 \times 10^{-21} \times 6.0 \times 10^{23}} = 11.42 \fallingdotseq 11.4 \text{〔g/cm}^3\text{〕}$$

この値を常温常圧下のヨウ素の密度と比較すると

$$\frac{11.4}{4.57} = 2.49 \fallingdotseq 2.5 \text{ 倍}$$

44 ナトリウム・アルミニウム・鉄の製法と性質，NaCl の結晶格子

(2019 年度　第3問)

次の文章を読み，**問1〜問7**に答えよ。必要な場合には，次の値を用いよ。

平方根：$\sqrt{2} = 1.414$，$\sqrt{3} = 1.732$，$\sqrt{5} = 2.236$

一般にイオン化傾向の大きな金属の単体は，そのイオンを含む水溶液の電気分解では得ることができないので，これらの塩化物，水酸化物，あるいは酸化物などを高温で融解した液体に対して溶融塩電解（融解塩電解）を行うことによって単体を得ている。

塩化ナトリウムを原料とする溶融塩電解では陽極の炭素電極に気体〔　ア　〕が発生する一方，陰極にはナトリウムの単体が生じる。ただし工業的には，塩化ナトリウムの融点を下げるために〔　イ　〕を加えて溶融塩電解を行い，純度の高いナトリウムを得ている。

アルミニウムの単体を得るには酸化アルミニウムを原料とする。ただしその融点は 2000 ℃以上と高いため，氷晶石を加熱・融解し，これに少しずつ酸化アルミニウムを溶解させて約 1000 ℃で溶融塩電解を行う。このとき，<u>陽極の炭素電極には気体〔　ウ　〕と気体〔　エ　〕が発生する一方，陰極にはアルミニウムの単体が生じる</u>。アルミニウムが主成分の合金は軽くて比較的強く，私たちの日常生活に広く利用されている。

赤鉄鉱や磁鉄鉱などの酸化物を多く含む鉄鉱石を気体〔　ウ　〕と反応させることによって炭素を約4％含む〔　オ　〕が得られる。〔　オ　〕は融点が低い特徴を生かして鋳物などに用いられる。融解した〔　オ　〕に酸素を吹き込むと炭素を 0.02〜2％に減らすことができる。こうして得られるのが鉄骨やレールなどに用いられる〔　カ　〕である。

問1. 文章中の〔　ア　〕〔　ウ　〕〔　エ　〕に適合する物質の化学式を記入せよ。

問2. 文章中の〔　イ　〕に適合する物質を以下の(1)〜(3)のなかから1つ選んで番号を記入し，その理由として最もふさわしい文章を以下の(a)〜(c)のなかから

　　1つ選んで記号を記入せよ。

⑴　塩化マグネシウム

⑵　塩化カルシウム

⑶　塩化亜鉛

ⓐ　イオン化傾向がナトリウムより大きい金属元素の塩化物であるため。

ⓑ　イオン半径がナトリウムに最も近い金属元素の塩化物であるため。

ⓒ　融点がナトリウムと最も異なる金属元素の塩化物であるため。

問 3. 文章中の〔　オ　〕〔　カ　〕に入る適切な物質の名称を答えよ。

問 4. 塩化ナトリウムは組成式 NaCl で表され，その結晶の単位格子は下図のように描かれる。単位格子中に含まれる Na^+ と Cl^- の数を答えよ。

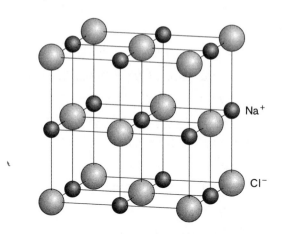

問 5. 実際の塩化ナトリウムの結晶格子は Na^+ と Cl^- が接し，Cl^- どうしは離れていると見なすことができる。塩化ナトリウム型の結晶において，仮想的に陽イオンを小さくしていくと，あるところで陰イオンどうしが接する。このときの陰イオンの半径を 1 とした場合，陽イオンの半径を小数点以下 3 桁の数字で答えよ。

問 6. ナトリウムについて正しい記述に○を，誤った記述に×を記入せよ。

　(1)　空気中の酸素や水と容易に反応するため石油(灯油)中で保存するが，密度が石油(灯油)よりも小さいため浮く。

　(2)　エタノールと反応して水素を発生する。

　(3)　水と反応させたのちにブロモチモールブルー(BTB)溶液を滴下すると黄色に呈色する。

問 7. 下線部について実際に酸化アルミニウムの溶融塩電解を行うとアルミニウムの単体が5.4 g得られた。このとき生じる気体が〔　エ　〕のみとした場合に標準状態で何 Lの〔　エ　〕が発生したのか，有効数字2桁で答えよ。ただし気体〔　エ　〕は理想気体として扱えるものとする。

解答

問1　ア. Cl_2　ウ. CO　エ. CO_2

問2　イ─(2)　理由：(a)

問3　オ. 銑鉄　カ. 鋼

問4　Na^+：4　Cl^-：4

問5　0.414

問6　(1)─×　(2)─○　(3)─×

問7　3.4L

ポイント

　ナトリウム・アルミニウム・鉄のイオン化傾向と工業的製法の関係を確実に理解する。イオン結晶の限界半径比の考え方に慣れる。

解説

問1　イオン化傾向の大きな金属の単体を得るためには，溶融塩電解（融解塩電解）という方法が用いられる。融解した塩を水のない状態で電気分解することで，陰極から目的の金属を得る。ナトリウムとアルミニウムを得る溶融塩電解の電極反応式を次に示す。

ナトリウムの製法（塩化ナトリウムの溶融塩電解）

　　　陽極：$2Cl^- \longrightarrow Cl_2 + 2e^-$

　　　陰極：$Na^+ + e^- \longrightarrow Na$

アルミニウムの製法（酸化アルミニウムの溶融塩電解）

　　　陽極：$O^{2-} + C \longrightarrow CO + 2e^-$，　$2O^{2-} + C \longrightarrow CO_2 + 4e^-$

　　　陰極：$Al^{3+} + 3e^- \longrightarrow Al$

問2　溶融塩電解では，融解させる塩の融点を下げるために加える物質が知られている。酸化アルミニウムには氷晶石（Na_3AlF_6）を加え，塩化ナトリウムには塩化カルシウム（$CaCl_2$）を加える。カルシウムはイオン化傾向がナトリウムより大きいので，陽イオンはより単体になりにくく，電圧を調節することによって，陰極にナトリウムだけを析出させることができる。

問3　製鉄は，赤鉄鉱（主成分 Fe_2O_3）や磁鉄鉱（主成分 Fe_3O_4）を溶鉱炉でコークスから生じた一酸化炭素で還元して行われる。

　　　$Fe_2O_3 + 3CO \longrightarrow 2Fe + 3CO_2$

溶鉱炉で得られる銑鉄は，炭素を約4％含み，鋳物等に用いられる。さらに，転炉で酸素を吹き込んで炭素の含有量を少なくした鋼は，弾性に富み建築材等に用いられる。

問 4　NaCl の結晶格子において，単位格子に含まれるそれぞれのイオンの個数は次のように示される。

$$\text{Na}^+ : \frac{1}{4} \times 12 + 1 \times 1 = 4 \text{ 個}$$

$$\text{Cl}^- : \frac{1}{8} \times 8 + \frac{1}{2} \times 6 = 4 \text{ 個}$$

問 5　塩化ナトリウムの結晶格子において，Na^+ と Cl^- が接し，さらに Cl^- どうしも接しているとき，Na^+ のイオン半径 r^+ と Cl^- のイオン半径 r^- は，格子一辺の長さを a として次のように示される。

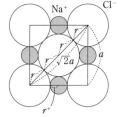

$$4r^- = \sqrt{2}a \qquad \cdots\cdots \text{①}$$

$$2(r^+ + r^-) = a \qquad \cdots\cdots \text{②}$$

②×2÷① より　　$\dfrac{r^+}{r^-} = \sqrt{2} - 1 = 0.414$

問 6　(1)　誤文。単体のナトリウムは石油中で保存するが，石油（密度 $0.80\,\text{g/cm}^3$）に比べ密度は大きい（$0.97\,\text{g/cm}^3$）ので，石油中に沈む。

(2)　正文。単体のナトリウムは，エタノールと次のように反応して水素を発生する。

$$2\text{C}_2\text{H}_5\text{OH} + 2\text{Na} \longrightarrow 2\text{C}_2\text{H}_5\text{ONa} + \text{H}_2$$

(3)　誤文。単体のナトリウムは，水と反応すると水素を発生し水酸化ナトリウムが生じるので，水溶液は強塩基性となる。ブロモチモールブルー（BTB）の変色域は pH $6.0 \sim 7.6$ であり，酸性で黄色，中性で緑色，塩基性では青色を示す。

$$2\text{H}_2\text{O} + 2\text{Na} \longrightarrow 2\text{NaOH} + \text{H}_2$$

問 7　エは二酸化炭素であり，酸化アルミニウムと炭素が反応し，アルミニウムと二酸化炭素のみが生成する式は以下で表せる。

$$2\text{Al}_2\text{O}_3 + 3\text{C} \longrightarrow 4\text{Al} + 3\text{CO}_2$$

よって，$5.4\,\text{g}$ のアルミニウムが得られるとき，発生する二酸化炭素の体積は

$$\frac{5.4}{27.0} \times \frac{3}{4} \times 22.4 = 3.36 \fallingdotseq 3.4 \text{〔L〕}$$

218 第 4 章 無機物質

45 アンモニアの分子構造と性質，製法，緩衝溶液の pH

(2017 年度　第 3 問)

次の文章を読み，**問 1 ~ 問 6** に答えよ。

アンモニアは常温・常圧で空気より軽い気体であり，分子中の窒素原子と水素原子は〔　ア　〕を形成している。一方，アンモニア分子どうしは，窒素原子が大きな〔　イ　〕を有するため，他の分子中の水素原子と〔　ウ　〕で引き合い，〔　エ　〕を形成する。

アンモニアは工業的にはハーバー・ボッシュ法により合成される。アンモニア
　　　　　　　　　　　　　　(A)
は濃塩酸と反応し，塩化アンモニウムを生成する。この際，水素イオンとアンモニアの窒素原子は〔　オ　〕を形成する。固体の塩化アンモニウムは塩化セシウム型の結晶構造を有し，アンモニウムイオンと塩化物イオンの間で〔　カ　〕が形成される。塩化アンモニウムと水酸化カルシウムの混合物を加熱すると再びアンモ
　　　(B)
ニアが生成する。アンモニアと塩化アンモニウムが等モル量溶解した水溶液は緩
　　　　　　　　(C)
衝液となる。アンモニア水に金属イオンを加えると，金属の水酸化物やアンミン
　　　(D)
錯体などを生成する。

問 1. 〔　ア　〕~〔　カ　〕に当てはまる最も適切な語を以下の語群から選び，答えよ。

語　群

イオン結合，共有結合，金属結合，水素結合，配位結合，アミド結合，
ペプチド結合，ファンデルワールス力，原子半径，電離定数，
エンタルピー，エントロピー，イオン化エネルギー，電気陰性度，
静電気力，酸化力，還元力

問 2. 以下の文章(1)~(4)は下線部(A)のアンモニア製造プロセスについて説明したものである。誤っているものをすべて選び，番号で答えよ。

(1)　窒素と水素をアンモニアの原料とし，酸化鉄を主な成分とした触媒が用いられる。

(2)　触媒の量を変えることにより反応の平衡定数が変化する。

(3)　温度を上げるほど反応の平衡定数が大きくなるため，反応は高温で行われる。

(4)　反応は高圧で行い，特殊な反応容器が用いられる。

問 3. 下線部(B)はアンモニアの実験室的製造方法を示している。この反応を化学反応式で示せ。

問 4. 次の式(1)，(2)はアンモニアを原料とした炭酸ナトリウムの合成法（ソルベー法）を示す。〔 キ 〕〜〔 ケ 〕に入る化学式をそれぞれ答えよ。

$$〔 キ 〕 + H_2O + NH_3 + 〔 ク 〕 \longrightarrow 〔 ケ 〕 + NH_4Cl \qquad (1)$$
$$2〔 ケ 〕 \longrightarrow Na_2CO_3 + H_2O + 〔 ク 〕 \qquad (2)$$

問 5. 下線部(C)について，濃度 0.2 mol/L のアンモニア水溶液 100 mL と 0.2 mol/L の塩化アンモニウム水溶液 100 mL を混合した溶液(a)の pH を答えよ。さらに，溶液(a)に 0.02 mol/L の塩酸 200 mL を混合した溶液(b)の pH を求めよ。ただし，溶液の温度はすべて 25 ℃ とする。また，計算には以下の数値の中から必要なものを用い，小数第 2 位まで答えよ。

アンモニアの電離定数 $K_b = 2.0 \times 10^{-5}$ mol/L

$\log_{10} 2.0 = 0.30$　　$\log_{10} 3.0 = 0.48$　　$\log_{10} 5.0 = 0.70$

問 6. 下線部(D)について，次に示す金属イオンが含まれる水溶液に過剰のアンモニア水を加えたときの主な生成物の化学式を示せ。また，その様子を下の語群から選び，答えよ。

(1)　Fe^{3+}

(2)　Cu^{2+}

語　群

白色沈殿，黒色沈殿，深青色沈殿，黄緑色沈殿，赤褐色沈殿，
無色溶液，深青色溶液，黄褐色溶液，黄緑色溶液，赤褐色溶液

解　答

問1　ア. 共有結合　イ. 電気陰性度　ウ. 静電気力　エ. 水素結合
　　　オ. 配位結合　カ. イオン結合

問2　(2)・(3)

問3　$2NH_4Cl + Ca(OH)_2 \longrightarrow 2NH_3 + 2H_2O + CaCl_2$

問4　キ. NaCl　ク. CO_2　ケ. $NaHCO_3$

問5　溶液(a)：pH = 9.30　溶液(b)：pH = 9.12

問6　(1)　化学式：$Fe(OH)_3$　様子：赤褐色沈殿
　　　(2)　化学式：$[Cu(NH_3)_4]^{2+}$　様子：深青色溶液

ポイント

　反応式は細部まで気を配り正確に。緩衝溶液の pH 算出は頻出。空所補充などの基本的な問題は，失点を防いで完璧な解答をつくろう。

解　説

問1　アンモニア分子は，1つの窒素原子と3つの水素原子が共有結合で結びついた三角錐形の構造をもつ。極性分子であり，電気陰性度の大きな窒素原子と他の分子中の水素原子が引き合って水素結合をつくるので，同族元素の水素化合物の中でも異常に高い沸点を示す。

　アンモニアは工業的には，$N_2 + 3H_2 \xrightarrow{\text{触媒}} 2NH_3$ で示されるハーバー・ボッシュ法によって製造され，触媒には四酸化三鉄 Fe_3O_4 を主成分とした物質が使われる。アンモニアと濃塩酸の反応は，$NH_3 + HCl \longrightarrow NH_4Cl$ の反応式で示され，生じた塩化アンモニウムは，アンモニウムイオン（NH_4^+）と塩化物イオン（Cl^-）のイオン結合でできている。アンモニウムイオンは，次に示すようにアンモニア分子中の非共有電子対に水素イオンが配位結合して生じる。

問2　アンモニア合成の熱化学方程式は

　　$N_2\,(気) + 3H_2\,(気) = 2NH_3\,(気) + 92\,kJ$

で示され，ルシャトリエの原理より，温度を上げると平衡は左へ移動するので平衡定数 $K = \dfrac{[NH_3]^2}{[N_2][H_2]^3}$ は小さくなる。アンモニアの生成率を上げるには，温度は低く，圧力は高い方がよいが，温度を下げると反応速度が小さくなり平衡に達するま

での時間が長くなるので，適当な触媒（Fe_3O_4 など）を用い，温度は 400〜600℃，圧力は 1×10^7〜3×10^7 Pa 程度で製造が行われる。

(2) 誤り。触媒は反応速度を大きくするが，平衡定数は変化させない。

(3) 誤り。温度を上げると平衡定数が小さくなる。

問3 塩化アンモニウムと水酸化カルシウムの反応は

$$2NH_4Cl + Ca(OH)_2 \longrightarrow 2NH_3 + 2H_2O + CaCl_2$$

の反応式で示され，弱塩基の塩と強塩基の反応で弱塩基が遊離する反応である。

問4 アンモニアソーダ法（ソルベー法）は，次の反応式で示される炭酸ナトリウム（Na_2CO_3）の工業的製法である。

① $NaCl + H_2O + NH_3 + CO_2 \longrightarrow NaHCO_3 + NH_4Cl$ （炭酸水素ナトリウムの生成）

② $2NaHCO_3 \longrightarrow Na_2CO_3 + H_2O + CO_2$ （炭酸水素ナトリウムの熱分解）

③ $CaCO_3 \longrightarrow CaO + CO_2$ （不足する二酸化炭素の補充）

④ $CaO + H_2O \longrightarrow Ca(OH)_2$

⑤ $Ca(OH)_2 + 2NH_4Cl \longrightarrow CaCl_2 + 2H_2O + 2NH_3$ （アンモニアの回収）

以上の反応式をまとめると，①×2＋②＋③＋④＋⑤ より，次の反応式が得られる。

$$2NaCl + CaCO_3 \longrightarrow Na_2CO_3 + CaCl_2$$

問5 溶液(a)：アンモニアと塩化アンモニウムはともに $0.2 \times \dfrac{100}{1000} = 0.02$〔mol〕である。アンモニアの電離平衡と電離定数は，次のように示される。

$$NH_3 + H_2O \rightleftharpoons NH_4^+ + OH^- \qquad K_b = \frac{[NH_4^+][OH^-]}{[NH_3]}$$

ここで，$[NH_4^+]$ は混合溶液中の塩化アンモニウムのモル濃度，$[NH_3]$ はアンモニアのモル濃度と等しいと考えてよいので，$[NH_4^+] = [NH_3]$ であるから

$$[OH^-] = K_b \cdot \frac{[NH_3]}{[NH_4^+]} = K_b = 2.0 \times 10^{-5} \text{〔mol/L〕}$$

$$pOH = 5 - \log_{10}2.0 = 4.70 \qquad pH = 14.0 - pOH = 14.0 - 4.70 = 9.30$$

溶液(b)：溶液(a)に 0.02 mol/L の塩酸 200 mL を混合すると $NH_3 + HCl \longrightarrow NH_4Cl$ の反応により溶液中のアンモニウムイオンが $0.02 \times \dfrac{200}{1000} = 0.004$〔mol〕増加し，アンモニアは 0.004 mol 減少する。

$$[NH_4^+] = \frac{0.10 \times \dfrac{200}{1000} + 0.004}{\dfrac{400}{1000}}$$

$$[NH_3] = \frac{0.10 \times \dfrac{200}{1000} - 0.004}{\dfrac{400}{1000}}$$

であるから

$$[OH^-] = K_b \cdot \frac{[NH_3]}{[NH_4^+]} = 2.0 \times 10^{-5} \times \frac{0.02 - 0.004}{0.02 + 0.004}$$

$$= \frac{4}{3} \times 10^{-5} \text{[mol/L]}$$

$$pOH = 5 - \log_{10}4.0 + \log_{10}3.0 = 5 - 2\log_{10}2.0 + \log_{10}3.0$$

$$= 5 - 0.60 + 0.48$$

$$= 4.88$$

$$pH = 14.0 - pOH = 14.0 - 4.88 = 9.12$$

問6　Fe^{3+} に過剰のアンモニア水を加えたときの反応は

$$Fe^{3+} + 3OH^- \longrightarrow Fe(OH)_3 \text{（赤褐色沈殿）}$$

Cu^{2+} に過剰のアンモニア水を加えたときの反応は

$$Cu^{2+} + 2OH^- \longrightarrow Cu(OH)_2$$

$$Cu(OH)_2 + 4NH_3 \longrightarrow \quad [Cu(NH_3)_4]^{2+} \quad + 2OH^-$$

深青色溶液
（テトラアンミン銅(II)イオン）

46 金属イオンの系統分離，酸化還元反応，溶解度積

（2014年度　第3問）

次の文章を読み，問1～問5に答えよ。

　K^+，Ag^+，Ca^{2+}，Cu^{2+}，Al^{3+}，Fe^{3+}の6種類の金属イオンを含む水溶液**A**から，各イオンを分離するため，以下の操作①～④を行った。なお，操作①～④のろ過を行う際，沈殿として分離した金属イオンはろ液から完全に取り除かれているとする。

操作①　水溶液**A**に希塩酸を加えてろ過し，沈殿**B**と，ろ液**C**を得た。

操作②　ろ液**C**に硫化水素を通じてろ過し，沈殿**D**と，ろ液**E**を得た。

操作③　ろ液**E**を煮沸して硫化水素と塩化水素を除いたのち，希硝酸を加えて加熱し，冷却後に塩化アンモニウムを加えた。その後，アンモニア水を加えてろ過し，沈殿**F**と，ろ液**G**を得た。

操作④　ろ液**G**に炭酸アンモニウムを加えてろ過し，沈殿**H**と，ろ液**I**を得た。

問1. 操作①～④で得られた沈殿**B**，**D**，**F**および**H**の化合物の組成式を答えよ。ただし，**F**には2種類の化合物が含まれているので，その両方を答えよ。

問2. 水酸化ナトリウム水溶液に沈殿**F**を加えた。このとき生成する錯イオンのイオン式を答えよ。

問3. 操作③で煮沸して硫化水素を除く理由は，硫化水素と希硝酸の酸化還元反応を避けるためである。この酸化還元反応を表す以下の反応式について，〔　(ア)　〕～〔　(オ)　〕にあてはまる組成式を答えよ。

$$2〔\ \text{(ア)}\ 〕+3〔\ \text{(イ)}\ 〕\ \longrightarrow\ 2〔\ \text{(ウ)}\ 〕+4〔\ \text{(エ)}\ 〕+3〔\ \text{(オ)}\ 〕$$

問 4. 操作①で生じた沈殿 **B** の化合物は水に難溶である。実際には，この化合物はごくわずかに水に溶け，その飽和溶液は溶解平衡の状態にある。沈殿 **B** の飽和溶液中の金属イオン濃度(mol/L)を有効数字 2 桁で答えよ。ただし，沈殿 **B** の溶解度積は $2.0 \times 10^{-10}\,(\text{mol/L})^2$ とする。

問 5. ろ液 **I** に含まれる金属イオンの炎色反応の炎の色を答えよ。

解 答

問1　B：AgCl　D：CuS　F：Al(OH)₃, Fe(OH)₃　H：CaCO₃

問2　$[Al(OH)_4]^-$

問3　⑦HNO₃　④H₂S　⑦NO　④H₂O　⑦S

問4　$1.4×10^{-5}$mol/L

問5　赤紫色

ポイント

　金属イオンの系統分離は反応経路と生成物の化学式を正確に。酸化還元の反応式は反応物の物質量に注意して慎重につくる。

解 説

問1　6種類の金属イオンの分離の過程をまとめると，次のようになる。

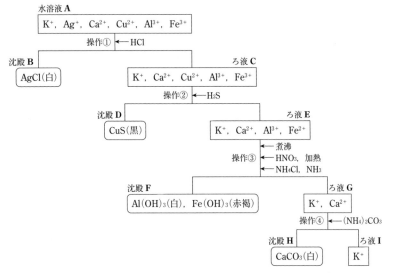

問2　操作②で Fe^{3+} は H_2S により還元されて Fe^{2+} になるが，操作③で希硝酸により酸化されて Fe^{3+} に戻っているから，沈殿Fは $Al(OH)_3$ と $Fe(OH)_3$ である。このうち $Al(OH)_3$ は，水酸化ナトリウム水溶液を加えると，次のように錯イオン $[Al(OH)_4]^-$（テトラヒドロキソアルミン酸イオン）を生成して溶ける。

$$Al(OH)_3 + OH^- \longrightarrow [Al(OH)_4]^-$$

問3　硫化水素と希硝酸は，それぞれ次のように還元剤，酸化剤として反応する。

酸化剤（希硝酸）　　$HNO_3 + 3H^+ + 3e^- \longrightarrow NO + 2H_2O$　……①

還元剤（硫化水素）　$H_2S \longrightarrow 2H^+ + S + 2e^-$　　　　　　……②

①×2＋②×3より，次の化学反応式ができる。

$$2HNO_3 + 3H_2S \longrightarrow 2NO + 4H_2O + 3S$$

問4　沈殿Bは塩化銀 AgCl であり，その溶解平衡は次の式で示される。

$$AgCl \rightleftharpoons Ag^+ + Cl^-$$

このとき，溶解度積の値より

$$[Ag^+][Cl^-] = 2.0 \times 10^{-10} \, (mol/L)^2$$

塩化銀の溶解において，溶解して生じる2つのイオンの物質量は等しいので

$$[Ag^+] = [Cl^-]$$

$$\therefore \quad [Ag^+] = \sqrt{2.0 \times 10^{-10}} = \sqrt{2.0} \times 10^{-5} = 1.41 \times 10^{-5}$$

$$\fallingdotseq 1.4 \times 10^{-5} \, [mol/L]$$

問5　ろ液Ⅰに含まれる金属イオンはカリウムイオン K^+ であり，カリウムの炎色反応は赤紫色である。

47 錯イオン，銅（Ⅱ）の化合物と反応，金属イオンの識別

(2012年度　第2問)

次の文章を読み，問1～問5に答えよ。

　金属イオンに〔　(ア)　〕をもつ分子や陰イオンが〔　(イ)　〕して生じたイオンを〔　(ウ)　〕とよぶ。アンモニア分子の窒素も〔　(ア)　〕をもっているため，金属イオンと〔　(イ)　〕を形成できる。〔　(ウ)　〕は様々な立体構造をもち，その水溶液は特徴的な色を示すものもある。

　ある銅（Ⅱ）の化合物1.20 gを溶かした水溶液に少量のアンモニア水を加えると淡い青色を示す〔　(エ)　〕の沈殿が生じた。そこにアンモニア水を加えていくと，次第に沈殿が溶けて〔　(オ)　〕が生じて，深い青色の溶液となった。また，化合物〔　(エ)　〕の沈殿をすべて集めて，空気中で穏やかに加熱すると黒色の化合物〔　(カ)　〕が0.59 g得られた。

問1. 〔　(ア)　〕～〔　(ウ)　〕に適切な語句を，下の語群から選んで答えよ。

語　群

> イオン結合，共有結合，配位結合，金属結合，酸化，還元，
> 不対電子，非共有電子対，共有電子対，自由電子，錯イオン，
> ヒドロキソイオン，錯塩

問2. アンモニア分子は水素イオンと結合してアンモニウムイオンとなる。この反応を，電子式を用いて示せ。

問3. 〔　(エ)　〕～〔　(カ)　〕の化合物またはイオンの化学式を記せ。

問4. ある銅（Ⅱ）の化合物とはどれか，もっとも適切なものを下から選んで，化学式で答えよ。ただし，化合物はすべて無水物とする。また，ある銅（Ⅱ）の

化合物 1.20 g を溶かした水溶液中の銅（Ⅱ）イオンの 98.5 ％ が〔　(エ)　〕の
沈殿となり，〔　(エ)　〕はすべて〔　(カ)　〕に変化したとする。

塩化銅，硝酸銅，硫酸銅，酢酸銅，炭酸銅

問 5. ある 3 種類の金属イオン A，B，C が溶解した無色透明の混合水溶液があ
る。この溶液に，次の操作を個別に行った場合の変化を以下に示す。

1. 酸性条件下で硫化水素を通じると黒色の沈殿が生じた。
2. 希塩酸を加えると白色の沈殿が生じた。
3. 希硫酸を加えた場合は，沈殿は生じなかった。
4. アンモニア水を少量加えると褐色および白色の沈殿が生じ，さらに過剰
   量加えると，褐色の沈殿は消えて，白色の沈殿が残った。

このとき，金属イオン A〜C は何か，化学式で答えよ。ただし，A〜C は
すべて酸化数が異なり，それぞれの元素は，周期表において第 5 周期までの
異なる周期と族に含まれる。また，イオン半径は C＜B＜A の順である。

解 答

問1 ㋐非共有電子対 ㋑配位結合 ㋒錯イオン

問2 $H\!:\!\overset{..}{\underset{H}{N}}\!:\!H + H^+ \longrightarrow \left[H\!:\!\overset{\displaystyle H}{\underset{\displaystyle H}{N}}\!:\!H\right]^+$

問3 ㋓$Cu(OH)_2$ ㋔$[Cu(NH_3)_4]^{2+}$ ㋕CuO

問4 $CuSO_4$

問5 A. Ag^+ B. Zn^{2+} C. Al^{3+}
   (または, A. Ag^+ B. Al^{3+} C. Be^{2+})

ポイント
　銅の化合物の選択には正確な化学式と式量の計算が必要。金属イオンの識別はイオンの色やイオン半径がポイント。

解 説

問1 遷移元素のイオンに対し, 非共有電子対をもつ分子や陰イオンが配位結合してできた多原子イオンを錯イオンという。金属イオンに対して配位結合している分子やイオンを配位子といい, その数を配位数という。

問2 アンモニア分子 (NH_3) に水素イオン (H^+) が配位結合してアンモニウムイオン (NH_4^+) が生成する。

問3 銅の化合物は次のように変化する。

$$Cu^{2+} \xrightarrow{\text{少量のNH}_3\text{水}} \underset{\substack{\text{青白色沈殿}}}{Cu(OH)_2} \xrightarrow{\text{過剰のNH}_3\text{水}} \underset{\substack{\text{深青色溶液}}}{[Cu(NH_3)_4]^{2+}}$$

$$\downarrow \text{加熱}$$

$$\underset{\substack{\text{黒色}}}{CuO}$$

問4 選択肢の各化合物の化学式と式量 (無水物) を順に示す。

$CuCl_2$ (134.5)　$Cu(NO_3)_2$ (187.5)　$CuSO_4$ (159.5)
$Cu(CH_3COO)_2$ (181.5)　$CuCO_3$ (123.5)

いずれの化合物も $1\,mol$ から $1\,mol$ の CuO (式量 79.5) が生じるので, もとの銅 (Ⅱ) の化合物の式量を x とすると

$$\frac{1.20}{x} \times \frac{98.5}{100} \times 79.5 = 0.59 \qquad \therefore \quad x = 159.2 \fallingdotseq 159$$

よって, もとの銅 (Ⅱ) の化合物は, $CuSO_4$ (硫酸銅(Ⅱ)) である。

問5 混合水溶液が無色透明であることから, 含まれる金属イオンは Cu^{2+}, Fe^{3+},

Cr^{3+}，Ni^{2+} などの可能性はない。操作 1 ～ 4 からは次のようなことがわかる。

1. 酸性条件下で黒色の硫化物を生じるのは，Ag^+，Pb^{2+}，Hg^{2+}。
2. 希塩酸と反応して白色沈殿を生じるのは，Ag^+，Pb^{2+}。
3. 希硫酸と反応して沈殿を生じないので，Ba^{2+}，Ca^{2+}，Pb^{2+} ではない。
4. 少量のアンモニア水で褐色沈殿（Ag_2O）が生じ，さらに過剰のアンモニア水で沈殿が消える（$[Ag(NH_3)_2]^+$ の生成）のは Ag^+。少量のアンモニア水で白色沈殿（$Al(OH)_3$）が生じ，さらに過剰のアンモニア水を加えても沈殿が消えないのは，Al^{3+}。

以上のことより，Ag^+ と Al^{3+} が含まれていることがわかる。

A ～ C はすべて酸化数が異なることから，残る 1 つは 2 価のイオンであると考えられる。また，周期表において第 5 周期までの異なる周期と族に含まれるということから，Ag（第 5 周期 11 族），Al（第 3 周期 13 族）の周期と族は除かれる。これらの条件および操作 1 ～ 4 の結果を満足させるものは，Zn^{2+}（第 4 周期 12 族）および Be^{2+}（第 2 周期 2 族）である。これらは，硫酸と反応して沈殿を生成することはなく，少量のアンモニア水で白色沈殿を生じ，過剰のアンモニア水で沈殿が消える。

イオン半径は，$Be^{2+}<Al^{3+}<Zn^{2+}<Ag^+$ であるから，A：Ag^+，B：Zn^{2+}，C：Al^{3+}，または A：Ag^+，B：Al^{3+}，C：Be^{2+} が正解となる。

48 気体の製法と性質, 結合エネルギーと反応熱, 分子の体積と分子間距離

(2010年度　第1問)

実験1〜実験9について述べた次の文章を読み, **問1〜問6**に答えよ。

実験1：三角フラスコに二酸化マンガンを取り, 過酸化水素水溶液を加えると, 常温で気体の物質(a)が発生した。

実験2：亜鉛を三角フラスコに取り, 希硫酸を加えると, 常温で気体の物質(b)が発生した。

実験3：気体の物質(a)と(b)を反応させると, 常温で液体の物質(c)が生成した。

実験4：カルシウムカーバイドを三角フラスコに取り, 水を加えると, 常温で気体の物質(d)が発生した。

実験5：硝酸銀水溶液にアンモニア水を加えると物質(e)が沈殿した。さらにアンモニア水を加えると沈殿が溶解した。

実験6：気体の物質(d)を加熱した石英管に通すと, 芳香性のある常温で液体の物質(f)が生成した。

実験7：石灰石を三角フラスコに取り, 希塩酸を加えると, 常温で気体の物質(g)が発生した。

実験8：<u>水酸化カルシウム水溶液に気体の物質(g)を吹き込むと物質(h)が沈殿した</u>。<u>さらに物質(g)を吹き込むと沈殿は溶解した</u>。
　　　　①　　　　　　　　　　　　　　　　　　　　　　②

実験9：<u>三角フラスコに銅粉を取り, 濃硫酸を加えて加熱すると, 気体の物質(i)が発生した</u>。
　　　　③

問 1. 三重結合を含む化合物を物質(a)〜(i)の中から選び, その記号と化学式を記せ。

問 2. 物質(a)〜(i)の中で直線分子でない化合物の化学式をすべて記せ。

問 3. 下線部分①〜③の反応式を記せ。

問 4. 下記のうち間違っている記述をすべて選び，番号で答えよ。

(1) 実験 5 で生成する沈殿は褐色である。

(2) 気体の物質(b)および(i)を捕集するには，それぞれ上方置換法，水上置換法が最適である。

(3) 気体の物質(i)の発生後，三角フラスコ中の液は青色になった。

(4) 実験 8 の化学反応によりカルスト台地特有の地形が形成される。

(5) 物質(f)は置換反応よりも付加反応を起こしやすい。

(6) 気体の物質(i)は赤褐色で酸性雨を引き起こす環境汚染物質である。

問 5. 物質(a)，(b)および気体状態の(c)をそれぞれ構成している原子から生成するときに発生するエネルギー(熱量)は，それぞれ 496，436，926 kJ/mol である。実験 3 において常温で 1 mol の物質(b)を物質(a)と反応させたときに発生するエネルギー(熱量)を有効数字 3 桁で求めよ。ただし，物質(c)の凝縮熱は 44 kJ/mol である。

問 6. 次の文章を読み，（　ア　）の中に入る式を必要な記号を用いて表し，（　イ　）の中に最も適当な用語を入れよ。

　分子量 M のある物質が液体状態のとき，その密度を ρ [g/cm^3] とする。アボガドロ数を N_A とすると，1 分子あたり分子が占める体積 V は（　ア　）cm^3 と表される。1 つの分子が立方体の体積を占めていると仮定すると，（　ア　）の 3 乗根をとれば，液体中の分子どうしの距離を計算できる。この方法で，物質(a)〜(c)の液体状態における分子どうしの距離を見積もると，物質(c)では，物質(a)および(b)よりかなり短い。また，物質(c)の沸点は物質(a)および(b)の沸点よりずっと高い。これは物質(c)では，分子間に（　イ　）による強い引力が働いているためである。

解 答

問1 記号：(d) 化学式：C_2H_2

問2 H_2O，Ag_2O，C_6H_6，$CaCO_3$，SO_2

問3 ①の反応式：$Ca(OH)_2+CO_2 \longrightarrow CaCO_3+H_2O$

　　 ②の反応式：$CaCO_3+H_2O+CO_2 \longrightarrow Ca(HCO_3)_2$

　　 ③の反応式：$Cu+2H_2SO_4 \longrightarrow CuSO_4+2H_2O+SO_2$

問4 (2)・(5)・(6)

問5 286 kJ

問6 ア．$V=\dfrac{M}{\rho N_A}$ 　イ．水素結合

ポイント
　気体の発生方法とその性質は化学式や反応式まで確実に。熱化学や分子の極性と分子間力に関する総合的な知識が必要。

解 説

実験1から実験9で起きている反応の化学反応式と，物質(a)〜(i)を次に示す。

実験1：$2H_2O_2 \xrightarrow{MnO_2} 2H_2O + \underset{(a)}{O_2}$

実験2：$Zn + H_2SO_4 \longrightarrow ZnSO_4 + \underset{(b)}{H_2}$

実験3：$O_2 + 2H_2 \longrightarrow \underset{(c)}{2H_2O}$

実験4：$CaC_2 + 2H_2O \longrightarrow \underset{(d)}{C_2H_2} + Ca(OH)_2$

実験5：$2Ag^+ + 2OH^- \longrightarrow \underset{(e)}{Ag_2O} + H_2O$

　　　　$Ag_2O + H_2O + 4NH_3 \longrightarrow 2[Ag(NH_3)_2]^+ + 2OH^-$

実験6：$3C_2H_2 \longrightarrow \underset{(f)}{C_6H_6}$

実験7：$CaCO_3 + 2HCl \longrightarrow CaCl_2 + H_2O + \underset{(g)}{CO_2}$

実験8：$Ca(OH)_2 + CO_2 \longrightarrow \underset{(h)}{CaCO_3} + H_2O$

　　　　$CaCO_3 + H_2O + CO_2 \longrightarrow Ca(HCO_3)_2$

実験9：$Cu + 2H_2SO_4 \xrightarrow{加熱} CuSO_4 + 2H_2O + \underset{(i)}{SO_2}$

問1 　三重結合を含む化合物は，(d)のアセチレンのみである。

問2 分子性物質のうち，直線形でないものは，次の3種。

H$_2$O，SO$_2$（折れ線形），C$_6$H$_6$（正六角形）

これに，イオン性物質である Ag$_2$O，CaCO$_3$ を加えた5種が，直線分子でない化合物となる。

問4 (1) 正文。Ag$_2$O（酸化銀（I））は褐色沈殿である。

(2) 誤文。物質(b)の H$_2$ は水上置換，物質(i)の SO$_2$ は下方置換で捕集する。

(3) 正文。溶液中には Cu^{2+} が存在し，青色を示す。

(4) 正文。**実験8**の②の反応は可逆反応であるため，石灰岩（CaCO$_3$）が雨水に溶け，再び固まる過程で鍾乳洞などがつくられる。

(5) 誤文。物質(f)のベンゼンは分子内に二重結合と単結合の中間の性質をもつ炭素間結合をもつので，付加反応よりも置換反応を起こしやすい。

(6) 誤文。物質(i)の SO$_2$ は酸性雨の原因にはなるが，無色の気体であり，文中で説明されている赤褐色の気体は NO$_2$ である。

問5 求めるエネルギーを Q とし，**実験3**の反応を熱化学方程式で表すと

$$H_2 （気） + \frac{1}{2}O_2 （気） = H_2O （液） + Q\,kJ \quad \cdots\cdots ①$$

①のそれぞれの物質が原子から生成する反応は，次の熱化学方程式で示される。

$$2O = O_2 （気） + 496\,kJ \qquad \cdots\cdots ②$$
$$2H = H_2 （気） + 436\,kJ \qquad \cdots\cdots ③$$
$$2H + O = H_2O （気） + 926\,kJ \qquad \cdots\cdots ④$$
$$H_2O （気） = H_2O （液） + 44\,kJ \quad \cdots\cdots ⑤$$

④ $- \left(③ + ② \times \dfrac{1}{2}\right) + ⑤$ より

$$Q = 926 - \left(436 + \frac{496}{2}\right) + 44 = 286 〔kJ〕$$

問6 ア．ある物質 1mol について考えると，その質量は M〔g〕，密度が ρ〔g/cm^3〕であるから，1mol の体積は $\dfrac{M}{\rho}$〔cm^3〕である。これが N_A 個の分子の体積の合計であると考えると，分子1個の体積 V〔cm^3〕は $\quad V = \dfrac{M}{\rho N_A}$〔cm^3〕

イ．物質(a)の O$_2$ や物質(b)の H$_2$ よりも，物質(c)の H$_2$O が高い沸点を示すのは，水分子が極性分子であり，分子内の水素原子と他の水分子内の酸素原子が強く引き合って，水素結合をつくっていることが原因である。

49 鉄とその化合物の性質と反応

(2010年度 第2問)

次の文章を読み，**問1**〜**問5**に答えよ。

原子番号26の鉄には ^{54}Fe, ^{56}Fe, ^{57}Fe, ^{58}Fe という四種類の安定な〔 （ア） 〕が存在する。鉄の単体の製造は，主に赤鉄鉱(酸化鉄(III))と磁鉄鉱(四酸化三鉄)を含む天然の鉱石を溶鉱炉内で生じる一酸化炭素によって高温で還元し，〔 （イ） 〕を得ることから始まる。さらに酸素を吹き込み，炭素含有量を減少させるとともに，不純物を取り除くと〔 （ウ） 〕が得られる。

鉄に濃硝酸を作用させても〔 （エ） 〕を形成し，ほとんど反応しないが，希硫酸を作用させると気体が発生する。また，鉄を希塩酸に溶かして塩素を通じたのち，過剰のアンモニア水を加えると沈殿が生じる。

鉄は湿った空気の下では酸化が進み，$Fe_2O_3 \cdot nH_2O$ で表されるさびを生じる。この物質の粒子サイズは 10^{-9} m程度で非常に小さい。一方，単位質量当たりの〔 （オ） 〕が非常に大きい。

問1. 文中の〔 （ア） 〕〜〔 （オ） 〕に適切な語句を記せ。

問2. 下線部(a)において，鉄の原子量が M，^{54}Fe と ^{58}Fe の存在割合がそれぞれ a ％，b ％のとき，^{56}Fe の存在割合(％)を M，a，b で表せ。ただし，相対質量を $^{54}Fe = 54$，$^{56}Fe = 56$，$^{57}Fe = 57$，$^{58}Fe = 58$ とする。

問3. 下線部(b)において，赤鉄鉱と磁鉄鉱が一酸化炭素によって還元される反応式をそれぞれ記せ。

問4. 下線部(c)の反応式を記せ。また，鉄がすべて溶けて気体の発生が止まったのち，しばらくの間大気にさらした。すると溶液の色が淡緑色から黄褐色に変わった。溶液の色が変化した理由を述べよ。

問 5. 下線部(d)において，鉄を希塩酸に溶解させると $FeCl_2$ の水溶液になる。これに塩素を通じたときの反応式を記せ。また，アンモニア水を加えたときに生じる沈殿の化学式を記せ。

解　答

問1　(ア)同位体　(イ)銑鉄　(ウ)鋼　(エ)不動態　(オ)表面積
問2　$5700-100M-3a+b$
問3　赤鉄鉱の反応式：$Fe_2O_3+3CO \longrightarrow 2Fe+3CO_2$
　　　磁鉄鉱の反応式：$Fe_3O_4+4CO \longrightarrow 3Fe+4CO_2$
問4　反応式：$Fe+H_2SO_4 \longrightarrow FeSO_4+H_2$
　　　理由：Fe^{2+} が水溶液に溶けている酸素で酸化されて Fe^{3+} に変化したから。
問5　塩素を通じたときの反応式：$2FeCl_2+Cl_2 \longrightarrow 2FeCl_3$
　　　沈殿の化学式：$Fe(OH)_3$

ポイント

同位体の存在率の文字式は慎重に求めよう。鉄の2価と3価の違いを明確に。

解　説

問1　(イ)・(ウ)　銑鉄は炭素などの不純物を含み，もろいので，転炉に移して酸素を吹き込むことで，不純物が少なく弾性の強い鋼になる。

(エ)　アルミニウムや鉄，ニッケルなどは，希塩酸には溶けて水素を発生するが，濃硝酸とは反応しない。これは，濃硝酸の酸化力のために金属表面に緻密な酸化被膜が生じ，内部を保護するためで，このような状態を不動態という。

問2　^{56}Fe の存在割合を x〔%〕とすると，鉄の原子量 M は次の式で求められる。

$$M=54\times\frac{a}{100}+56\times\frac{x}{100}+57\times\frac{100-(a+b+x)}{100}+58\times\frac{b}{100}$$

∴　$x=5700-100M-3a+b$

問4　鉄の単体が希硫酸に溶けると水素が発生し，水溶液中には鉄(Ⅱ)イオン Fe^{2+} が存在し，淡緑色を示す。Fe^{2+} は酸化されやすく，水溶液に溶けている酸素で酸化されてすぐに Fe^{3+} に変化し，水溶液は黄褐色を示すようになる。

問5　鉄と希塩酸の反応は，次の化学反応式で示される。

$$Fe+2HCl \longrightarrow FeCl_2+H_2$$

反応後の水溶液に塩素を通じると，塩素が酸化剤としてはたらき，次の反応が起こる。

（酸化剤）　$Cl_2+2e^- \longrightarrow 2Cl^-$　……①
（還元剤）　$Fe^{2+} \longrightarrow Fe^{3+}+e^-$　……②

①+②×2 より

$$2Fe^{2+}+Cl_2 \longrightarrow 2Fe^{3+}+2Cl^-$$

よって，この反応の化学反応式は次のように示される。

$$2FeCl_2 + Cl_2 \longrightarrow 2FeCl_3$$

反応後の溶液にアンモニア水を加えると，次の反応が起きて水酸化鉄（Ⅲ）の赤褐色沈殿が生じる。

$$Fe^{3+} + 3NH_3 + 3H_2O \longrightarrow Fe(OH)_3 + 3NH_4{}^+$$

第5章
有機化合物

50 芳香族エステルの反応と構造決定，ペンタノールの異性体

(2022 年度　第 4 問)

次の文章(1)〜(6)を読み，**問1**〜**問5**に答えよ。なお，反応はすべて完全に進行し，副反応は起こらないものとする。構造式を答える際には記入例にならって答えよ。ただし，鏡像異性体は区別しないものとする。シス−トランス異性体の構造式を答える際には，置換基の配置の違いが分かるように答えよ。

構造式の記入例

(1) 化合物 **A** は，炭素原子，水素原子，酸素原子からなる有機化合物であり，分子量は 288 である。化合物 **A** 28.8 mg を完全燃焼させると，二酸化炭素 74.8 mg，水 18.0 mg が生成した。

(2) 化合物 **A** に対して，水酸化ナトリウム水溶液を用いて加水分解した後，十分に酸性にすると，3 種類の化合物 **B**，**C**，**D** が得られた。

(3) 化合物 **B**，**C**，**D** に塩化鉄(Ⅲ)水溶液を加えたところ，**C** のみが紫色に呈色した。

(4) 化合物 **B** は環状化合物ではなく，不斉炭素原子をもつアルコールであった。化合物 **B**（0.1 mol）に対して，触媒作用を弱めたパラジウム触媒を用いて水素（0.1 mol）を付加させると，シス体である化合物 **E** のみが得られた。化合物 **E**（0.1 mol）に対して，さらにニッケル触媒を用いて水素（0.1 mol）を付加させると，化合物 **F** が得られた。

(5) アセチレンを赤熱した鉄管に通すと 3 分子が重合して化合物 **G** が得られた。化合物 **G** と分子式 C_3H_6 の不飽和炭化水素をリン酸系触媒の存在下で反応させると化合物 **H** が得られた。化合物 **H** を酸素によって酸化したのち，希硫酸で分解すると化合物 **C** と分子式 C_3H_6O の化合物 **I** が得られた。

⑹　シクロヘキセンを酸性の過マンガン酸カリウム水溶液で酸化すると化合物 **D** が得られた。化合物 **D** は，ナイロン 66 の原料として用いられる。

問 1. 化合物 **A** の分子式を答えよ。

問 2. 化合物 **C**, **D**, **G**, **H**, **I** の名称を答えよ。

問 3. 化合物 **A**, **E** の構造式を答えよ。

問 4. 化合物 **F** の構造異性体の中で，ヒドロキシ基を有するものは化合物 **F** を含めて何種類あるか答えよ。ただし，立体異性体は区別しないものとする。

問 5. 化合物 **B**, **C**, **D** について，酸性の強いものから弱いものの順に記号 (**B**, **C**, **D**) を使って答えよ。

解　答

問1　$C_{17}H_{20}O_4$

問2　C：フェノール　D：アジピン酸　G：ベンゼン　H：クメン
　　　I：アセトン

問3　A：

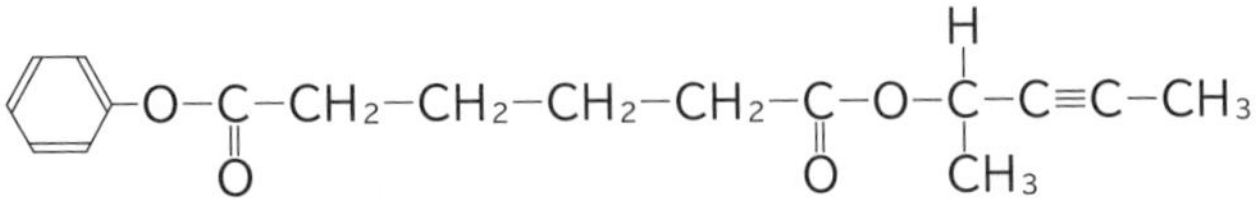

　　　E：

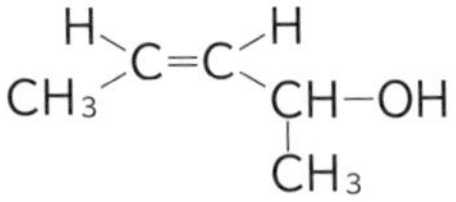

問4　8種類

問5　D＞C＞B

ポイント

　元素分析の結果と分子量から正確に分子式を求めることが第一。構造決定には幅広い知識と考察力が必要だが，簡単に解答できる設問もあるので，慎重に解答を進めるとよい。

解　説

問1　化合物Aの元素分析の結果より

$$C：74.8 \times \frac{12.0}{44.0} = 20.4 \,(mg)$$

$$H：18.0 \times \frac{2.00}{18.0} = 2.00 \,(mg)$$

$$O：28.8 - (20.4 + 2.00) = 6.40 \,(mg)$$

$$C：H：O = \frac{20.4}{12.0} : \frac{2.00}{1.00} : \frac{6.40}{16.0} = 17 : 20 : 4$$

　組成式を $C_{17}H_{20}O_4$ とすると，式量は288となり，分子量が288であることから，化合物Aの分子式も $C_{17}H_{20}O_4$ となる。

問2　(2)～(6)の実験結果からわかることを以下にまとめる。

　(2)より，化合物Aは水酸化ナトリウムで加水分解され，その後酸性にすると3種類の化合物が得られ，さらに，分子式より分子内に4個の酸素原子をもつことから，分子内に2つのエステル結合をもつ可能性がある。

　(3)より，化合物Cはフェノール性のヒドロキシ基をもつ。

　(4)より，化合物Bは分子内に炭素原子間の三重結合を1つもつアルコールで，炭素原子を4個以上もち，化合物B 1molに水素1molが付加して，シス体の化合物Eとなることから，三重結合は末端の炭素原子にはない。

(5)より，化合物Gは次の3分子重合反応で得られるベンゼンである。

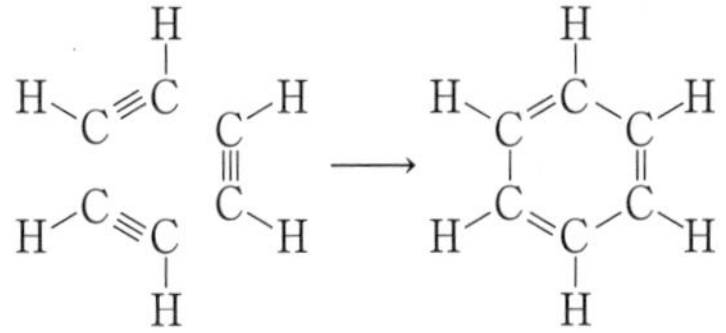

アセチレン3分子　　　ベンゼン

さらに，化合物G（ベンゼン）とC_3H_6（プロペン）が反応するとクメン（化合物H）が生成し，クメンの分解でフェノール（化合物C）とアセトン（化合物I）が生成する（クメン法）。

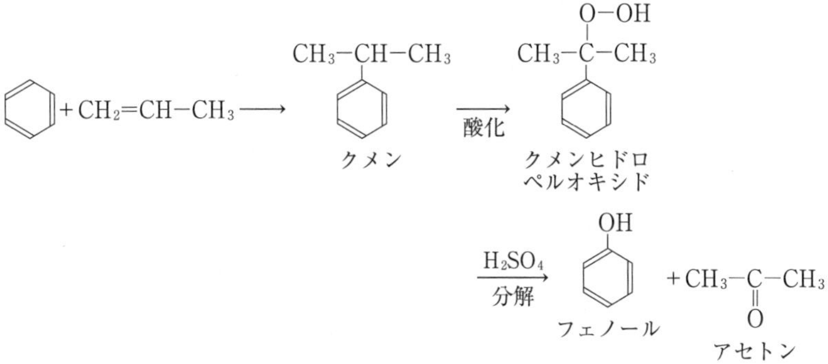

(6)より，シクロヘキセンを過マンガン酸カリウムで酸化すると，二重結合が開裂して2価のカルボン酸であるアジピン酸（化合物D）が生成する。アジピン酸とヘキサメチレンジアミンから，ナイロン66が合成される。

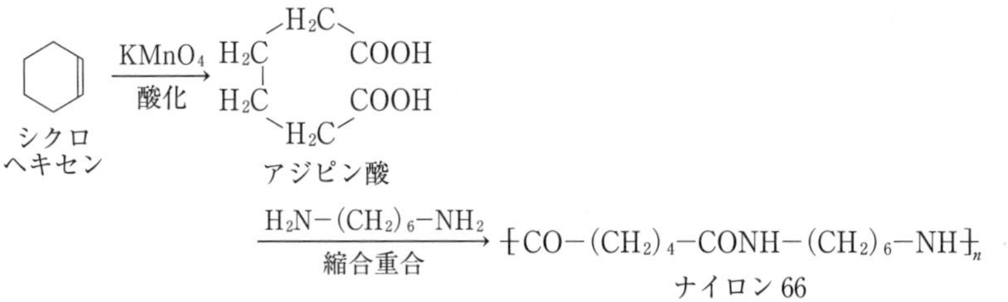

以上のことから，化合物Cはフェノール，化合物Dはアジピン酸，化合物Gはベンゼン，化合物Hはクメン，化合物Iはアセトンである。

問3　化合物Cがフェノール（炭素数6），化合物Dがアジピン酸（炭素数6）であり，化合物Aの炭素数は17であることから，化合物Bの炭素数は5である。化合物B 1molに対し，触媒を用いることで水素が1molずつ合計で2mol付加することから，化合物Bは分子内に炭素原子間の三重結合をもち，問2の〔解説〕のように三重結合は末端の炭素原子にはない。よって，不斉炭素原子C^*をもつアルコー

ルである化合物Bから化合物Fまでの変化は次のようになる。

$$CH_3-C\equiv C-\overset{*}{C}H-CH_3 \xrightarrow[\text{付加}]{H_2} \underset{CH_3}{\overset{H}{C}}=\underset{\underset{CH_3}{|}}{\overset{H}{C}}{\underset{}{CH-OH}}$$

化合物B

化合物E（シス型）

$$\xrightarrow[\text{付加}]{H_2} CH_3-CH_2-CH_2-\underset{\underset{OH}{|}}{CH}-CH_3$$

化合物F
（2-ペンタノール）

以上のことより，化合物B，C，Dが縮合してできる化合物Aは，分子内にエステル結合を2つもち，次の構造式で表すことができる。

$$\text{◯}-O-\underset{\underset{O}{\|}}{C}-(CH_2)_4-\underset{\underset{O}{\|}}{C}-O-\underset{\underset{CH_3}{|}}{CH}-C\equiv C-CH_3$$

問4 化合物Fは2-ペンタノールであり，分子内にヒドロキシ基を有するアルコールの異性体は，化合物Fを含めて8種類ある。

（第一級アルコール4種）

$$CH_3-CH_2-CH_2-CH_2-CH_2-OH \qquad CH_3-CH_2-\underset{\underset{CH_3}{|}}{CH}-CH_2-OH$$

$$CH_3-\underset{\underset{CH_3}{|}}{\overset{\overset{CH_3}{|}}{C}}-CH_2-OH \qquad CH_3-\underset{\underset{CH_3}{|}}{CH}-CH_2-CH_2-OH$$

（第二級アルコール3種）

$$CH_3-CH_2-CH_2-\underset{\underset{CH_3}{|}}{CH}-OH \qquad CH_3-\underset{\underset{CH_3}{|}}{CH}-\underset{\underset{CH_3}{|}}{CH}-OH \qquad CH_3-CH_2-\underset{\underset{CH_2}{|}}{\overset{}{CH}}-OH$$

（化合物F） $\qquad\qquad CH_3$

（第三級アルコール1種）

$$CH_3-CH_2-\underset{\underset{OH}{|}}{\overset{\overset{CH_3}{|}}{C}}-CH_3$$

問5 化合物Bは脂肪族アルコール，化合物Cはフェノール，化合物Dはカルボン酸である。よって，官能基の違いによる酸性の強さは以下のようになる。

D＞C＞B

51 アルケンの反応と構造決定，鏡像異性体の立体構造，オゾン分解

(2021年度 第4問)

次の文章(1)から(6)を読み，**問1**から**問6**に答えよ。なお，反応はすべて完全に進行し，副反応は起こらないものとする。オゾン分解で図1に示した反応以外は起こらないものとする。構造式を答える際には記入例にならって答えよ。

構造式の記入例

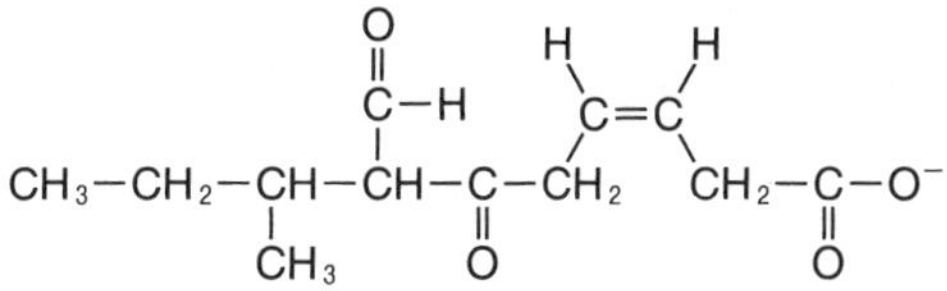

(1) 化合物 **A**，**B**，**C** はいずれも同じ分子式をもち，CH_2 の組成式をもつ炭化水素化合物である。

(2) 化合物 **A** および **B** それぞれに対して白金を触媒として水素を付加させると，いずれの化合物からも C_3H_7 の組成式をもつ同一の化合物 **D** が生成した。

(3) アルケンを低温でオゾンと反応させた後，亜鉛などの還元剤で処理すると，二重結合が開裂してカルボニル化合物が生成する（図1）。この一連の反応はオゾン分解とよばれる。化合物 **A** に対してオゾン分解を行うと，反応生成物として得られたカルボニル化合物は1種類（化合物 **E**）であった。

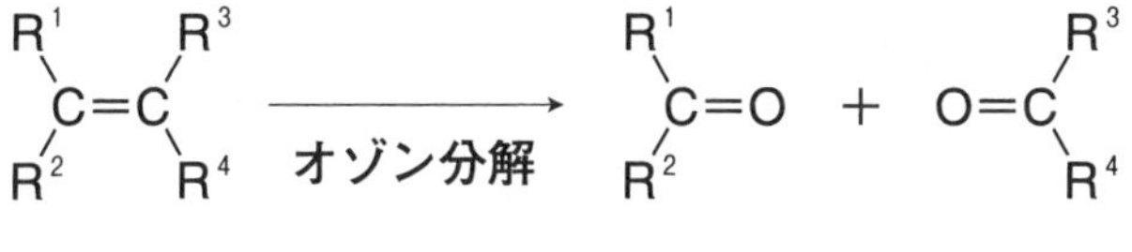

図1. R^1 から R^4 はアルキル基または水素原子

(4) 化合物 **A** に適切な条件下で塩化水素を付加させたとき，互いに鏡像異性体の関係にある2種類の化合物が生成した。
a)

(5) 化合物 **B** に対してオゾン分解を行うと，2種類のカルボニル化合物（化合物

F および **G**）が生成した。<u>化合物 **F** および **G** にそれぞれフェーリング液を加え</u>
<u>て加熱すると，いずれの反応液にも赤色の沈殿が観察された。</u>また，化合物 **F**
_{b)} および **G** をそれぞれ塩基性条件下でヨウ素と反応させたところ，化合物 **F** の
反応液でのみヨードホルムの沈殿が観察された。

(6)　化合物 **C** に対してオゾン分解を行うと，反応生成物として得られたカルボ
　　ニル化合物は1種類（化合物 **H**）であった。化合物 **H** を塩基性条件下でヨウ素
　　と反応させたところ，ヨードホルムの沈殿が観察された。

問 1. 化合物 **A**，**B**，**C** の構造式を答えよ。なお，幾何異性体を含む複数の化合
　　　物の構造式が考えられる場合には，すべての構造式を答えよ。幾何異性体の
　　　構造式を答える際には，置換基の配置の違いがわかるように答えよ。

問 2. 化合物 **D**，**F**，**H** の名称を答えよ。

問 3. 下線部 a）で示した2種類の化合物の立体構造を下の式で表したとき，R^a
　　　から R^c に当てはまるアルキル基の構造を記入例にならって答えよ。なお，
　　　R^d に当てはまるアルキル基は解答しなくてよい。R^a の炭素数は R^b の炭素
　　　数よりも少ないものとする。太線で示す結合は紙面の手前側にあり，破線で
　　　示す結合は紙面の向こう側にあることを意味する。

アルキル基の構造の記入例　　$CH_3-CH_2-CH_2-CH_2-CH-$
　　　　　　　　　　　　　　　　　　　　　　　　　　　　CH_3

問 4. 化合物 **E** について下線部 b）の反応を行った場合の反応式を下に示した。
　　　化合物 **E** および反応生成物 **X** の構造式を答えよ。

$$\boxed{\text{化合物 E}} \; + \; 2Cu^{2+} \; + \; 5OH^- \; \longrightarrow \; \boxed{\text{反応生成物 X}} \; + \; Cu_2O \; + \; 3H_2O$$

問 5. 同じ質量の化合物 **E**, **F**, **G**, **H** を完全燃焼したときに生成する二酸化炭素の質量が最も少ないのはどの化合物か，**E**, **F**, **G**, **H** から一つ選び記号で答えよ。またその化合物 10 mg を完全燃焼したときに生成する二酸化炭素の質量は何 mg か，有効数字 2 桁で答えよ。

問 6. 21.0 mg の化合物 **C** をオゾン分解した後，生成した化合物 **H** を反応液から損失なく分離した。分離した化合物 **H** に十分な量の水酸化ナトリウム溶液とヨウ素を加えた後，ヨードホルム反応が完全に進行するまで温めたとき，何 mg のヨードホルムが生成するか，有効数字 3 桁で答えよ。

解 答

問1　化合物Aの構造式：

$$CH_3-CH_2\diagdown_{} \quad \diagup CH_2-CH_3 \atop C=C \atop H\diagup \diagdown H$$

$$CH_3-CH_2\diagdown_{} \quad \diagup H \atop C=C \atop H\diagup \diagdown CH_2-CH_3$$

化合物Bの構造式：

$$CH_3-CH_2-CH_2\diagdown \quad \diagup CH_3 \atop C=C \atop H\diagup \diagdown H$$

$$CH_3-CH_2-CH_2\diagdown \quad \diagup H \atop C=C \atop H\diagup \diagdown CH_3$$

化合物Cの構造式：
$$CH_3\diagdown \quad \diagup CH_3 \atop C=C \atop CH_3\diagup \diagdown CH_3$$

問2　化合物Dの名称：ヘキサン　化合物Fの名称：アセトアルデヒド

化合物Hの名称：アセトン

問3　R^a：CH_3-CH_2-　R^b：$CH_3-CH_2-CH_2-$　R^c：$CH_3-CH_2-CH_2-$

問4　化合物Eの構造式：$CH_3-CH_2-\underset{\underset{O}{\|}}{C}-H$

反応生成物Xの構造式：$CH_3-CH_2-\underset{\underset{O}{\|}}{C}-O^-$

問5　記号：F　二酸化炭素の生成量：$2.0\times10\,mg$

問6　$1.97\times10^2\,mg$

ポイント

　基本から応用まで取り込んだ総合問題で，有機分野の総合力と思考力が試される。頻出事項のオゾン分解は，反応結果から化合物の構造を確実に推測し，鏡像異性体の構造でも思考力が必要である。

解 説

問1・問2　化合物A，B，Cの組成式がCH_2であり，オゾン分解の反応が起こることから，いずれも分子内に1つ二重結合をもつアルケンであるとわかる。文章(2)〜(6)からわかることを次にまとめる。

(2)　アルケンへの水素付加で生じた化合物Dはアルカンであり，組成式C_3H_7より，アルカンの一般式C_nH_{2n+2}を満たす分子式はC_6H_{14}である。

(3)　化合物Aのオゾン分解の結果，得られる生成物が1種類であることから，オゾン分解の図（図1）において，$R^1=R^3$またはR^4，$R^2=R^3$またはR^4となり，化合物Aのオゾン分解には次に示すものが考えられる。

$$CH_3-CH_2\diagdown \quad \diagup CH_2-CH_3 \atop C=C \atop H\diagup \diagdown H \xrightarrow{\text{オゾン分解}} 2\ {CH_3-CH_2\diagdown \atop H\diagup}C=O$$

(ア)
（シス-トランス異性体あり）

$$CH_3 \atop CH_3 \!\!\! \diagdown \!\! C{=}C \!\! \diagup \!\!\! {CH_3 \atop CH_3} \xrightarrow{\text{オゾン分解}} 2 \, {CH_3 \atop CH_3} \!\!\! \diagdown \!\! C{=}O$$
(イ)

(4)　化合物 A として考えられる上の 2 種類の化合物(ア)・(イ)に対する塩化水素の付加は，次のように示される。

$$CH_3{-}CH_2 \atop H \!\!\! \diagdown \!\! C{=}C \!\! \diagup \!\!\! {CH_2{-}CH_3 \atop H} \xrightarrow{\text{HCl 付加}} CH_3{-}CH_2{-}\underset{\underset{H}{|}}{\overset{\overset{H}{|}}{C}}{-}\overset{*}{\underset{\underset{Cl}{|}}{\overset{\overset{H}{|}}{C}}}{-}CH_2{-}CH_3$$
(ア)
（シス-トランス異性体あり）
(ウ)

$$CH_3 \atop CH_3 \!\!\! \diagdown \!\! C{=}C \!\! \diagup \!\!\! {CH_3 \atop CH_3} \xrightarrow{\text{HCl 付加}} CH_3{-}\underset{\underset{H}{|}}{\overset{\overset{CH_3}{|}}{C}}{-}\underset{\underset{Cl}{|}}{\overset{\overset{CH_3}{|}}{C}}{-}CH_3$$
(イ)
(エ)

生じた化合物のうち，(ウ)は分子内に不斉炭素原子（C^*）を 1 つもつので鏡像異性体が 1 組存在するのに対し，(エ)は分子内に不斉炭素原子がない。よって，化合物 A は(ア)の構造式をもつ 3-ヘキセンであり，化合物 A の水素付加で生じた化合物 D は，直鎖状のアルカンのヘキサンであるとわかる。

$$CH_3{-}CH_2 \atop H \!\!\! \diagdown \!\! C{=}C \!\! \diagup \!\!\! {CH_2{-}CH_3 \atop H} \xrightarrow{\text{H}_2 \text{ 付加}} CH_3{-}CH_2{-}CH_2{-}CH_2{-}CH_2{-}CH_3$$
化合物 A
化合物 D

(5)　化合物 B のオゾン分解で得られる 2 種類のカルボニル化合物 F および G は，フェーリング試薬を還元するのでホルミル基を分子内にもつとわかる。さらに F はヨードホルム反応を示すので，$CH_3{-}\underset{\underset{O}{\|}}{C}{-}$ の構造をもつアセトアルデヒド CH_3CHO である。一方，化合物 G は分子中に炭素原子 4 つを含むアルデヒドであり，次の(オ)・(カ)の 2 種類が考えられる。

$$CH_3{-}CH_2{-}CH_2{-}\underset{\underset{O}{\|}}{C}{-}H \qquad CH_3{-}\underset{\underset{CH_3}{|}}{C}H{-}\underset{\underset{O}{\|}}{C}{-}H$$
(オ)
(カ)

ここで，化合物 B に水素付加した化合物 D が直鎖状であることから，化合物 B も直鎖状で，化合物 G は(オ)，化合物 B は 2-ヘキセンとなる。

$$CH_3{-}CH_2{-}CH_2 \atop H \!\!\! \diagdown \!\! C{=}C \!\! \diagup \!\!\! {CH_3 \atop H} \xrightarrow{\text{オゾン分解}} CH_3{-}CH_2{-}CH_2 \atop H \!\!\! \diagdown \!\! C{=}O + O{=}C \!\! \diagup \!\!\! {CH_3 \atop H}$$
化合物 B
化合物 G
化合物 F
（シス-トランス異性体あり）

(6)　化合物 C のオゾン分解で得られる化合物が化合物 H の 1 種類であり，化合物 H が炭素数 3 でヨードホルム反応を示すことから，化合物 H はアセトン，化合物 C は

2,3-ジメチル-2-ブテンとわかる。

$$\begin{array}{c}CH_3 \\ CH_3\end{array}C=C\begin{array}{c}CH_3 \\ CH_3\end{array} \xrightarrow{\text{オゾン分解}} 2\begin{array}{c}CH_3 \\ CH_3\end{array}C=O$$

化合物C   化合物H

問3 化合物 A に塩化水素が付加した化合物は 3-クロロヘキサン $CH_3CH_2CH_2C^*HClCH_2CH_3$ で分子内に不斉炭素原子 C^* を1つもつので1組の鏡像異性体が存在する。鏡像異性体の立体構造は下の(i)・(ii)のように書ける。「R^a の炭素数は R^b の炭素数よりも少ない」という条件より，問題文中の左の構造が下の(i)であり，$R^a=-CH_2-CH_3$，$R^b=-CH_2-CH_2-CH_3$ となる。問題文中の右の構造は下の(ii)の構造であり，問題文中の向きに合わせて(ii)を回転させると $R^c=-CH_2-CH_2-CH_3$，$R^d=-CH_2-CH_3$ である。

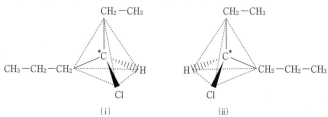

(i)   (ii)

問4 化合物 E は化合物 A のオゾン分解で得られる化合物で，問1の〔解説〕で示したようにプロピオンアルデヒド CH_3-CH_2-CHO である。プロピオンアルデヒドはフェーリング試薬を還元した結果，自身は酸化されプロピオン酸 CH_3-CH_2-COOH となるが，問題文の化学反応式で示すと，反応生成物 X はプロピオン酸イオンである。

$$CH_3-CH_2-CHO + 2Cu^{2+} + 5OH^- \longrightarrow CH_3-CH_2-COO^- + Cu_2O + 3H_2O$$

  化合物E   反応生成物X

問5 化合物 E，F，G，H の分子式と，1mol が完全燃焼したときに生じる二酸化炭素の物質量〔mol〕，および，各化合物 x〔g〕が完全燃焼したときに生じる二酸化炭素の質量をまとめると次のようになる。

	分子式 （分子量）	1mol から生じる CO_2 の物質量〔mol〕	x〔g〕から生じる CO_2 の質量〔g〕
化合物E	C_3H_6O (58)	3	$\dfrac{x}{58}\times3\times44$
化合物F	C_2H_4O (44)	2	$\dfrac{x}{44}\times2\times44$
化合物G	C_4H_8O (72)	4	$\dfrac{x}{72}\times4\times44$
化合物H	C_3H_6O (58)	3	$\dfrac{x}{58}\times3\times44$

これより，同じ質量の化合物を完全燃焼したときに生成する二酸化炭素の質量が最
も少ないのは化合物Fであり，10 mg を完全燃焼したときに生成する二酸化炭素の
質量〔mg〕は次のように算出できる。

$$\frac{10\times10^{-3}}{44}\times2\times44\times10^3=20=2.0\times10\,\text{〔mg〕}$$

問6　化合物Hはアセトン CH_3COCH_3 であり，これがヨードホルム反応を起こすと
きの化学反応式は次のように書ける。

$$CH_3COCH_3+3I_2+4NaOH\longrightarrow CHI_3+CH_3COONa+3NaI+3H_2O$$

化合物C（C_6H_{12}，分子量84）1 mol から 2 mol のアセトンが生成し，1 mol のアセ
トンからは，1 mol のヨードホルム（CHI_3，分子量394）が生成する。よって 21.0
mg の化合物Cから生成した化合物Hが完全に反応して得られるヨードホルムの質
量は，次のように算出できる。

$$\frac{21.0\times10^{-3}}{84}\times2\times394\times10^3=197=1.97\times10^2\,\text{〔mg〕}$$

52 脂肪族炭化水素の元素分析と反応，立体異性体

（2020 年度　第4問）

次の(1)から(9)の文章を読み，**問1〜問5**に答えよ。構造式を答える際には記入例にならって答えよ。

構造式の記入例

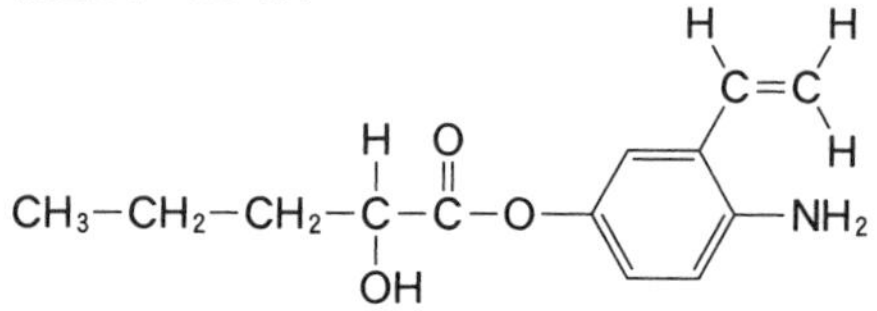

$$CH_3-CH_2-CH_2-\overset{\overset{\displaystyle H}{|}}{\underset{\underset{\displaystyle OH}{|}}{C}}-\overset{\overset{\displaystyle O}{\|}}{C}-O-\cdots-NH_2$$

(1) 炭素と水素だけからなる化合物 A を 20.5 mg 量りとり，完全に燃焼させたところ，二酸化炭素 66.0 mg と水 22.5 mg が生じた。また，化合物 A の分子量は 150 以下である。

(2) 化合物 A に対して白金を触媒として水素を反応させると，化合物 A と等モル量の水素と反応し，飽和炭化水素化合物 B が得られた。

(3) 化合物 A を酸性の過マンガン酸カリウム溶液と反応させると，炭素骨格が直鎖状の化合物 C が得られた。

(4) 化合物 C の 0.05 mol/L 水溶液を 20 mL 量りとり，0.10 mol/L の水酸化ナトリウム水溶液で滴定したところ，20 mL を加えたときに中和点に達し，溶液はアルカリ性を示した。

(5) 化合物 C をアンモニア性硝酸銀水溶液とともに加熱したが，銀鏡反応を示さなかった。

(6) 化合物 A を塩基性条件下で過マンガン酸カリウムと反応させると化合物 D が得られた。化合物 D は 1,2-ジオール（隣り合う二つの炭素上にヒドロキシ基を有する化合物）で，化合物 A よりも分子量が 34 大きかった。また，上記と異なる方法によって，1,2-ジオール化合物の立体異性体を作ることができる。そこで，化合物 A をいくつかの方法で反応させ，1,2-ジオール化合物 D のすべての立体異性体を合成した。

⑺　単体のナトリウムとは反応しない適切な溶媒で化合物 D を溶解させたの
　　ち，単体のナトリウムを加えて反応させると水素が発生した。

⑻　化合物 D のすべての立体異性体は，塩基の存在下に無水酢酸と反応させる
　　と，モノエステル化合物 E を経由して，ジエステル化合物 F に変換された。

⑼　化合物 F に過剰量の $CH_3{}^{18}OH$(メタノールの酸素を同位体 ${}^{18}O$ で置き換えた
　　化合物)を加えて溶解させ，酸触媒存在下に加熱還流したところ，低沸点の化
　　合物 G が生じた。

問 1.　化合物 A の分子式および構造式を答えよ。

問 2.　化合物 C の構造式を答えよ。

問 3.　0.10 mol の化合物 D を過剰量の単体のナトリウムと反応させたときに発
　　　生する水素の体積(0 ℃，1.01×10^5 Pa)を有効数字 2 桁で答えよ。

問 4.　化合物 D と E の考えられる立体異性体の数をそれぞれ答えよ。

問 5.　化合物 G の構造式を答えよ。なお，化合物 G に同位体 ${}^{18}O$ が含まれる場
　　　合は ${}^{18}O$ と明記せよ。

解 答

- -

問1　分子式：C_6H_{10}　構造式：

（構造式：シクロヘキセンの構造図）

問2　$HO-\underset{O}{C}-CH_2-CH_2-CH_2-CH_2-\underset{O}{C}-OH$

問3　2.2L

問4　D. 3　E. 4

問5　$CH_3-\underset{O}{C}-{}^{18}O-CH_3$

ポイント

　二重結合の酸化開裂は頻出内容。pH の違いによる過マンガン酸カリウムの酸化反応の仕組みと生成物を理解する。メソ体と立体異性体の総数の関係は重要。エステル化の酸素原子の動きに注目。

解 説

問1・問2　(1)より，化合物 A 20.5mg に含まれる各元素の質量は次のとおり。

$$C : 66.0 \times \frac{12}{44} = 18.0 \text{〔mg〕}$$

$$H : 22.5 \times \frac{2}{18} = 2.50 \text{〔mg〕}$$

したがって，原子数の比は

$$C : H = \frac{18.0}{12} : \frac{2.50}{1} = 3 : 5$$

よって，化合物Aの組成式は C_3H_5（式量 41）である。

炭化水素の水素原子の数は偶数であり，かつ分子量が150以下であることから，化合物Aの分子式は C_6H_{10} である。(2)より，化合物Aは等モル量の水素と反応して飽和炭化水素となるので，分子内に炭素原子間の二重結合を1つもち，環構造を1つもつと考えられる。このことから化合物Aの構造式として右のシクロヘキセンが考えられる。

（構造式：シクロヘキセンの構造図）

(3)より，酸性条件下におけるアルケンと過マンガン酸カリウムの反応では，次のような二重結合の開裂が起こる。

$$\underset{R_2}{\overset{R_1}{>}}C=C\underset{R_4}{\overset{R_3}{<}} \xrightarrow{KMnO_4} \underset{R_2}{\overset{R_1}{>}}C=O + O=C\underset{R_4}{\overset{R_3}{<}}$$

R_1〜R_4 が炭化水素基の場合はケトンが生成し,どれか 1 つが水素であればアルデヒドを経由してカルボン酸となる。シクロヘキセンの場合は,次の反応によって 2 価のカルボン酸(アジピン酸)が得られる。

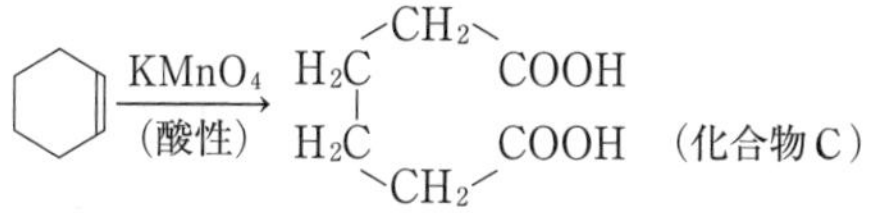

(4)の結果から,化合物 C を n 価の酸とすると

$$\frac{n \times 0.05 \times 20}{1000} = \frac{1 \times 0.10 \times 20}{1000} \qquad \therefore \quad n = 2$$

中和点で溶液がアルカリ性を示すことから,化合物 C は 2 価のカルボン酸であることがわかる。さらに(5)の結果では,化合物 C は分子内にアルデヒド基をもたないこともわかる。

以上より,化合物 A はシクロヘキセンであることがわかる。

問 3 (6)では化合物 A を塩基性条件下で過マンガン酸カリウムと反応させており,この場合は次に示すような弱い酸化反応が起きて,ジオールの生成が考えられる。

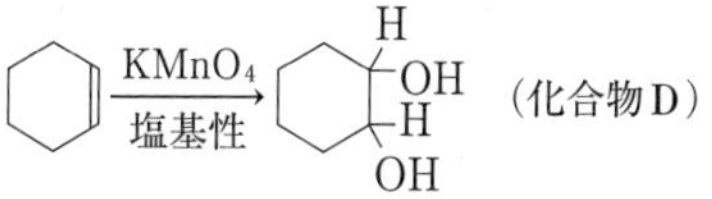

この反応で得られる化合物 D は,化合物 A より分子量が 34 大きい。化合物 D は 2 価のアルコールであるから,単体のナトリウムと次のように反応する。

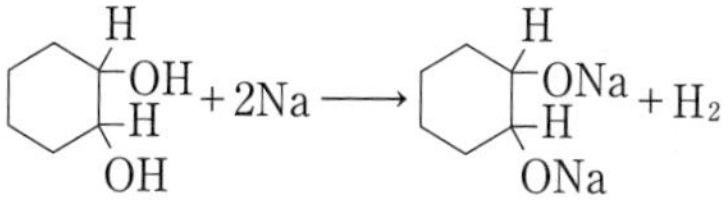

1 mol の化合物 D から 1 mol の水素が発生するので,0℃,1.01×10^5 Pa での体積は

$$0.10 \times 22.4 = 2.24 \fallingdotseq 2.2 \ \text{(L)}$$

問 4 化合物 D から,化合物 E を経由して化合物 F ができる反応は次のように示される。

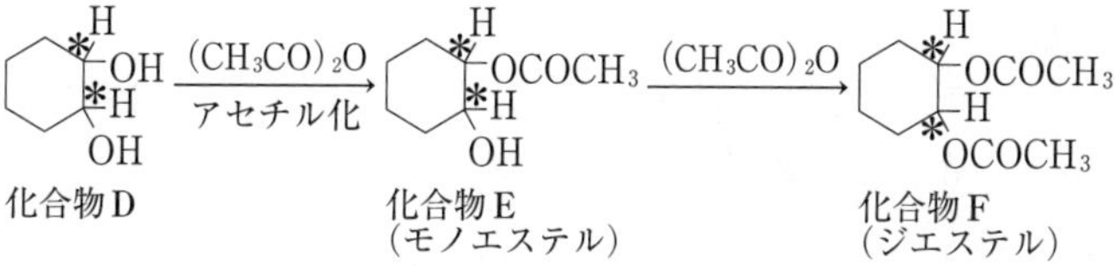

化合物 D,E,F はいずれも分子内に 2 つの不斉炭素原子(＊)をもつ。一般に分子内に n 個の不斉炭素原子が存在するとき,立体異性体の数は 2^n 個であるから,化合物 E には次の図に示すような 4 つの立体異性体がある。

化合物E

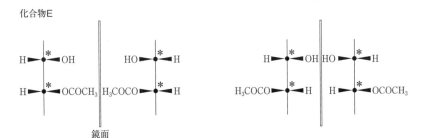

鏡面

（分子内の2つの不斉炭素原子（＊）の周りだけの構造を示し，くさび形（►）は紙面の前方へ置換
　基を配置して固定した状態を示している。）

一方，化合物Dは分子内に対称面をもつので，1組の立体異性体はメソ体の関係となり同一の化合物である。よって，立体異性体の数は3個となる。

化合物D

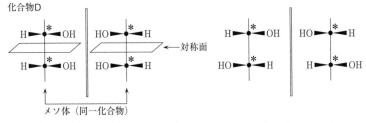

メソ体（同一化合物）

問5　ジエステルである化合物Fに酸触媒下でメタノールを反応させると，エステルの加水分解と再エステル化（エステルの交換反応）が起こる。

$$
\begin{array}{l}
\text{H}\\
\overset{|}{\text{C}}\text{OCOCH}_3\\
\overset{|}{\text{H}}\\
\text{OCOCH}_3
\end{array}
+ \text{CH}_3\text{OH} \longrightarrow
\begin{array}{l}
\text{H}\\
\overset{|}{\text{C}}\text{OH}\\
\overset{|}{\text{H}}\\
\text{OCOCH}_3
\end{array}
+ \text{CH}_3\text{COOCH}_3
$$

低沸点の化合物Gは酢酸メチルである。エステル化の反応機構は次のように示され，生じるエステル内の酸素原子の1つはアルコール由来である。

$$
\underset{\substack{\| \\ \text{O}}}{\text{R}-\text{C}}\boxed{-\text{O}-\text{H}+\text{H}}-\overset{*}{\text{O}}-\text{R}' \longrightarrow \underset{\substack{\| \\ \text{O}}}{\text{R}-\text{C}}-\overset{*}{\text{O}}-\text{R}'+\text{H}_2\text{O}
$$

カルボン酸　　　　　　　　　アルコール

よって，エステル化に同位体^{18}Oをもつメタノールを用いた場合，生じるエステル（酢酸メチル）の構造式は次のように示される。

$$
\underset{\substack{\| \\ \text{O}}}{\text{CH}_3-\text{C}}-^{18}\text{O}-\text{CH}_3
$$

53 芳香族化合物 C_9H_8 とその誘導体の反応と構造式

（2019 年度　第 4 問）

次の文章を読み，**問 1 ～問 6** に答えよ。ただし，反応はすべて完全に進行し，複数の化合物が生成する場合，等モル生成するものとする。構造式の記入ならびに不斉炭素原子(C^*)の表示を求められた場合は，記入例にならって答えよ。

構造式の記入例

化合物 **A** はベンゼン環を 1 つ持ち，炭素原子，水素原子のみからなる化合物で，その分子量は 116 である。化合物 **A** 58.0 mg を完全燃焼させると二酸化炭素 198 mg，水 36.0 mg が得られた。化合物 **A** に硫酸水銀(Ⅱ)を触媒として水を付加すると，(1) 2種類のカルボニル化合物 **B** および **C** が生成した。また，触媒を用いて化合物 **A** を等モルの水素と反応させると，互いに幾何異性体の関係にある化合物 **D** および **E** が生成した。

化合物 **D** および **E** を臭素と反応させたところ，どちらの場合も不斉炭素原子を 2 個含む化合物 **F** が生成した。また，化合物 **D** および **E** をオゾンで酸化したのち，亜鉛で処理すると，どちらの場合もカルボニル化合物 **G** および **H** が生成した。化合物 **G** および **H** を〔　ア　〕と加熱したところ，赤色の沈殿が生じた。化合物 **G** は空気中で徐々に〔　イ　〕へと酸化された。〔　イ　〕は室温で固体であり，冷水には溶けにくかった。

炭化カルシウムと水から発生する気体を赤熱した鉄に触れさせると，3 分子が重合してベンゼンが得られる。(2) 同様の形式の反応を行うと，化合物 **A** からは互いに構造異性体の関係にある化合物 **I** および **J** が得られた。

問 1. 化合物 A の分子式および構造式を答えよ。

問 2. 下線部(1)に関して，化合物 B と化合物 C を区別するのに最も適した方法
を以下の(a)〜(c)より 1 つ選び，その記号を答えよ。また，化合物 C の構造
式を答えよ。

(a) 塩化鉄(Ⅲ)水溶液を加えたところ，化合物 C のみ呈色した。

(b) ヨウ素と水酸化ナトリウム水溶液を反応させたところ，化合物 C のみ
黄色の沈殿を生じた。

(c) ナトリウムを加えると，化合物 C のみ水素を生じた。

問 3. 化合物 D および E の構造式を，置換基の配置の違いがわかるように答え
よ。

問 4. 化合物 F の構造式を答えよ。ただし，不斉炭素原子に＊印を付記して，
他の炭素原子と区別すること。

問 5. 文章中の〔　ア　〕〜〔　イ　〕に入る適切な名称あるいは化合物名を答え
よ。

問 6. 下線部(2)の反応で得られた化合物 I および J の構造式を答えよ。

解　答

問 1　分子式：C_9H_8

構造式： 〈ベンゼン環〉$-C \equiv C-CH_3$

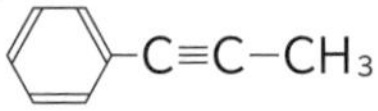

問 2　方法：(b)　化合物 C の構造式：

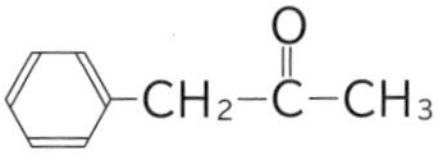

問 3 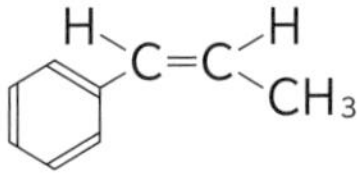　

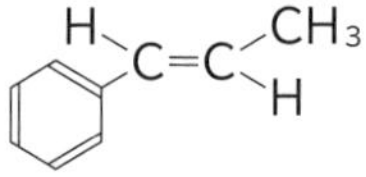

問 4 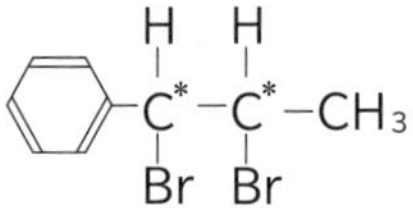　

問 5　ア．フェーリング液　イ．安息香酸

問 6 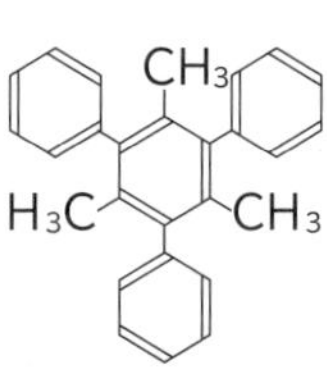　

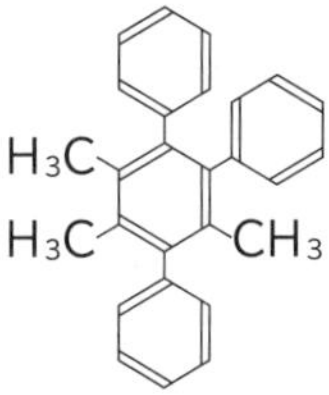

ポイント

　三重結合への水の付加と異性化，オゾン分解は頻出。付加反応後の立体構造やアルキンの三分子重合後の構造には考察力をはたらかせよう。

解　説

問 1　化合物 A の元素分析の結果より

$$C : 198 \times \frac{12.0}{44.0} = 54.0 \,[\text{mg}]$$

$$H : 36.0 \times \frac{2.00}{18.0} = 4.0 \,[\text{mg}]$$

$$C : H = \frac{54.0}{12.0} : \frac{4.0}{1.00} = 9 : 8$$

よって，A の組成式は C_9H_8（式量 116.0）である。

分子量が 116.0 であるから，分子式も C_9H_8 となる。

化合物 A から化合物 J までの変化は，次のように示される。

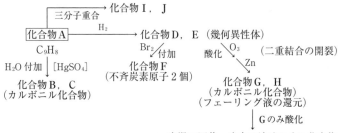

硫酸水銀(Ⅱ)を触媒として水を付加するとカルボニル化合物が生じるので，化合物Aには炭素原子間の三重結合が存在する。さらにベンゼン環を1つもち，炭素原子の数が9であり，水素の付加により幾何異性体を生じるため，その構造式は

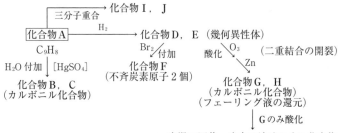 である。

問2　化合物Aに対する水の付加反応は次のように示され，二重結合をしている炭素原子に結合したヒドロキシ基から2種のカルボニル化合物が生成する（エノール転位）。

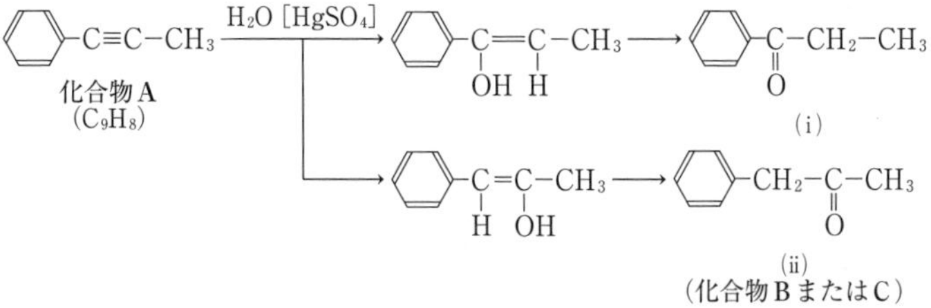

化合物A
(C_9H_8)

(i)

(ii)
（化合物BまたはC）

選択肢の(a)はフェノール性のヒドロキシ基の検出反応であり，化合物B，Cともに反応しない。

(b)はヨードホルム反応であり，分子内に $R-\overset{\underset{\parallel}{O}}{C}-CH_3$（Rは水素または炭化水素基）

の構造をもつものが反応するので，化合物Cは上記の(ii)の構造をもつ。

(c)はアルコール性のヒドロキシ基の検出反応であり，化合物B，Cのどちらも反応しない。

問3　化合物Aに対する水素付加は，次のように示される。

シス体　　　トランス体
幾何異性体（化合物D，E）

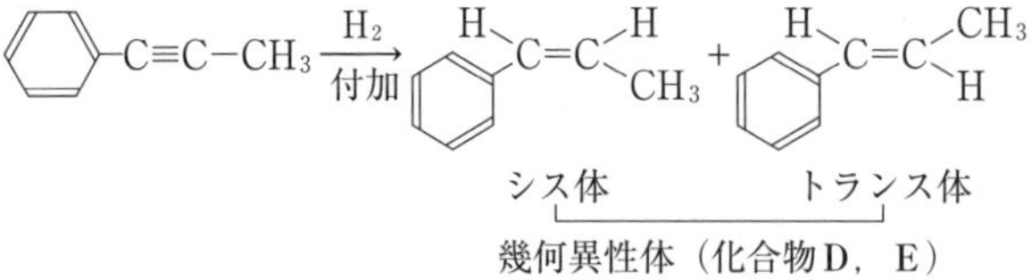

問4　化合物D，Eへの臭素付加反応は，次のように示される。

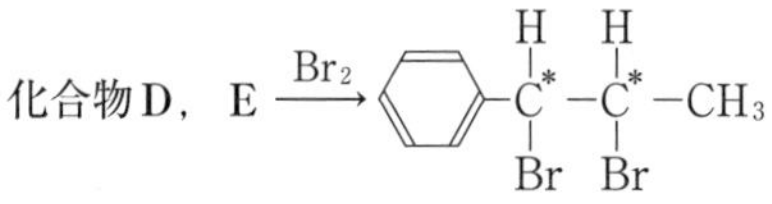

化合物D，E $\xrightarrow{\text{Br}_2}$

$$\begin{array}{c} \overset{H}{\underset{Br}{C^*}} \end{array}$$

化合物F

問5　アルケンに対するオゾン分解は，一般に次のように示され，二重結合の開裂が起きて，カルボニル化合物が生成する。

$$\underset{R_2}{\overset{R_1}{C}}=C\overset{R_3}{\underset{R_4}{}} \xrightarrow[\text{酸化}]{O_3} \xrightarrow{Zn} \underset{R_2}{\overset{R_1}{C}}=O + O=C\overset{R_3}{\underset{R_4}{}}$$

化合物D，Eについてこの反応を行うと，次のようになる。

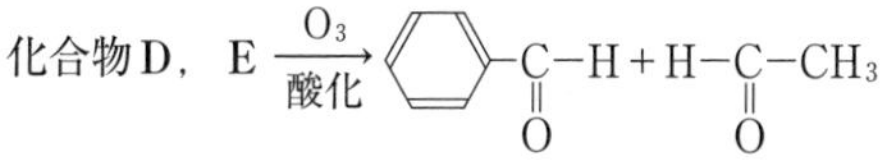

化合物D，E $\xrightarrow[\text{酸化}]{O_3}$ 〈ベンゼン環〉−C−H＋H−C−CH₃

（化合物G，H）

化合物G，Hともに分子内にアルデヒド基をもつので，フェーリング液の還元反応を起こして，酸化銅（Ⅱ）（Cu₂O）の赤色沈澱を生じる。さらに，次の反応が起きて安息香酸が生じる。

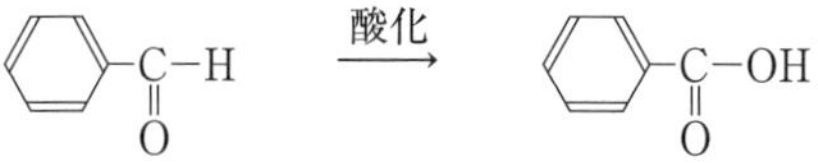

〈ベンゼン環〉−C−H $\xrightarrow{\text{酸化}}$ 〈ベンゼン環〉−C−OH

（化合物G）　　　　　　　安息香酸
（室温で固体，冷水には溶けにくい）

問6　アセチレン3分子が重合すると，次の三分子重合反応が起きてベンゼンを生成する。

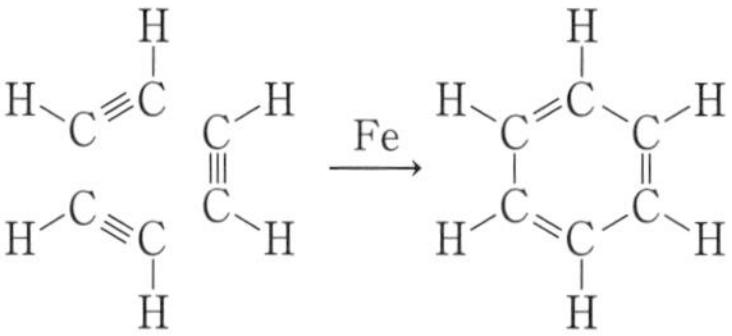

アセチレン3分子　　　ベンゼン

これと同じ反応が起こると，化合物A 3分子からは次の2種の化合物が生成すると考えられる。

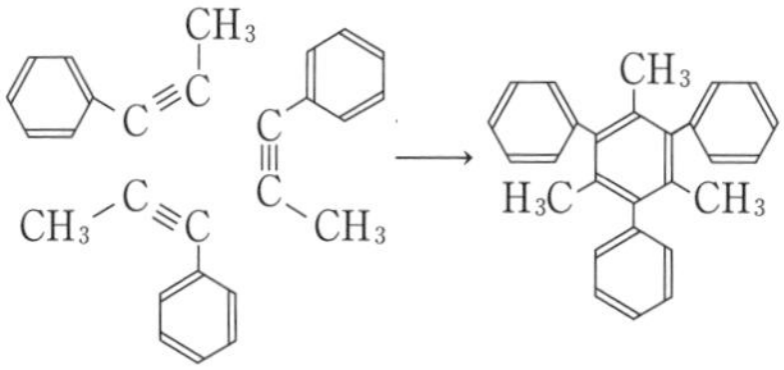

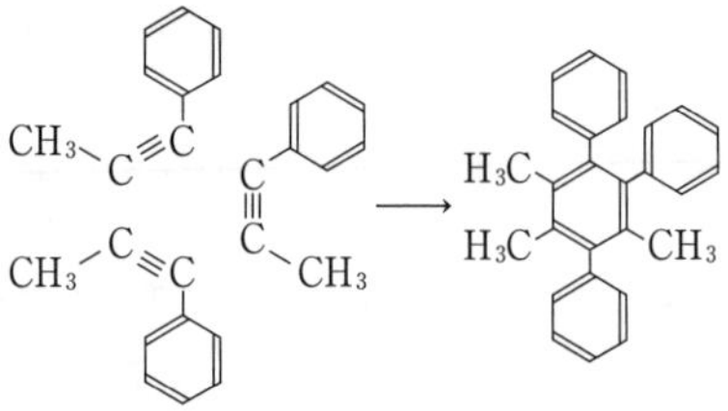

54 油脂とセッケン，けん化価，エステル交換反応

(2018年度 第3問)

次の文章を読み，**問1〜問8**に答えよ。

(1) 油脂は高級脂肪酸とグリセリンのエステルであり，動物の脂肪分や植物の種子に広く含まれる化合物である。植物を原料とする油脂で，常温で液体のものは，〔 ア 〕脂肪酸を多く含む。油脂に水酸化ナトリウムの水溶液を加えて加熱すると，グリセリンとセッケン(脂肪酸のナトリウム塩)を生じる。この反応はけん化と呼ばれ，セッケンの製造法の1つである。セッケンの水溶液は弱い塩基性を示す。また，ある濃度以上のセッケンを溶かした水溶液中では，分子内の疎水性部分を内側に，親水性部分を外側にして多数の分子が集まった〔 イ 〕と呼ばれる球状のコロイド粒子が形成される。セッケンは，水中で油を分散することができる性質により洗浄作用を示すが，カルシウムやマグネシウムなどの2価イオンを含む水溶液中では，その洗浄作用が低下する。

問1. 文章中の〔 ア 〕と〔 イ 〕に入る適切な語句を示せ。

問2. 下線部(a)の根拠となる化学反応式を示せ。セッケンは，炭化水素基をRとする一般式で表せ。

問3. 1分子内の炭素原子の数が12である飽和脂肪酸からなるセッケンとカルシウムイオンとの組み合わせを例に，下線部(b)の根拠となる化学反応式を示せ。

問4. 天然の油脂は，様々な種類の脂肪酸から構成される。油脂1gをけん化するのに必要な水酸化カリウムの質量(mg)をけん化価として定義すると，異なる種類の油脂の比較のための指標となる。水酸化カリウムの式量を56として，けん化価が336の**油脂1**の平均分子量を算出し，有効数字2桁で答えよ。

(2) 油脂とメタノールを混合し，適当な触媒を加えて加熱すると，脂肪酸のメチルエステルが得られる。この反応はエステル交換反応（メタノリシス）と呼ばれ，生じる脂肪酸メチルエステルはバイオディーゼル燃料の主成分として利用されている。以下の問いに答えよ。

問 5. 1種類の脂肪酸からなる**油脂 2** を用いたエステル交換反応が，次に示す単純化された可逆反応として記述できるものと仮定する。

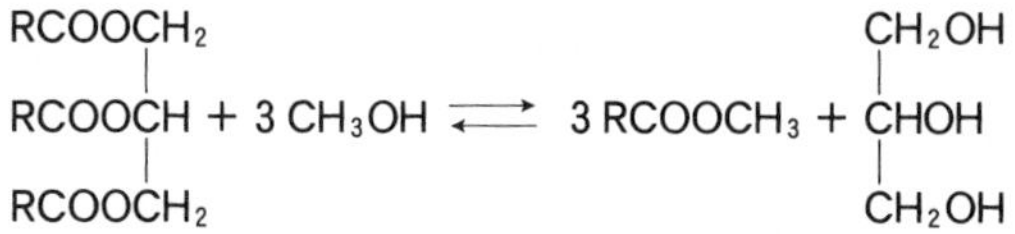

$$
\begin{array}{l}
RCOOCH_2 \\
| \\
RCOOCH + 3\,CH_3OH \; \rightleftarrows \; 3\,RCOOCH_3 + \\
| \\
RCOOCH_2 \\
\textbf{油脂 2}
\end{array}
\qquad
\begin{array}{l}
CH_2OH \\
| \\
CHOH \\
| \\
CH_2OH
\end{array}
$$

　一定体積の容器に，**油脂 2** を 1.0 mol，メタノールを 3.0 mol 量り取り，触媒の存在下，反応温度を 70 ℃ に保った。一定時間後，反応は平衡に達し，脂肪酸メチルエステルが 1.8 mol 生じた。このときの平衡定数を算出し，有効数字 2 桁で答えよ。なお，反応は均一な液体状態で進行し，反応中の体積変化や蒸発は無視できるものとする。

問 6. 問 5 の条件下において，下記(a)〜(c)の指標を y 軸に，反応時間を x 軸に取る。このとき，平衡に到達する過程でこれらの指標の時間変化を最も適切に表しているものを，下図 A〜F の中から選べ。

(a) **油脂 2** の正反応の反応速度

(b) 脂肪酸メチルエステルの物質量

(c) 逆反応の反応速度定数

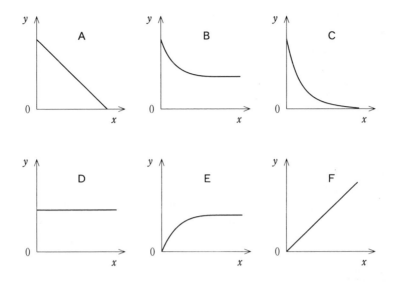

問 7.　問5に示すエステル交換反応について，以下の(a)～(e)の記述から正しいものを全て選択せよ。

　(a)　より多くのメタノールを添加すると，平衡時により多くの生成物が得られる。

　(b)　より多くの触媒を添加すると，平衡時により多くの生成物が得られる。

　(c)　反応温度を上げると，正方向の反応だけが加速される。

　(d)　触媒を添加することで，平衡に到達するまでの時間を短縮できる。

　(e)　平衡状態においては，反応は起こっていない。

問 8.　油脂2のエステル交換反応は，実際には，油脂のエステル部分が順を追ってメタノールと置換され，脂肪酸メチルエステルとグリセリンが生じる多段階の過程を経て進行する。問5の反応が平衡に到達する過程で生じる1価アルコールおよび2価アルコールの構造異性体の総数を記せ。また，生じる構造異性体のうち，光学異性体となるものの構造式を，記入例にならって，全て示せ。なお，不斉炭素原子に＊印を付記して，他の炭素原子と区別すること。

解　答

問1　ア．不飽和　イ．ミセル

問2　$RCOO^- + H_2O \rightleftharpoons RCOOH + OH^-$

問3　$2C_{11}H_{23}COO^- + Ca^{2+} \longrightarrow (C_{11}H_{23}COO)_2Ca$

問4　5.0×10^2

問5　5.1

問6　(a)—B　(b)—E　(c)—D

問7　(a)・(d)

問8　構造異性体の総数：4個

光学異性体の構造式：

$$CH_2-O-CO-R$$
$$^*CH-O-CO-R$$
$$CH_2-OH$$

$$CH_2-O-CO-R$$
$$^*CH-OH$$
$$CH_2-OH$$

ポイント

　反応速度や平衡定数，異性体に関する知識と計算力が必要。エステル交換反応は問題文をよく読んで理解しよう。

解　説

問1　油脂は常温で液体の脂肪油と，固体の脂肪に分類できる。脂肪油は構成脂肪酸として低級飽和脂肪酸や高級脂肪酸で不飽和結合を多く含む場合が多く，脂肪は構成脂肪酸として高級飽和脂肪酸を多く含む場合が多い。油脂を塩基で加水分解して得られるセッケンは，炭化水素基である疎水基とカルボキシ基の親水基をもつ。水溶液中でセッケンは，疎水基を中心にして多数の分子が集まって球状のコロイド粒子となっており，これをミセルという。

問2　セッケンは高級脂肪酸の塩であり，カルボン酸が弱酸なので，加水分解して水溶液中に水酸化物イオンを生じることで弱塩基性を示す。

問3　セッケンを Ca^{2+} や Mg^{2+} を多く含む水（硬水）中で使用すると，水に溶けにくい塩（$(R-COO)_2Ca$，$(R-COO)_2Mg$）が生じて泡立ちが悪くなる。

問4　水酸化カリウムによる油脂のけん化は，次の反応式で示される。

$$CH_2-O-CO-R \qquad CH_2-OH$$
$$CH-O-CO-R + 3KOH \longrightarrow CH-OH + 3RCOOK$$
$$CH_2-O-CO-R \qquad CH_2-OH$$
油脂　　　　　　　　　　グリセリン　セッケン

1 mol の油脂をけん化するのに必要な KOH は 3 mol である。油脂の平均分子量を x とすると，けん化価（油脂 1 g をけん化するのに必要な KOH の質量〔mg〕）との

間に，次の式が成り立つ。

$$\frac{1.0}{x} \times 3 \times 56 \times 1000 = 336$$

$$\therefore \quad x = 5.0 \times 10^2$$

問5　反応前と平衡時の各物質の物質量は，次のように示される。

$$\text{油脂2} + 3CH_3OH \rightleftharpoons 3RCOOCH_3 + \text{グリセリン}$$

始め	1.0	3.0	0	0	〔mol〕
変化量	-0.60	-1.8	$+1.8$	$+0.60$	〔mol〕
平衡時	0.40	1.2	1.8	0.60	〔mol〕

この平衡の平衡定数を K とする。反応物の全体積を V〔L〕とすると

$$K = \frac{[RCOOCH_3]^3[\text{グリセリン}]}{[\text{油脂2}][CH_3OH]^3} = \frac{\left(\dfrac{1.8}{V}\right)^3\left(\dfrac{0.60}{V}\right)}{\left(\dfrac{0.40}{V}\right)\left(\dfrac{1.2}{V}\right)^3}$$

$$= \left(\frac{3}{2}\right)^4 = \frac{81}{16} = 5.06 \fallingdotseq 5.1$$

問6　(a)　油脂2の減少速度は油脂2の濃度減少に伴っておそくなる。油脂2は時間とともに減少するので，正反応の反応速度は時間経過とともに減少する。平衡に達すると，正反応と逆反応の反応速度が等しくなり，油脂2の濃度は一定になるので，反応速度も一定となる。よってBが正解。

(b)　脂肪酸メチルエステルの物質量は時間経過とともに増加し，平衡に達すると一定となる。よってEが正解。

(c)　正反応，逆反応ともに，温度一定のもとでは反応速度定数に変化はない。よってDが正解。

問7　(a)　正文。平衡定数を一定と考えると，反応物の濃度が大きくなれば平衡時における生成物の濃度も大きくなる。

(b)　誤文。触媒は反応速度を変えるが平衡そのものは移動させないので，多く添加しても生成物の量に変化はない。

(c)　誤文。反応温度が上がると，正反応，逆反応ともに反応速度が大きくなる。

(d)　正文。正触媒は反応速度を上げるので，平衡に達するまでの時間は短くなる。

(e)　誤文。平衡状態とは，正反応と逆反応の反応速度が等しくなった状態であり，反応が起こっていないわけではない。

問8　油脂の3カ所のエステル部分のうち，1カ所のみエステル交換され1カ所がヒドロキシ基になると1価アルコール，2カ所がエステル交換されると2価アルコールが生じると考えられる。生じる1価と2価のアルコールは，油脂の炭化水素基をRとして，次の4種が考えられる。

```
  CH₂-O-CO-R        CH₂-O-CO-R
*CH-O-CO-R          CH-OH
  CH₂-OH            CH₂-O-CO-R
```
　　　　　　1価アルコール
```
  CH₂-O-CO-R        CH₂-OH
*CH-OH              CH-O-CO-R
  CH₂-OH            CH₂-OH
```
　　　　　　2価アルコール

このうち，光学異性体をもつものは，構造式中に不斉炭素原子 *C をもつ2つの分子である。

55 有機化合物の製法と反応

(2018 年度　第 4 問)

次の文章を読み，**問 1 ～問 6** に答えよ。構造式および化学反応式を記入すると
きは，記入例にならって答えよ。

化学反応式の記入例

$$2\,CH_3-CH_2-OH \longrightarrow CH_3-CH_2-O-CH_2-CH_3 + H_2O$$

化合物 **A** は，炭化カルシウムに水を加えて発生する気体で，赤熱した鉄に触
れさせると化合物 **B** になる。化合物 **A** は，十分に酸素を供給しながら完全燃焼
させると，化合物 **C** と水を生成する。また，化合物 **A** および化合物 **B** に触媒を
用いて十分量の水素を付加させると，それぞれ対応する飽和炭化水素を生成す
る。
(a)

化合物 **B** とプロペンを原料にして 3 段階で合成される化合物 **D** は，無色の固
(b)
体で殺菌・消毒作用がある。同様に，化合物 **B** を濃硫酸とともに加熱して得ら
れた化合物のナトリウム塩をアルカリ融解すると化合物 **E** になり，この水溶液
に化合物 **C** を反応させても化合物 **D** が生成する。化合物 **D** に十分量の臭素水を
加えると化合物 **F** の白色沈殿を生じる。この反応は，化合物 **D** の検出に利用さ
(c)
れている。

化合物 **E** に高温・高圧下で化合物 **C** を反応させると化合物 **G** が得られる。ま
(d)
た，化合物 **G** に濃硫酸とメタノールを加えて加熱すると，化合物 **H** が無色の液
体として生成する。一方，化合物 **G** に希硫酸を作用させて得られる無色の結晶
に無水酢酸を作用させると化合物 **I** が無色の結晶として生成する。

問 1. 下線部(a)の化学反応式を化合物 **A** と化合物 **B** についてそれぞれ示せ。

問 2. 下線部(b)の製法の名称を答えよ。また，この過程の最終段階で生成する副
生成物の名称を答えよ。

問 3. 下線部(c)の化学反応式を示せ。また，化合物 **F** の名称を答えよ。

問 4. 下線部(d)の化学反応式を示せ。

問 5. 化合物 **H** および化合物 **I** の構造式をそれぞれ書け。

問 6. 化合物 **A**〜**I** の中から塩化鉄(Ⅲ)水溶液により青色，赤紫色，紫色に呈色するものをすべて選び，記号(**A**〜**I**)で答えよ。ただし，化合物 **A**〜**I** を加えたあとの塩化鉄(Ⅲ)水溶液は十分な酸性になっているものとする。

解 答

問1 化合物Aの化学反応式：$CH \equiv CH + 2H_2 \longrightarrow CH_3-CH_3$

化合物Bの化学反応式：

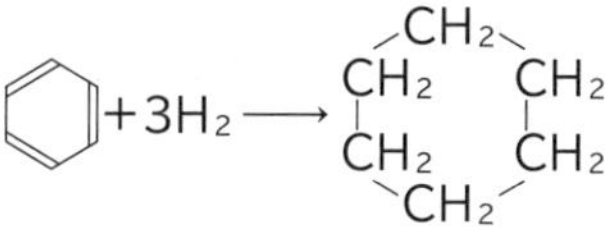

問2 製法の名称：クメン法　副生成物の名称：アセトン

問3 化学反応式：

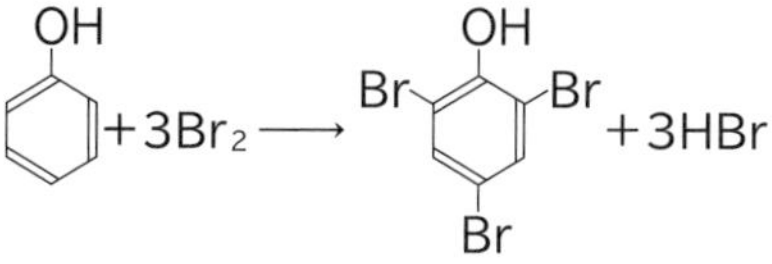

化合物Fの名称：2,4,6-トリブロモフェノール

問4

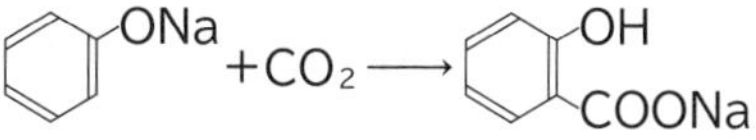

問5 化合物Hの構造式：

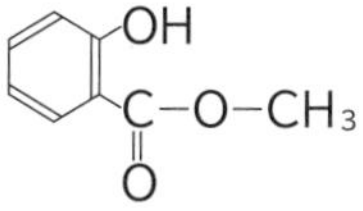

化合物Iの構造式：

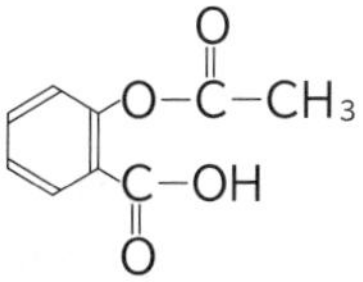

問6 D・E・F・G・H

ポイント

　脂肪族，芳香族を問わず，化合物の製法や系統的な反応結果と構造式を確実に。

解 説

問1 化合物Aはアセチレンであり，その生成は次の反応式で示される。

$$CaC_2 + 2H_2O \longrightarrow C_2H_2 + Ca(OH)_2$$

化合物Bはベンゼンであり，アセチレンを赤熱した鉄に触れさせると，3分子が重合してベンゼンができる。

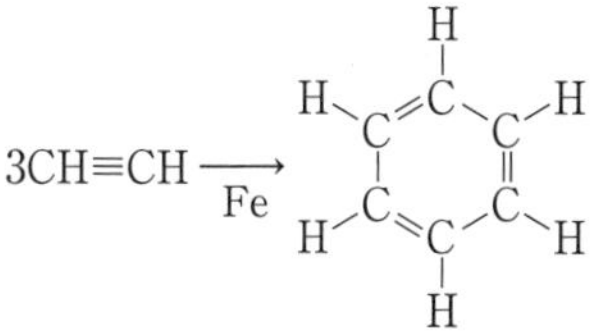

アセチレン 1mol には，白金やニッケルを触媒として水素 2mol が付加し，エタン
が生成する。ベンゼンも触媒存在下で加圧した水素と反応させると，1mol のベン
ゼンに 3mol の水素が付加してシクロヘキサンが生成する。

問2　ベンゼンからフェノール（化合物D）を作る方法はクメン法と呼ばれ，次の過
程で反応が進む。

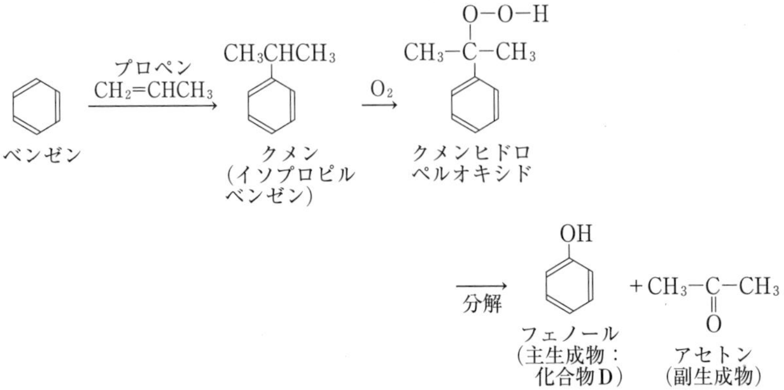

クメン法では，主生成物のフェノールに加え，副生成物としてアセトンが生成する。

問3　フェノールはベンゼンよりも置換反応を受けやすく，臭素水を十分に加えると，
白色沈殿（2,4,6-トリブロモフェノール：化合物F）を生じ，この反応はフェノー
ルの検出に用いられる。

問4　ナトリウムフェノキシド（化合物E）と二酸化炭素（化合物C）を加熱・加圧
して反応させると，サリチル酸ナトリウム（化合物G）が生成する。

問5　サリチル酸ナトリウム（強酸の下ではサリチル酸）に濃硫酸とメタノールを作
用させると，エステル化が起きてサリチル酸メチル（化合物H）が生成する。

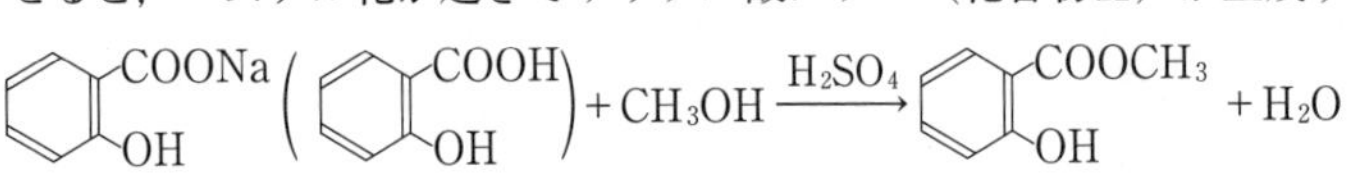

また，サリチル酸に無水酢酸を作用させると，アセチル化が起きてアセチルサリチ
ル酸（化合物I）が生成する。

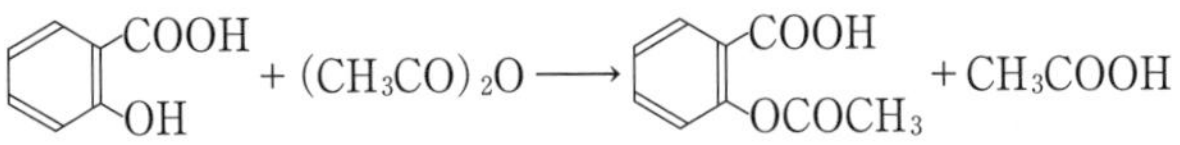

問6　塩化鉄(Ⅲ)水溶液による呈色反応は，フェノール類の検出反応であり，化合物
A～Iのうちで以下の化合物が反応すると考えられる。

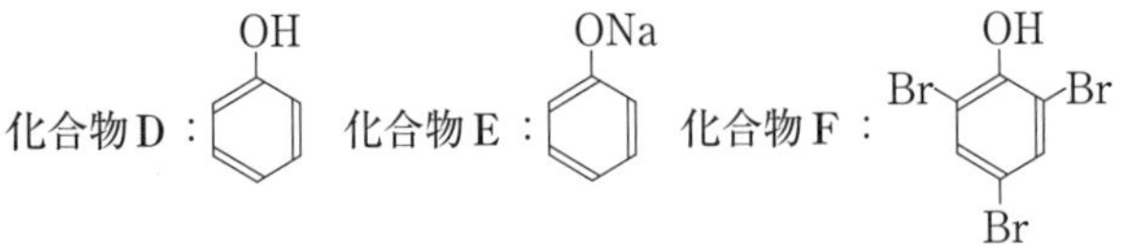

化合物 G： 　化合物 H：

56　アルケン C_3H_6 と C_5H_{10} の反応と誘導体の構造

（2017 年度　第 4 問）

　次の文章を読み，**問 1 ~ 問 5** に答えよ。構造式を記入するときは，記入例にならって答えよ。

　構造式の記入例

　分子式 C_3H_6 で表されるアルケン **A** と C_5H_{10} で表される分岐型アルケン **B** がある。化合物 **A** および **B** を，触媒を用いて水素と反応させると，それぞれ飽和炭化水素化合物 **C** および **D** が生成する。また，酸を触媒にして化合物 **A** および **B** に水を付加させると，**A** からはアルコール **E** および **F** が，**B** からはアルコール **G** および **H** が生成する。ただし，**G** および **H** は第一級アルコールではない。**A** および **B** を臭素と反応させると臭素の色が消え，それぞれ化合物 **I** および **J** が生成する。また，化合物 **B** をオゾンで酸化したのち，亜鉛で処理すると，カルボニル化合物 **K** および **L** が得られ，**K** は銀鏡反応を示す。なお，化合物 **A** ~ **L** において，光学異性体（鏡像異性体）が存在しても区別していない。

問 1. 化合物 **C** および **D** の構造式を答えよ。

問 2. 化合物 **E**，**F**，**G**，**H** の構造式を答えよ。ただし，水の付加反応ではアルケンは異性化せず，**E** および **G** は少量しか生成しない。

問 3. 化合物 **E**，**F**，**G**，**H**，**I**，**J** のうち，光学異性体を持つものをすべて記号で答えよ。

問 4. 化合物 L を還元するとアルコールが得られるが，このとき E，F，G，H
のどれと同じ分子が得られるか記号で答えよ。

問 5. 臭素原子には相対質量 79.0 と 81.0 の同位体が 51：49 で存在し，そのた
め化合物 I には，1 モルあたりの質量が異なる分子が存在する。そのうちで
もっとも小さい質量と，その存在比を百分率（%）で示せ。質量，百分率とも
に，小数点以下は四捨五入せよ。ただし，炭素と水素の同位体は無視できる
ものとする。

解　答

問1　C．CH$_3$–CH$_2$–CH$_3$　　D．CH$_3$–CH$_2$–CH–CH$_3$
　　　　　　　　　　　　　　　　　　　　　　　　｜
　　　　　　　　　　　　　　　　　　　　　　　CH$_3$

問2　E．CH$_3$–CH$_2$–CH$_2$–OH　　F．CH$_3$–CH–CH$_3$
　　　　　　　　　　　　　　　　　　　　　　　　　｜
　　　　　　　　　　　　　　　　　　　　　　　　OH

　　　　　　　　　　　　　　　　　　　　　　　　CH$_3$
　　　　　　　　　　　　　　　　　　　　　　　　｜
　　　G．CH$_3$–CH–CH–CH$_3$　　H．CH$_3$–CH$_2$–C–CH$_3$
　　　　　　　　｜　　｜　　　　　　　　　　　　　｜
　　　　　　　OH　CH$_3$　　　　　　　　　　　　OH

問3　G・I・J

問4　F

問5　1モルあたりの質量：200 g/mol　存在比：26 %

ポイント

炭素原子間二重結合の酸化開裂反応は頻出。付加反応のマルコフニコフ則を適用して主生成物と副生成物を区別する。

解　説

問1・問2　分子式 C$_3$H$_6$ のアルケン A は CH$_2$=CH–CH$_3$（プロペン）であり，分子式 C$_5$H$_{10}$ の分岐型アルケン B には，(ア)CH$_2$=C–CH$_2$–CH$_3$（2-メチル-1-ブテン），
　　　　　　　　　　　　　　　　　　　　　　　｜
　　　　　　　　　　　　　　　　　　　　　　　CH$_3$

(イ)CH$_3$–C=CH–CH$_3$（2-メチル-2-ブテン），(ウ)CH$_3$–CH–CH=CH$_2$（3-メチル-1-
　　　　｜　　　　　　　　　　　　　　　　　　　　｜
　　　　CH$_3$　　　　　　　　　　　　　　　　　CH$_3$

ブテン）が考えられる。

①水素を付加するとアルカンが生成

　　　A + H$_2$ ⟶ CH$_3$–CH$_2$–CH$_3$　（C）

　　　(ア)，(イ)，(ウ) + H$_2$ ⟶ CH$_3$–CH–CH$_2$–CH$_3$　（D）
　　　　　　　　　　　　　　　　　　　｜
　　　　　　　　　　　　　　　　　　CH$_3$

②水の付加によるアルコールの生成

(ｉ)　A ⟶ (エ)HO–CH$_2$–CH$_2$–CH$_3$，(オ)CH$_3$–CH–CH$_3$
　　　　　　　　　　　　　　　　　　　　　　　　　　｜
　　　　　　　　　　　　　　　　　　　　　　　　　OH

マルコフニコフ則により主生成物は(オ)であるから，E は(エ)，F は(オ)となる。

　　　　　　　　　　　　　　　　　　　　　　OH
　　　　　　　　　　　　　　　　　　　　　　｜
(ⅱ)　(ア) ⟶ (カ)HO–CH$_2$–CH–CH$_2$–CH$_3$，(キ)CH$_3$–C–CH$_2$–CH$_3$
　　　　　　　　　　　　　　｜　　　　　　　　　　　｜
　　　　　　　　　　　　　CH$_3$　　　　　　　　　CH$_3$

第 5 章 有機化合物 279

$$
\text{(イ)} \longrightarrow \text{(キ)} CH_3-\underset{\underset{CH_3}{|}}{\overset{\overset{OH}{|}}{C}}-CH_2-CH_3, \quad \text{(ク)} CH_3-\underset{\underset{CH_3}{|}}{CH}-\underset{\underset{OH}{|}}{CH}-CH_3
$$

$$
\text{(ウ)} \longrightarrow \text{(ク)} CH_3-\underset{\underset{CH_3}{|}}{CH}-\underset{\underset{OH}{|}}{CH}-CH_3, \quad \text{(ケ)} CH_3-\underset{\underset{CH_3}{|}}{CH}-CH_2-CH_2-OH
$$

(カ)・(ケ)は第一級アルコールであるから，G・H には該当しない。よって，アルケン B は(イ)であり，マルコフニコフ則により水付加の主生成物 H は(キ)，副生成物 G は(ク)となる。

③臭素付加の生成物

$$
A \longrightarrow CH_2Br-CHBr-CH_3 \quad (I)
$$

$$
B \longrightarrow CH_3-\underset{\underset{CH_3}{|}}{CBr}-CHBr-CH_3 \quad (J)
$$

④オゾン酸化による生成物

アルケンに対するオゾン酸化反応は次のように示され，2 種類のカルボニル化合物が生成する。

$$
\underset{R_2}{\overset{R_1}{>}}C=C\underset{R_4}{\overset{R_3}{<}} \xrightarrow[Zn]{O_3} \underset{R_2}{\overset{R_1}{>}}C=O + O=C\underset{R_4}{\overset{R_3}{<}} \quad \left(\begin{matrix} R_1{\sim}R_4 \text{はアルキル基} \\ \text{または水素原子} \end{matrix}\right)
$$

したがって

$$
B \longrightarrow \text{(コ)} CH_3-CO-CH_3, \quad \text{(サ)} CH_3-CHO
$$

銀鏡反応を示す K はアルデヒドの(サ)，よって L は(コ)である。

問3 光学異性体をもつもの（不斉炭素原子があるもの）は G，I，J である。

$$
G : CH_3-\underset{\underset{CH_3}{|}}{CH}-\overset{*}{\underset{\underset{OH}{|}}{C}}H-CH_3 \qquad I : CH_2Br-\overset{*}{C}HBr-CH_3
$$

$$
J : CH_3-\underset{\underset{CH_3}{|}}{CBr}-\overset{*}{C}HBr-CH_3 \qquad C^* \text{ が不斉炭素原子}
$$

問4 化合物 L はアセトンであり，還元すると 2-プロパノールが得られる。2-プロパノールはアルコール F である。

問5 化合物 I は $CH_3-\underset{\underset{Br}{|}}{CH}-\underset{\underset{Br}{|}}{CH_2}$ の構造をもち，1 つの分子中に臭素原子が 2 つ存在する。臭素原子に 2 種類の同位体が存在すると，分子内の臭素原子の同位体の組み合わせは，$(^{79}Br, {}^{79}Br)(^{79}Br, {}^{80}Br)(^{80}Br, {}^{79}Br)(^{80}Br, {}^{80}Br)$ の 4 つであり，このうち最も小さい質量を示すのは $(^{79}Br, {}^{79}Br)$ で，そのモル質量は 200 g/mol であり，その存在比は次のように求められる。

$$
\frac{51}{100} \times \frac{51}{100} \times 100 = 26.0 \doteqdot 26 \text{〔\%〕}
$$

57 元素分析，炭化水素の反応と構造・異性体

（2016年度　第4問）

次の文章を読み，**問1〜問7**に答えよ。構造式を記入するときは，記入例にならって答えよ。

構造式の記入例

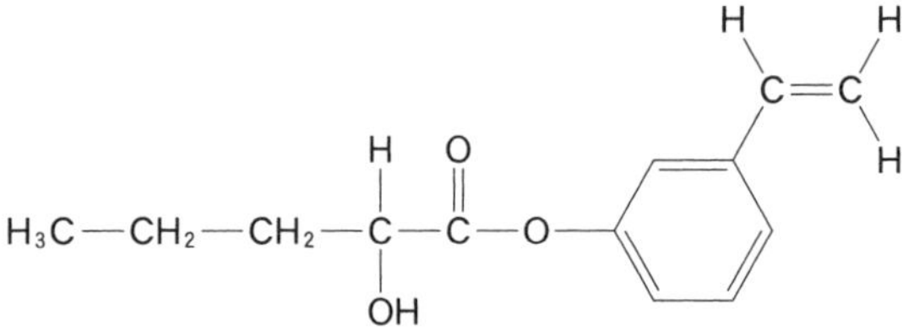

$$H_3C-CH_2-CH_2-\overset{\displaystyle H}{\underset{\displaystyle OH}{C}}-\overset{\displaystyle O}{C}-O-\cdots$$

化合物 **A**，**B**，**C** は炭素原子，水素原子のみからなる化合物である。これらは同じ分子式をもつ構造異性体であり，その分子量は 82.0 である。化合物 **A** 61.5 mg を完全燃焼させると二酸化炭素 198 mg，水 67.5 mg が得られた。

化合物 **A** の構造式には —CH₃ が一つだけ存在する。化合物 **A** に硫酸水溶液を加えても反応はおこらなかったが，さらに硫酸水銀(Ⅱ)を触媒として加えると分子量 100 の化合物 **D** が主生成物として得られた。化合物 **D** にヨウ素と水酸化ナトリウム水溶液を加えて反応させると黄色沈殿が生成した。
(a)

化合物 **B** には **B** を含めて三つの幾何異性体が存在しうる。化合物 **B** に十分な量の臭素を反応させると化合物 **E** が生成した。
(b)

化合物 **C** にニッケルを触媒として十分な量の水素を反応させると分子量が 84.0 である化合物 **F** が生成した。化合物 **C** に硫酸水溶液を加えて水を付加させると化合物 **G** が生成した。化合物 **G** に金属ナトリウムを反応させると水素が発生した。一方，化合物 **G** に硫酸酸性のニクロム酸カリウム水溶液を加えて加熱したが酸化されなかった。
(c)

問1. 化合物 **A** の分子式を答えよ。

問 2. 下線部(a)の反応の名称を答えよ。

問 3. 化合物 D の構造式を答えよ。また，官能基の種類によって分類される化合物 D の一般名を答えよ。

問 4. 化合物 B 61.5 mg を完全に反応させるために必要な臭素の質量[mg]を答えよ。小数点以下は四捨五入すること。

問 5. 下線部(b)についてトランス形のみからなる幾何異性体の構造式を答えよ。

問 6. 下線部(c)の反応を化合物 G の代わりにメタノールに対して行った場合の化学反応式を答えよ。

問 7. 化合物 G の構造式には —CH₃ が一つだけ存在する。化合物 G として考えられるすべての構造異性体の数を答えよ。ただし，立体異性体が存在しうる場合は区別しなくてよい。また，化合物 G として考えられる構造式を一つ答えよ。

解　答

問1　C_6H_{10}

問2　ヨードホルム反応

問3　構造式：$H_3C-\underset{\underset{O}{\|}}{C}-CH_2-CH_2-CH_2-CH_3$

　　　一般名：ケトン

問4　240 mg

問5　$\underset{H}{\overset{H_3C}{>}}C=C\underset{H}{\overset{H}{<}}\ \underset{CH_3}{\overset{H}{>}}$

問6　$2CH_3OH+2Na \longrightarrow 2CH_3ONa+H_2$

問7　異性体の数：3

　　　構造式：$\begin{matrix} H_3C \\ H_2C \\ H_2C \end{matrix}\overset{OH}{\underset{}{C}}\begin{matrix} CH_2 \\ CH_2 \end{matrix}$

$$\left(\begin{matrix} OH \\ CH_2-C-CH_2-CH_3, \\ CH_2-CH_2 \end{matrix} \quad \begin{matrix} HO \\ H_2C-CH_2 \end{matrix}\overset{}{C}CH_2-CH_2-CH_3 \qquad も可\right)$$

ポイント

分子式と水素付加後の分子量増加の値から環状化合物の構造を推測する思考力が必要。

解　説

問1　化合物Aに含まれる各元素の質量は次のとおり。

$$C：198 \times \frac{12.0}{44.0} = 54.0 \text{(mg)}$$

$$H：67.5 \times \frac{2.00}{18.0} = 7.50 \text{(mg)}$$

したがって，C，Hの原子数の比は

$$C：H = \frac{54.0}{12.0} : \frac{7.50}{1.00} = 3 : 5$$

よって，組成式は　　C_3H_5　（式量 41.0）

分子量が 82.0 であるから，化合物A，B，Cの分子式は C_6H_{10} である。

問2・問3　化合物Aは分子内に $-CH_3$ を1つだけもち，硫酸水溶液を加えても反応は起こらないが，硫酸水銀（Ⅱ）触媒で水が付加（分子量が 18.0 増加）することから，分子内に三重結合を1つもつと考えられる。「構造式には $-CH_3$ が一つだけ

存在する」という記述より，C_6H_{10} の分子式をもち，この条件に当てはまる化合物 A の構造は，$CH\equiv C-CH_2-CH_2-CH_2-\boxed{CH_3}$ のみである。この構造をもつ化合物 A に，硫酸水銀（Ⅱ）を触媒として水が付加する反応は次の2つが考えられ，エノール型の化合物は転位（異性化）してカルボニル化合物（化合物 D）となる。

$$CH\equiv C-CH_2-CH_2-CH_2-CH_3 \xrightarrow[\text{(HgSO}_4)]{\text{H}_2\text{O 付加}}$$

H₂O 付加で：

$$H-\underset{H}{\overset{|}{C}}=\underset{OH}{\overset{|}{C}}-CH_2-CH_2-CH_2-CH_3$$

↓異性化

$$CH_3-\underset{O}{\overset{||}{C}}-CH_2-CH_2-CH_2-CH_3 \quad (\text{i})$$

もう一方 H₂O 付加：

$$HO-\underset{H}{\overset{|}{C}}=CH-CH_2-CH_2-CH_2-CH_3$$

↓異性化

$$H-\underset{O}{\overset{||}{C}}-CH_2-CH_2-CH_2-CH_2-CH_3 \quad (\text{ii})$$

ここで，化合物 D はヨードホルム反応を示すので，上の(i)の構造が化合物 D となる。

問4　化合物 B は幾何異性体の数から分子内に二重結合を2つもつと考えられるので，1 mol の化合物 B には 2 mol の臭素 Br_2 が付加し，付加する臭素の質量は次のように求めることができる。

$$\frac{61.5}{82.0}\times 79.9\times 2\times 2 = 239.7 \fallingdotseq 240 \,[\text{mg}]$$

問5　分子内に二重結合を2つもつ化合物 B の幾何異性体は，次の3つの構造をもつ。

シス-シス型

$$\underset{H_3C}{\overset{H}{\diagdown}}C=C\underset{H}{\overset{H}{\diagup}}\underset{CH_3}{\overset{CH_3}{}}$$

シス-トランス型

トランス-トランス型

問6　有機化合物にナトリウムの単体を反応させて水素が発生する場合は，分子内にヒドロキシ基が存在すると考えられ，メタノールの場合はナトリウムメトキシド（CH_3-ONa）が生成する。

問7　1 mol の化合物 C にニッケル触媒を用いると 1 mol の水素が付加（分子量が 2.0 増加）するため，化合物 C は分子内に二重結合を1つもつ環状化合物と考えられる。化合物 C の二重結合に水が付加するとアルコール（化合物 G）が生じるが，化合物 G は酸化されないので，第三級アルコールと考えられる。

よって，化合物Gのアルコール部分は $C_1-\underset{\underset{\displaystyle OH}{|}}{\overset{\overset{\displaystyle C_2}{|}}{C}}-C_3$ の構造であり，$-CH_3$ が1つであ

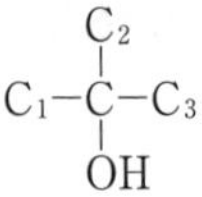

ることから，C_1 部分は直鎖アルキル基，C_2 と C_3 部分は側鎖のない環状構造をつ
くっているとわかる。

以上より，化合物Gとして考えられる構造異性体は，次の3種類である。

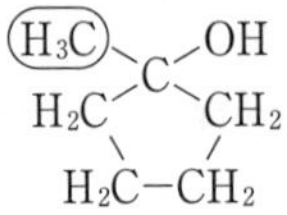

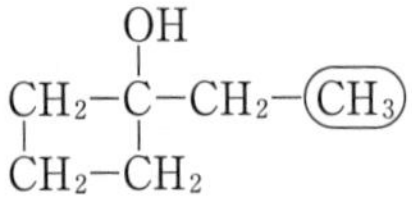

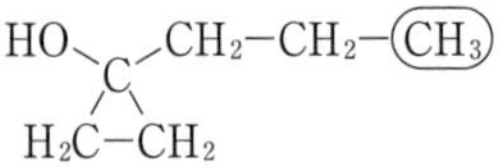

$$
\begin{array}{c}
\overset{\displaystyle \text{\textcircled{H}_3C}}{}\diagdown \underset{\displaystyle \text{H}_2\text{C}}{}\diagup \overset{\displaystyle \text{C}}{}\diagdown \underset{\displaystyle \text{CH}_2}{}\diagup\text{OH}\\
\text{H}_2\text{C}-\text{CH}_2
\end{array}
\qquad
\begin{array}{c}
\overset{\displaystyle \text{OH}}{|}\\
\text{CH}_2-\text{C}-\text{CH}_2-\text{\textcircled{CH}_3}\\
|\\
\text{CH}_2-\text{CH}_2
\end{array}
\qquad
\begin{array}{c}
\text{HO}\diagdown\diagup\text{CH}_2-\text{CH}_2-\text{\textcircled{CH}_3}\\
\text{C}\\
\text{H}_2\text{C}-\text{CH}_2
\end{array}
$$

58 芳香族化合物の反応と分離，分子量と構造式

(2015 年度　第 4 問)

次の文章を読み，**問 1 ～問 6** に答えよ。構造式を記入する時は，次ページに示す記入例にならって記せ。なお，光学異性体は区別しなくてよい。

　5 種類の有機化合物からなる混合物 **X** がある。混合物 **X** 中の少なくとも一つの化合物は常温で液体であり，他の化合物を溶解している。また，混合物 **X** 中の化合物のうち三つは芳香族化合物であり，他の一つは単一の低分子化合物が重合した高分子化合物であることがわかっている。

　混合物 **X** に十分な量の水酸化ナトリウム水溶液を加えて加熱すると油状の化合物 **A** が生じた。一方，化合物 **A** を除いた残りの水溶液を水溶液 **Z** とする。

　水溶液 **Z** に十分な量の二酸化炭素を通じると，化合物 **B** が析出した。化合物 **B** を取り除いた残りの液体に希塩酸を加えると，化合物 **C** が析出した。さらに化合物 **C** を取り除いた残りの液体に十分な量のエタノールを加えると沈殿が生じた。これは化合物 **D** であった。化合物 **D** をろ過によって取り除いたところ，ろ液に含まれていた物質は，水，ナトリウムイオン，塩化物イオン，エタノールの他は化合物 **E** のみであった。

　一方，混合物 **X** に十分な量の希塩酸を加えて加熱したところ，混合物 **Y** が析出した。冷却後，反応容器にジエチルエーテルを加えて振り混ぜたところ，混合物 **Y** はすべて溶解し，液体は水層とジエチルエーテル層に分離した。水層を取り出し，水酸化ナトリウム水溶液を加えると，化合物 **A** が生じた。化合物 **A** を取り除いた残りの水層に含まれる有機化合物は，化合物 **D**，化合物 **E** およびエタノールであった。一方，ジエチルエーテル層には化合物 **B** および化合物 **C** が含まれていた。なお，化合物 **A**～**E** はいずれも混合物 **X** に含まれる化合物ではなかった。

　化合物 **A** および化合物 **E** の混合物を少量の濃硫酸とともに加熱すると化合物 **F** が生じた。化合物 **F** は，タンパク質やナイロン中にも含まれる結合を持っていた。この結合は，タンパク質がらせん構造(α-ヘリックス)を形成する際に重要な役割を果たす。なお，化合物 **F** は，混合物 **X** に含まれる化合物であり，分

子量は 135 であった。化合物 F 以外に混合物 X に含まれる化合物は，次に示す
〔**化合物リスト**〕のうちのいずれかである。

〔**化合物リスト**〕

シクロヘキサン	アセトアルデヒド
アセトン	ギ酸
マレイン酸	ギ酸エチル
酢酸メチル	酢酸エチル
酢酸フェニル	ベンゼン
トルエン	スチレン
エチルベンゼン	ニトロベンゼン
テレフタル酸	アセチルサリチル酸
ポリ塩化ビニル	ポリ酢酸ビニル
ポリスチレン	ポリエチレンテレフタラート

構造式の記入例

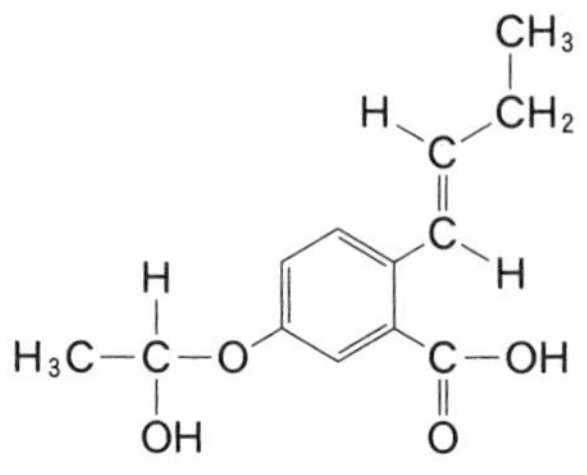

問 1. 化合物 A は炭素，水素，窒素原子のみからなり，分子量は 93 であった。
化合物 A の構造式を答えよ。

問 2. 化合物 B を元素分析したところ，成分元素の質量百分率は炭素 76.6 %，
酸素 17.0 %，水素 6.4 % であった。化合物 B のナトリウム塩に高圧下で二
酸化炭素を反応させ，これに希硫酸を加えることで化合物 C を合成するこ
とができる。化合物 B および C の構造式をそれぞれ答えよ。

問 3. 化合物 C とメタノールを少量の濃硫酸の存在下で反応させると生じる化
合物の名称を答えよ。

問 4. 化合物 D は水に溶解させて合成のりとして用いられるほか，ホルムアル
デヒドと反応させることで水に不溶となり，繊維材料の原料になる。化合物
D を水に溶解させ，1.00 g/L の水溶液を調製した。この水溶液の浸透圧を
27 ℃ において測定したところ 8.31 Pa であった。化合物 D の分子量を求め
よ。また，化合物 D の名称を答えよ。

問 5. 化合物 E および化合物 F の構造式を答えよ。

問 6. 混合物 X に含まれる化合物について，化合物 F を除く 4 種類の化合物を
〔化合物リスト〕から選び，答えよ。

解 答

問1

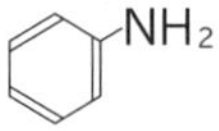

問2 B. 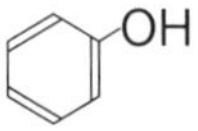 　C.

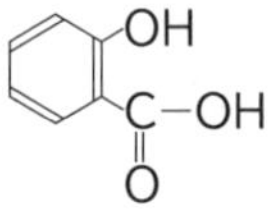

問3 サリチル酸メチル

問4 分子量：3.00×10^5　名称：ポリビニルアルコール

問5 E. 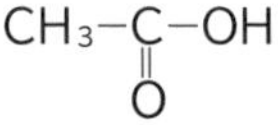 $CH_3-\underset{O}{C}-OH$　F.

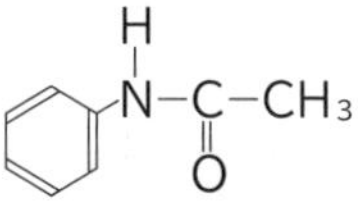

問6 酢酸エチル，酢酸フェニル，アセチルサリチル酸，ポリ酢酸ビニル

ポイント

　煩雑な実験結果を系統的に整理して生成物を推測しよう。後の設問内容を先に把握しておくと要領よく解答が進められる。

解 説

問1　化合物Aは，混合物Xに水酸化ナトリウム水溶液を加えて加熱すると，油状の化合物として分離することから，塩基性の芳香族化合物と考えられる。分子量が93であるから置換基の式量は16であり，これはアミノ基 $-NH_2$ と考えられる。よって，化合物Aはアニリン $-NH_2$ と決まる。

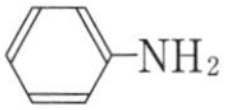

問2　化合物Bの元素分析の結果から，その組成式は次のようになる。

$$C : H : O = \frac{76.6}{12.0} : \frac{6.4}{1.00} : \frac{17.0}{16.0} = 6.38 : 6.4 : 1.06 \fallingdotseq 6 : 6 : 1$$

したがって，組成式は C_6H_6O である。ナトリウム塩の水溶液に十分な量の二酸化炭素を通じると遊離することから，炭酸より弱い酸である。よって，フェノール C_6H_5OH とわかる。

フェノールのナトリウム塩が高圧下で二酸化炭素と反応する反応は次に示され，化合物Cはサリチル酸であるとわかる。

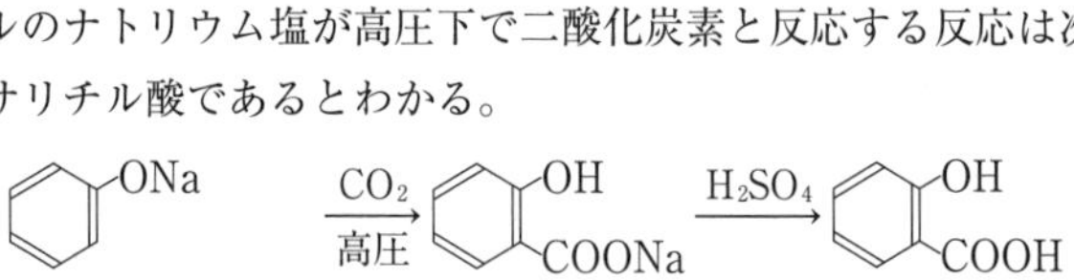

問3　サリチル酸とメタノールは，濃硫酸存在下で次のように反応してサリチル酸メチルを生じる。

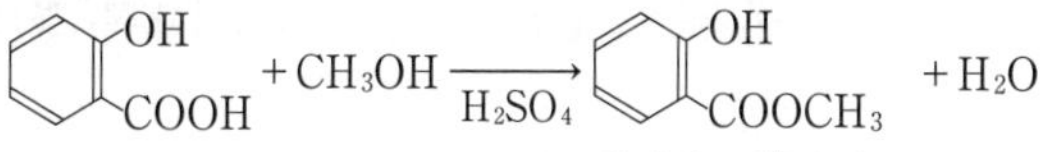

サリチル酸メチル

問4　化合物Dはホルムアルデヒドと反応させると水に不溶の繊維材料の原料となることから，ポリビニルアルコール $+CH_2-CHOH)_n$ と推定される。また，分子量を M，浸透圧を Π 〔Pa〕とすると，ファントホッフの法則より

$$\Pi V = nRT = \frac{w}{M}RT$$

$$M = \frac{wRT}{\Pi V} = \frac{1.00 \times 8.31 \times 10^3 \times 300}{8.31 \times 1.0} = 3.00 \times 10^5$$

問5　化合物Fは化合物A（アニリン）から生成する物質であり，タンパク質やナイロン中に含まれるアミド結合をもつ芳香族化合物である。分子量135より，側鎖の式量は58であるので，$-NHCOCH_3$ をもつアセトアニリドとわかる。また，化合物Eはアセトアニリドの加水分解で生じていることから，酢酸である。

化合物A　　　化合物E　　　　　　　　化合物F
アニリン　　　酢酸　　　　　　　　　　アセトアニリド

問6　混合物X，混合物Yともに，加水分解して生じる物質の中に酢酸がある。加水分解後の化合物がアニリン（化合物A），フェノール（化合物B），サリチル酸（化合物C）なので，もとの混合物Xに含まれる芳香族化合物は，アセトアニリド，酢酸フェニル，アセチルサリチル酸の3つであると考えられる。混合物X中に含まれる高分子化合物は，加水分解されて酢酸（化合物E）とポリビニルアルコール（化合物D）が生成しているので，ポリ酢酸ビニル $+CH_2-CH(OCOCH_3)_n$ と考えられる。5種類の化合物のうち，芳香族化合物でも高分子化合物でもないものは，加水分解後，エタノールと酢酸を生じる酢酸エチルであると考えられ，さまざまな有機化合物を溶かす溶媒としてもよく知られている。

59 分子式 C₉H₁₂O の化合物の反応と構造決定

$$\text{分子式 } C_9H_{12}O \text{ の化合物の反応と構造決定}$$

（2014 年度　第 4 問）

次の文章を読み，**問 1 〜 問 6** に答えよ。構造式を記入するときは，記入例にならって記せ。なお，構造式を記入するときは，光学異性体は区別しなくてよい。

構造式の記入例

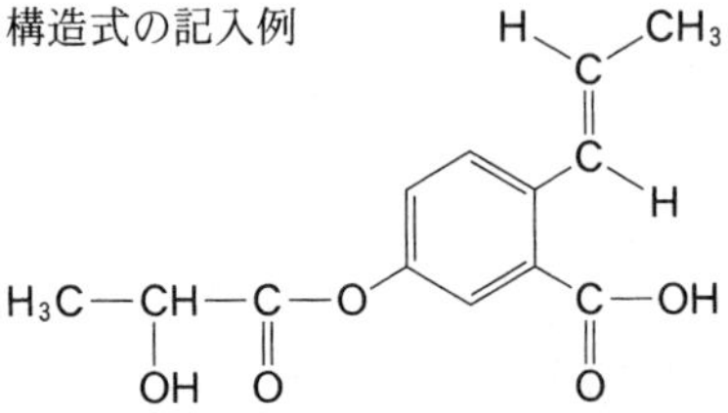

分子式 $C_9H_{12}O$ で表される 4 種類の化合物 **A，B，C，D** がある。これらの化合物はいずれもベンゼン環を 1 個もち，化合物 **B** 以外は不斉炭素原子をもつ。

これら 4 種類の化合物は，いずれも金属ナトリウムと反応し水素を発生したが，塩化鉄(III)水溶液による呈色反応は示さなかった。

化合物 **A** にヨウ素と水酸化ナトリウム水溶液を反応させると，化合物 **E** が得られた。化合物 **E** を過マンガン酸カリウムで酸化すると分子式 $C_8H_6O_4$ の化合物 **F** が生じた。化合物 **F** を〔　(ア)　〕と反応させるとポリエチレンテレフタラートが得られた。

化合物 **B，C，D** をニクロム酸カリウムで酸化したところ，化合物 **B** は反応しなかったが，化合物 **C** および **D** は，それぞれ分子式 $C_9H_{10}O$ の化合物 **G** および **H** へ変化した。また，化合物 **G** は還元性を示し，銀鏡反応により酸性を示す化合物 **I** へ変化したが，化合物 **H** は還元性を示さず，銀鏡反応も起こさなかった。

問 1. 化合物 **A** の構造式を答えよ。

問 2. 化合物 **E** の構造式を答えよ。

問 3.〔（ア）〕に適した化合物名を答えよ。

問 4. 化合物 B の構造式を答えよ。

問 5. 化合物 C の構造式を答えよ。

問 6. 化合物 D として考えられるすべての構造異性体の数を答えよ。ただし，
化合物 A は含めない。また，光学異性体は区別しなくてよい。

解　答

問1　CH_3〈ベンゼン環〉$\overset{OH}{\underset{}{CH}}-CH_3$

問2　CH_3〈ベンゼン環〉$\overset{O}{\overset{\|}{C}}-OH$　または　CH_3〈ベンゼン環〉$\overset{O}{\overset{\|}{C}}-ONa$

問3　エチレングリコール（1,2-エタンジオール）

問4　〈ベンゼン環〉$\overset{OH}{\underset{CH_3}{\overset{|}{C}}-CH_3}$

問5　〈ベンゼン環〉$\overset{CH_3}{\overset{|}{CH}}-CH_2-OH$

問6　4種類

ポイント

　有機化合物の構造決定は頻出内容である。類題を多く解いて構造式を確実に書こう。異性体の識別には考察力が必要。

解　説

　分子式 $C_9H_{12}O$ の化合物 A, B, C, D の構造に関する条件をまとめると次のようになる。

① ベンゼン環を1個もち，A, C, D は不斉炭素原子をもつ。

② 金属ナトリウムと反応することからいずれもヒドロキシ基をもつが，塩化銀(Ⅲ)水溶液による呈色反応は示さないのでフェノール性（ベンゼン環にヒドロキシ基が直接結合）ではない。

③ 化合物 A は $-CH(OH)-CH_3$ か $-\overset{}{\underset{O}{C}}-CH_3$ の分子構造をもつため，ヨードホルム反応をして化合物 E となり，$KMnO_4$ で酸化されると，ポリエチレンテレフタラートの原料であるテレフタル酸 $HOOC$〈ベンゼン環〉$COOH$（化合物 F）を生じる。

④ $K_2Cr_2O_7$ による酸化反応の結果と化合物の推測は次のとおり。

B $\xrightarrow{K_2Cr_2O_7}$ 変化なし（B は第三級アルコール）

C $\xrightarrow{K_2Cr_2O_7}$ G（$C_9H_{10}O$　還元性あり＝アルデヒド）（C は第一級アルコール）

D $\xrightarrow{K_2Cr_2O_7}$ H（$C_9H_{10}O$　還元性なし＝ケトン）（D は第二級アルコール）

問1　ヨードホルム反応の結果と $KMnO_4$ との酸化反応の結果より，化合物Aはベンゼン環のパラ位に炭素原子が結合した構造をもつアルコールであるから，その構造は $CH_3-\langle\!\!\!\!\bigcirc\!\!\!\!\rangle-\overset{\overset{OH}{|}}{CH}-CH_3$ と考えられる。

問2　化合物Eは化合物Aがヨードホルム反応を起こした結果生じた化合物である。その反応は次の化学反応式で示され，化合物Eの構造も決まり，さらに化合物Eを過マンガン酸カリウムで酸化すると，分子式 $C_8H_6O_4$ の化合物F（テレフタル酸）となる。

$$CH_3-\langle\!\!\!\!\bigcirc\!\!\!\!\rangle-\overset{\overset{OH}{|}}{CH}-CH_3+4I_2+6NaOH$$

$$\longrightarrow CH_3-\langle\!\!\!\!\bigcirc\!\!\!\!\rangle-\overset{\overset{O}{\|}}{C}-ONa+CHI_3+5NaI+5H_2O$$

化合物E　　　ヨードホルム

問3　ポリエチレンテレフタラートは次の縮合重合の反応によって，テレフタル酸とエチレングリコールから合成される高分子化合物である。

$$n HO-\overset{\overset{O}{\|}}{C}-\langle\!\!\!\!\bigcirc\!\!\!\!\rangle-\overset{\overset{O}{\|}}{C}-OH+n HO-(CH_2)_2-OH$$

テレフタル酸　　　　　　エチレングリコール

$$\xrightarrow{\text{縮合重合}} HO\!\!\left[\overset{\overset{O}{\|}}{C}-\langle\!\!\!\!\bigcirc\!\!\!\!\rangle-\overset{\overset{O}{\|}}{C}-O-(CH_2)_2-O\right]_n\!\!H+(2n-1)H_2O$$

ポリエチレンテレフタラート

問4　$K_2Cr_2O_7$ の酸化反応の結果より，化合物Bは第三級アルコールであり，かつ不斉炭素原子をもたない。よって，その構造は次のように決まる。

$$\langle\!\!\!\!\bigcirc\!\!\!\!\rangle-\overset{\overset{OH}{|}}{\underset{\underset{CH_3}{|}}{C}}-CH_3$$

問5　化合物Cは第一級アルコールで不斉炭素原子 C^* をもつ。よって，その構造は次のように決まり，酸化されてアルデヒドである化合物Gを生じ，化合物Gは銀鏡反応を起こすことで酸化されて，カルボン酸である化合物Iを生じると考えられる。

$$\langle\!\!\!\!\bigcirc\!\!\!\!\rangle-\overset{\overset{CH_3}{|}}{C^*}H-CH_2-OH \xrightarrow{K_2Cr_2O_7} \langle\!\!\!\!\bigcirc\!\!\!\!\rangle-\overset{\overset{CH_3}{|}}{C^*}H-CHO$$

化合物C　　　　　　　　　　　　化合物G

$$\xrightarrow{\text{銀鏡反応}} \langle\!\!\!\!\bigcirc\!\!\!\!\rangle-\overset{\overset{CH_3}{|}}{C^*}H-\overset{\overset{O}{\|}}{C}-OH$$

化合物I

問6　化合物**D**は第二級アルコールである。不斉炭素原子をもつことと炭素数9個という条件を考えると，次のようにベンゼン一置換体として2種類，ベンゼン二置換体として化合物**A**（パラ置換体）以外の2種類（メタ置換体，オルト置換体）が考えられ，考えられる構造異性体の合計は4種類となる。

ベンゼン一置換体

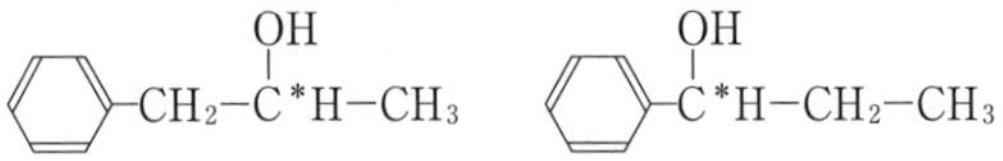

ベンゼン二置換体

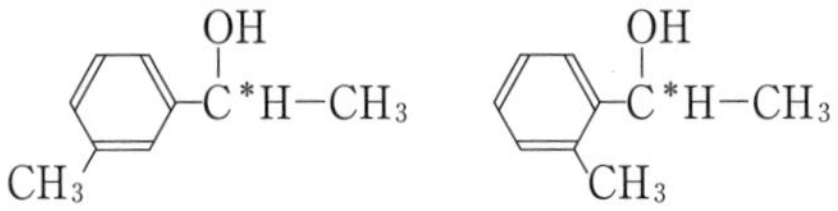

60 芳香族化合物の元素分析，反応と構造決定

(2013年度　第5問)

次の文章を読み，**問1〜問6**に答えよ。

　化合物A，B，Cは炭素，水素，酸素からなる化合物でベンゼン環を持つ。また，これらは同じ分子式で表され，分子量はいずれも150である。これらの化合物11.25 mgを完全燃焼させると二酸化炭素29.69 mg，水6.74 mgが得られた。

　化合物Aに水酸化ナトリウム水溶液を加えたところ加水分解が進行し，化合物Dのナトリウム塩と化合物Eのナトリウム塩が生成した。この加水分解後の反応液にジエチルエーテルを加えたが，生成した化合物はジエチルエーテル層に移らなかった。一方，加水分解後の反応液に十分量の炭酸ガスを吹き込んだ後にジエチルエーテルを加えると，生成した化合物のうち化合物Dはジエチルエーテル層に移った。化合物Eは還元性を示さなかった。なお，化合物Dには同じ官能基を持つ構造異性体が存在する。

　化合物Bに水酸化ナトリウム水溶液を加えたところ加水分解が進行し，化合物Fのナトリウム塩と化合物Gが生成した。化合物Fは室温では固体であり，水に溶けにくい。化合物Gは水によく溶け，塩基性水溶液中でヨウ素と反応させると黄色の沈澱が生じた。

　化合物Cは化合物Hと化合物Iの縮合反応によって生成する。化合物Hはアンモニア性硝酸銀水溶液と反応して銀を析出する。化合物Iには不斉炭素原子が存在する。

問1. 化合物A，B，Cの分子式を記せ。

問2. 化合物E，Hを示性式で記せ。

問3. 化合物Dの分子式で示される構造異性体のうち，ベンゼン環を持つものの数を記せ。

問 4. 下線部でおこる反応を例にならって化学反応式で示せ。

例

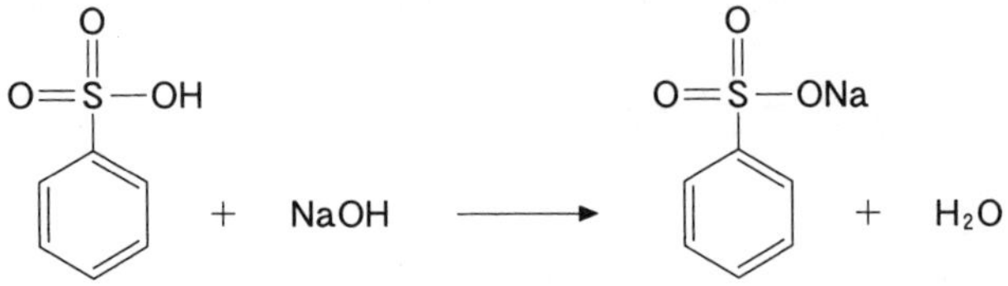

問 5. 化合物 **C** の構造を**問4**の例の構造にならって記せ。

問 6. 水酸化ナトリウム水溶液中で，塩化ベンゼンジアゾニウムと反応する化合
物を化合物 **D〜I** の中から選び，記号で記せ。

解　答

問1　$C_9H_{10}O_2$

問2　E．CH_3COOH　H．$HCOOH$

問3　5

問4　

問5　

問6　D

ポイント

　元素分析は慎重に。複雑な実験結果を整理して，分子中の原子の数や不斉炭素原子の存在に注意しながら構造式を決定するには慣れと考察力が必要。

解　説

問1　化合物 11.25 mg 中の各元素の質量は次のとおり。

$$C：29.69 \times \frac{12.0}{44.0} = 8.097 \fallingdotseq 8.10 \,(mg)$$

$$H：6.74 \times \frac{2.00}{18.0} = 0.748 \fallingdotseq 0.75 \,(mg)$$

$$O：11.25 - (8.10 + 0.75) = 2.40 \,(mg)$$

したがって，原子数の比は

$$C：H：O = \frac{8.10}{12.0} : \frac{0.75}{1.00} : \frac{2.40}{16.0} = 0.675 : 0.75 : 0.15 = 9 : 10 : 2$$

よって，組成式は $C_9H_{10}O_2$（式量 150）である。式量が分子量と同じであるから，分子式も $C_9H_{10}O_2$ となる。

問2　化合物Aをけん化して生じる2つの化合物が両方ともナトリウム塩になることから，化合物Aはカルボン酸とフェノール類のエステルであると考えられる。化合物Dのナトリウム塩に炭酸ガスを作用させて生じた化合物がジエチルエーテル層に移ったことから，化合物Dがフェノール類で，化合物Eがカルボン酸である。化合物Aの分子式 $C_9H_{10}O_2$ より，化合物Dが炭素数6のフェノールであれば化合物Eの炭素数は3，化合物Dの炭素数が7であれば化合物Eの炭素数は2，化合物Dの炭素数が8であれば化合物Eの炭素数は1である。問題文より，化合物Eが還元性を示さないのでギ酸ではないことがわかる。また，化合物Dには同じ官能基をもつ構造異性体が存在することから，化合物Dがフェノールではないことがわかる。

したがって，化合物Aは，クレゾール（3種の位置異性体あり）と酢酸からなるエステルであることがわかる。

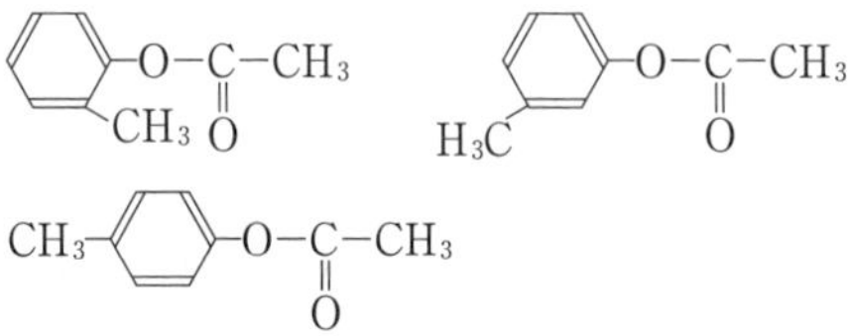

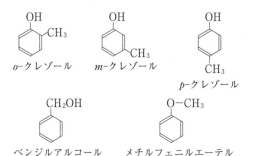

よって，化合物Eの示性式はCH₃COOHとなる。

化合物Hは銀鏡反応を示すので還元性をもつとわかる。化合物C（分子式 $C_9H_{10}O_2$）がカルボン酸とアルコールの縮合反応によって生成すると考えると，化合物Iには不斉炭素原子が存在するので，化合物Iがカルボン酸だとすると炭素数が最低でも5個，アルコールだとすると炭素数が最低でも4個必要となるため，化合物Hにベンゼン環はない。また，化合物Iがベンゼン環をもつカルボン酸であると考えると，不斉炭素原子C*をもつには，最も炭素数が少なくても9個

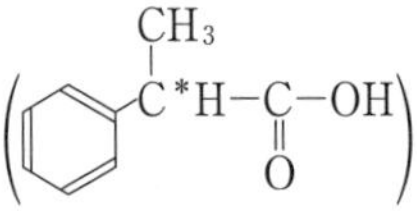

必要となるため不適である。よって，化合物Hがカルボン酸

であり，還元性をもつのでギ酸 HCOOH である。

〔注〕 化合物Hの解答をギ酸とするのは，縮合反応がカルボン酸とアルコールによるものだけであるとする場合であり，縮合反応がカルボン酸とアルコール以外の化合物によるものもあるとする場合は，化合物Hの解答としてホルムアルデヒドも正解となる。

問3 化合物Dはクレゾール（分子式 C_7H_8O）であり，ベンゼン環をもつ構造異性体は，次の5種である。

o-クレゾール　　m-クレゾール　　p-クレゾール

ベンジルアルコール　　メチルフェニルエーテル

問4 化合物Bの加水分解で得られる化合物Fはカルボン酸，化合物Gはアルコールである。化合物Fは水に溶けにくい固体であることから，芳香族化合物で，水溶性

の化合物Gがヨードホルム反応を示すことから，$CH_3-\underset{OH}{CH}-$ の構造をもつエタノ

ールや2-プロパノールと考えられる。ここで化合物Fの炭素数は最低7であるから，化合物Gはエタノール，化合物Fは安息香酸と決まる。よって，下線部のけん化は次のように表される。

$$\underset{O}{}\text{⟨□⟩}\overset{}{C}\text{-O-CH}_2\text{-CH}_3+NaOH \longrightarrow \underset{O}{}\text{⟨□⟩}\overset{}{C}\text{-ONa}+CH_3\text{-CH}_2\text{-OH}$$

問5　化合物Hがギ酸，化合物Iは不斉炭素原子をもつ芳香族アルコールであるので，その縮合反応は次の反応式で示される。

$$\underset{\text{化合物H}}{HCOOH}+\underset{CH_3}{\text{⟨□⟩}\overset{*}{C}H\text{-OH}} \longrightarrow \underset{CH_3}{\text{⟨□⟩}\overset{*}{C}H\text{-O-}}\underset{O}{C\text{-H}}+H_2O$$

化合物I　　　　　　　　化合物C

〔注〕　化合物Hと化合物Iの縮合反応を次のような芳香族2価アルコールとホルムアルデヒドの反応と考えると，解答として次のような構造をもつ化合物（C′やC″）も考えられる。

$$\underset{\text{化合物 H}'}{HCHO}+\underset{\text{化合物 I}'}{\overset{OH}{\text{⟨□⟩}}\overset{*}{C}H\text{-CH}_2\text{-OH}} \longrightarrow \underset{\text{化合物 C}'}{\overset{O-CH_2}{\text{⟨□⟩}}\overset{*}{C}H\text{-CH}_2}+H_2O$$

$$\underset{\text{化合物 H}'}{HCHO}+\underset{\text{化合物 I}''}{\overset{CH_3}{\text{⟨□⟩}}\overset{*}{C}H\text{-OH}\underset{OH}{}} \longrightarrow \underset{\text{化合物 C}''}{\overset{CH_3}{\text{⟨□⟩}}\overset{*}{C}H\underset{O-CH_2}{}O}+H_2O$$

問6　水酸化ナトリウム水溶液中で，塩化ベンゼンジアゾニウムとカップリング反応をするのはフェノール性のヒドロキシ基をもつ化合物である。化合物D〜Iのうちではことが該当する。

〔注〕　問5の解答として化合物C″を考えたときは，化合物I″はフェノール類であるから，DとIが正解になる。

61 芳香族エステルの構造決定，核磁気共鳴分光測定

化合物 A の構造決定に関する次の(1)～(9)の文章を読み，**問1～問5**に答えよ。なお，構造式は右の例にならって記せ。光学異性体は区別しなくてよい。

$$\begin{array}{c} \text{OH} \\ | \\ \text{CH-CH}_2-\text{C}-\text{CH}_3 \\ \end{array}$$

(構造式例：ベンゼン環に CH=CH が結合，ベンゼン環に NO$_2$，右上側鎖 CH-CH$_2$-C(-CH$_3$)=O（OH 付き））

(1)　炭素と水素と酸素からなる分子量 354 の化合物 A に水酸化ナトリウム水溶液を加えて加水分解したのち，希塩酸を加えて酸性にしたところ，化合物 B，化合物 C および化合物 D が 1：1：1 のモル比で得られた。

(2)　化合物 B の元素分析を行ったところ，炭素と水素の質量%はそれぞれ 78.7 %，8.2 % であった。

(3)　化合物 C は化合物 B と同じ分子式を持つ化合物であり，化合物 B および化合物 C はともにベンゼン環を有することが分かった。

(4)　化合物 B および化合物 C を金属ナトリウムと反応させると，どちらも水素を発生した。

(5)　化合物 B および化合物 C に塩化鉄(Ⅲ)水溶液を加えると，化合物 C のみが呈色した。

(6)　化合物 B を過マンガン酸カリウム水溶液で十分に酸化すると化合物 E が生じた。この化合物 E を加熱すると分子内で反応が進行し化合物 F が得られた。

(7)　核磁気共鳴分光装置により有機化合物の測定を行うと，有機化合物中の物理的・化学的性質の異なる水素原子がそれぞれ何種類存在するかを観測することができる。例えば右に示すクロロベンゼンの測定を行うと，H$_a$, H$_b$ および H$_c$ という3種類の水素原子が存在し，その存在比率は 2：2：1 であることが分かる。化合物 C の核磁気共鳴分光測定を行い，化合物 C のベンゼン環に直接結合した水素原子を分析したところ，異なる性質を持つ水素原子が2種類観測され，2種類の水素原子の存在比率は 1：1 であった。

(8)　化合物 D は2つのカルボキシル基を有しており，ヘキサメチレンジアミンと縮合重合するとナイロン 66 を生じた。

(9)　化合物 D は分子式 C_6H_{10} の化合物 G を過マンガン酸カリウム水溶液と反応させることによっても得られた。

問 1.　化合物 B の分子式を記せ。

問 2.　(3)〜(5)において化合物 B および化合物 C が示したのと同じ性質をもつ構造異性体は，化合物 B および化合物 C も含めてそれぞれ何種類存在するか答えよ。

問 3.　化合物 E から化合物 F を生じる反応を化学反応式で表せ。なお，化合物 E と化合物 F は構造式で示せ。

問 4.　化合物 G の構造式を記せ。

問 5.　化合物 A の構造式を記せ。

解　答

問1　$C_8H_{10}O$

問2　化合物Bの構造異性体数：5

　　化合物Cの構造異性体数：9

問3　

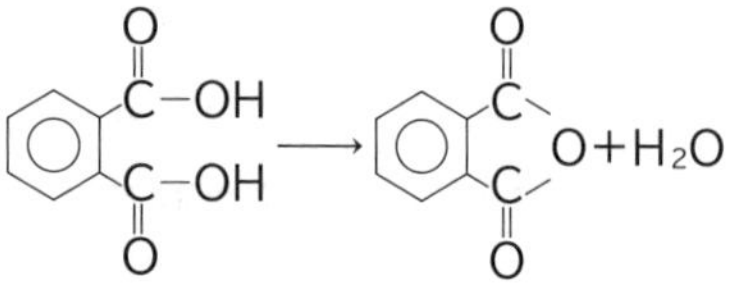

問4　

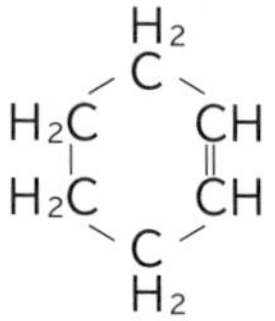

問5　

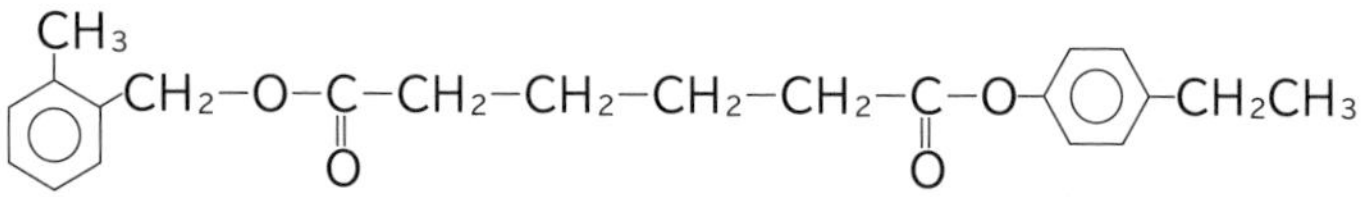

ポイント

　構造決定と異性体の識別を慎重に進めよう。核磁気共鳴分光による水素原子の識別は読解力と応用力が決め手。

解　説

問1　化合物Bの元素分析の結果より

$$C : H : O = \frac{78.7}{12} : \frac{8.2}{1} : \frac{100-(78.7+8.2)}{16} \fallingdotseq 8 : 10 : 1$$

よって，化合物Bの組成式は，$C_8H_{10}O$（式量122）。

化合物Cも化合物Bと同じ分子式をもつ芳香族化合物で，化合物Dは(8)よりアジピン酸（式量146）であることと，もとの化合物Aの分子量が354であることから，化合物B，化合物Cの分子式は$C_8H_{10}O$となることがわかる。

問2　分子式$C_8H_{10}O$をもつ化合物のうち，化合物Bは金属ナトリウムと反応して水素を発生し，かつ塩化鉄(Ⅲ)水溶液で呈色しない。このことから，分子内にヒドロキシ基をもち，かつフェノール類ではないことがわかり，化合物として次の5種の異性体が考えられる。

　　ベンゼン1置換体：2種

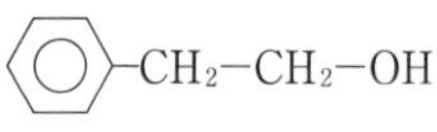

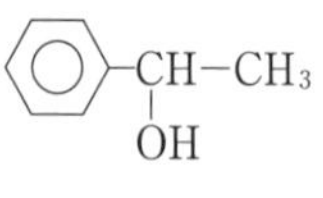

ベンゼン2置換体：3種

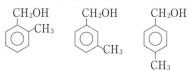

一方，化合物Cはフェノール類であるから，次の9種の異性体が考えられる。

ベンゼン2置換体：3種

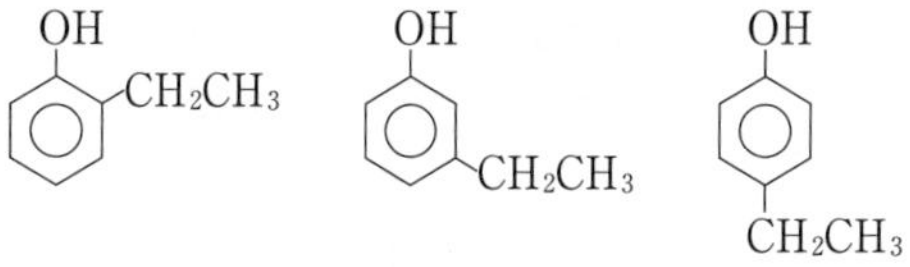

ベンゼン3置換体：6種

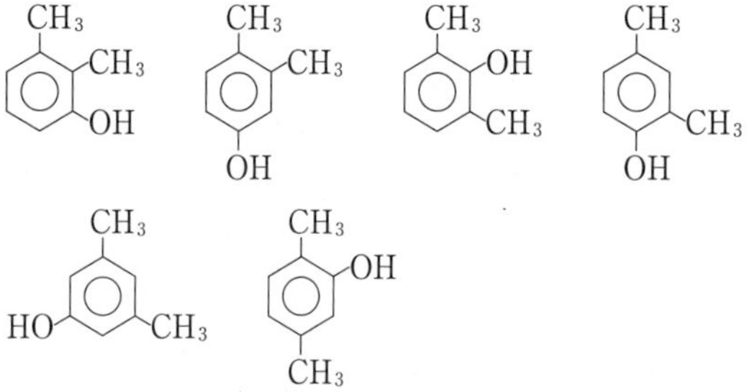

問3　化合物Eから化合物Fへの変化は，フタル酸を加熱することで分子内脱水が起きて無水フタル酸が生じる反応である。過マンガン酸カリウムで酸化されることで，ベンゼン環のオルト位に2つのカルボキシ基をもつフタル酸（化合物E）を生じるので，化合物Bは問2であげた3種の異性体のうち，オルト位に2つの置換基をもつ化合物（CH₂-OH / CH₃ がついたベンゼン環）であるとわかる。

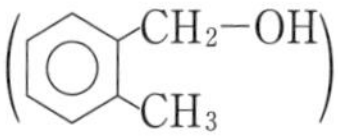

問4　(8)・(9)より，化合物Dはアジピン酸（HOOC−(CH₂)₄−COOH）である。過マンガン酸カリウムは，炭素原子間の二重結合をもつ化合物を次のように酸化する。

$$R-CH=CH-R' \xrightarrow{KMnO_4} R-\underset{O}{\overset{O}{C}}-H + H-\underset{O}{\overset{O}{C}}-R' \xrightarrow{KMnO_4} R-\underset{O}{\overset{O}{C}}-OH + HO-\underset{O}{\overset{O}{C}}-R'$$

よって，酸化されてアジピン酸となる C_6H_{10} の分子式をもつ化合物Gは，次に示すように環状のアルケン（シクロヘキセン）と考えられる。

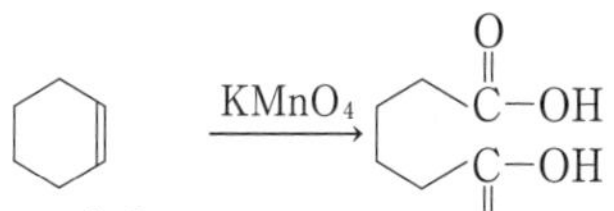

シクロヘキセン　$\xrightarrow{KMnO_4}$　アジピン酸

問5　(7)の核磁気共鳴分光装置の測定結果では，ベンゼン環に直接結合する水素原子が何種類存在するかがわかり，位置異性体によって次のような違いが生じると考えられる。

（①～④はそれぞれ状態の異なる水素原子）

2置換体：

ア．

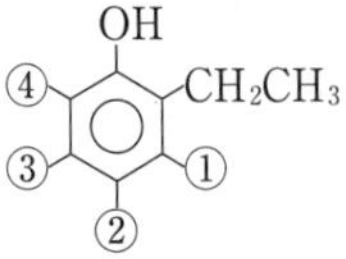

イ．

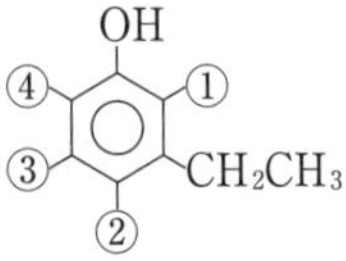

ウ．

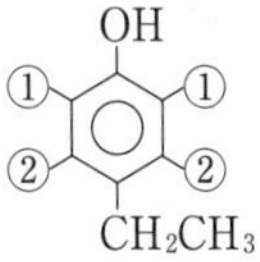

3置換体：

エ．

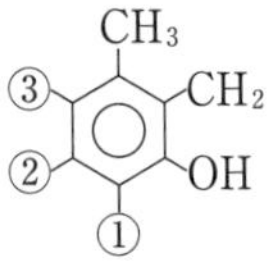

オ．

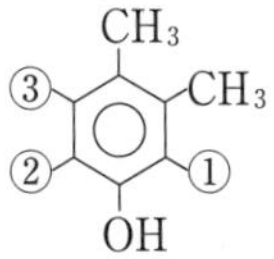

カ．

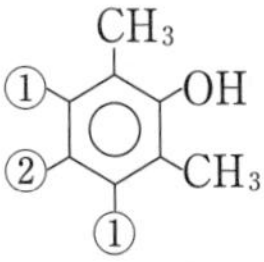

キ．

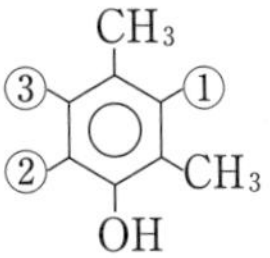

ク．

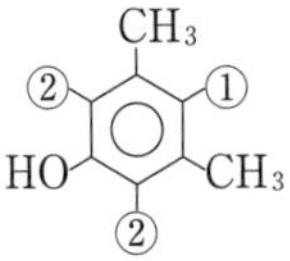

ケ．

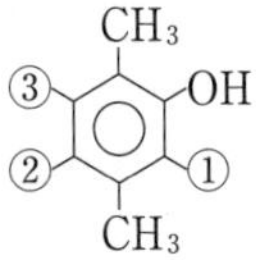

上の化合物のうち，異なる性質をもつ水素原子が2種類であるものが3つあるが（ウ，カ，ク），水素原子の存在比（①と②の数の比）が1:1であるのは，ウの構造をもつ化合物のみであり，これが化合物Cである。

以上のことから，化合物Aは中心にアジピン酸をもち，両端のカルボキシ基に化合物Bと化合物Cがエステル結合した，次の構造をもつ化合物であることがわかる。

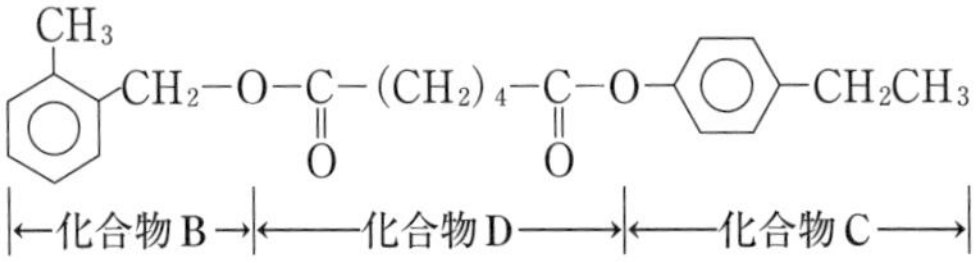

62 分子式 C_4H_8 の化合物の反応と異性体

(2011 年度　第 5 問)

次の文章を読み，問 1 〜問 4 に答えよ。

分子式が C_4H_8 となる化合物 A，B，C および D がある。これらは下に示すような，化合物(あ)〜(え)であることがわかっている。これらの化合物を識別するために以下の実験を行った。

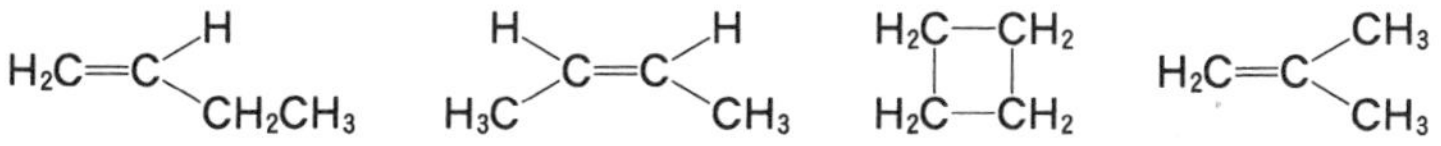

$$\underset{(あ)}{H_2C=\underset{CH_2CH_3}{\overset{H}{C}}} \qquad \underset{(い)}{\underset{H_3C}{\overset{H}{C}}=\underset{CH_3}{\overset{H}{C}}} \qquad \underset{(う)}{\begin{array}{c}H_2C-CH_2\\ H_2C-CH_2\end{array}} \qquad \underset{(え)}{H_2C=\underset{CH_3}{\overset{CH_3}{C}}}$$

実験 1：化合物 A，B，C および D を臭素水に吹き込んだ。臭素水は赤褐色を呈しているが，化合物 A，B および C を十分に吹き込むことによって，その色が消失した。

実験 2：化合物 A，B，および C を希硫酸水溶液に吹き込んで，十分に加熱した。反応溶液を水酸化ナトリウム水溶液で中和した後，蒸留することによって，生成物を分離した。化合物 A からは E と F，化合物 B からは F，化合物 C からは G と H が得られた。

実験 3：実験 2 で得られた化合物 E，F，G および H について沸点を調べたところ，E ＞ G ＞ F ＞ H となった。

問 1. 化合物 A〜D を(あ)〜(え)の中から選び，記号で答えよ。

問 2. 化合物 E と F を(あ)〜(え)の表記にならって記せ。

問 3. 化合物 B の幾何異性体を(あ)〜(え)の表記にならって記せ。

問 4. 化合物 F には不斉炭素があり，（　　　）異性体が存在する。この異性体

どうしでは，融点や沸点は全く同じである。（　　　）にあてはまる語句を答えよ。

解 答

問1　A—(あ)　B—(い)　C—(え)　D—(う)

問2　E. $H_3C-CH_2-CH_2-CH_2-OH$　F. $H_3C-CH_2-\underset{\underset{OH}{|}}{CH}-CH_3$

問3　$\underset{H}{\overset{H_3C}{>}}C=C\underset{CH_3}{\overset{H}{<}}$

問4　光学（鏡像）

ポイント

　C_4H_8 への付加反応は頻出内容。付加反応生成物の構造を整理し，反応結果から適切な構造を決める考察力が必要。化合物の構造と沸点の関係にも注意。

解 説

問1・問2　実験1，2，3からは，次のようなことがわかる。

　実験1：臭素水の色が消失したということは，炭素間二重結合への臭素の付加反応が起きたことを意味する。よって，色が消失しないDは，分子内に炭素間二重結合をもたない環状化合物(う)である。

　実験2：化合物を希硫酸水溶液に吹き込んで，十分に加熱したときに起こる反応は，炭素間二重結合に対する水の付加反応であり，生成物はアルコールと考えられる。化合物(あ)，(い)，(え)に対する水の付加反応は，次のようになる。

$$H_2C=C\underset{CH_2CH_3}{\overset{H}{<}} \xrightarrow{H_2O} \underset{\underset{OH}{|}}{CH_2}-CH_2-CH_2-CH_3 \qquad CH_3-\underset{\underset{OH}{|}}{CH}-CH_2-CH_3$$
$$\text{(あ)} \qquad\qquad ① \qquad\qquad\qquad ②$$

$$\underset{H_3C}{\overset{H}{>}}C=C\underset{CH_3}{\overset{H}{<}} \xrightarrow{H_2O} CH_3-\underset{\underset{OH}{|}}{CH}-CH_2-CH_3$$
$$\text{(い)} \qquad\qquad ③$$

$$H_2C=C\underset{CH_3}{\overset{CH_3}{<}} \xrightarrow{H_2O} \underset{\underset{OH}{|}}{CH_2}-\underset{\overset{|}{CH_3}}{CH}-CH_3 \qquad CH_3-\underset{\overset{|}{CH_3}}{\underset{\underset{OH}{|}}{C}}-CH_3$$
$$\text{(え)} \qquad\qquad ④ \qquad\qquad\qquad ⑤$$

水の付加反応の結果，1種類の化合物しか生じないのは(い)であり，これが化合物B，③が化合物Fである。②と③が同じものであることより，①が化合物E，(あ)は化合物Aである。E，F，G，Hの沸点に関しては，分子の形や極性の強さおよび水素結合のしやすさなどが影響する。沸点の違いだけで化合物を決めることはできないが，一般に分子内の枝分かれが増えると分子どうしの接触面積が小さくなり，分子

間力が減少して沸点は低くなるという傾向があるので，最も枝分かれの少ない①が
化合物 E である。また②と④を比べた場合，−OH の付いている C 原子に C 原子が
2 つ付く②の方が立体障害が大きく，分子間で水素結合を作りにくいので沸点の高
さは ④＞② となり，④が化合物 G，②（③）が化合物 F である。

問3 化合物 B は(い)のシス−2−ブテンであり，トランス形の幾何（シス−トランス）異
性体であるトランス−2−ブテンが存在する。

シス−2−ブテン　　　　トランス−2−ブテン
（化合物 B）

問4 化合物中に不斉炭素原子（結合する 4 つの原子や原子団がすべて異なる炭素原
子）が存在すると，互いに鏡像の関係にある 2 種の分子が存在し，これを光学異性
体（鏡像異性体）という。

63 元素分析，化合物の反応と構造決定，異性体

(2010 年度　第 5 問)

次の文章を読み，**問 1〜問 6** に答えよ。

　炭素と水素からなり常温・常圧で気体である化合物 A は，臭素水に通じると臭素水の赤褐色を脱色した。化合物 A を水と反応させると，常温・常圧において液体で，沸点が異なる異性体の化合物 B および化合物 C を生じた。化合物 B 11.1 mg を完全燃焼させたところ，二酸化炭素が 26.4 mg，水が 13.5 mg 生じた。化合物 B および C に二クロム酸カリウムの硫酸酸性水溶液を加えて加熱すると，化合物 B からは化合物 D が，化合物 C からは化合物 E が得られた。化合物 D にヨウ素と水酸化ナトリウム水溶液を加えて温めた結果，黄色沈殿が生じた。また，化合物 D にアンモニア性硝酸銀水溶液を加えて温めたが，とくに変化は見られなかった。一方，化合物 E について同様の操作を行ったところ，下線(a)の操作では変化が見られず，下線(b)の操作では試験管壁面への金属析出が確認された。また，化合物 D および E をそれぞれ過マンガン酸カリウムの硫酸酸性水溶液で処理すると，片方の化合物〔　(ア)　〕でのみ水溶液に色の変化が生じた。色の変化が生じた水溶液中には化合物〔　(ア)　〕から化合物 F が生成していた。

問 1. 化合物 B の分子式を記せ。

問 2. 化合物 B と C の構造式を記せ。また，化合物 B および C の構造異性体の構造式を全て記せ（ただし，化合物 B および C は含めない）。なお，構造式中に不斉炭素原子が存在する場合は当該炭素原子に＊を付すこと。

問 3. 化合物 A の構造式を記せ。また，化合物 A の構造異性体の構造式を全て記せ（ただし，化合物 A は含めない）。

問 4. 下線(a)の操作で沈殿を生じる反応，および下線(b)の操作で金属が析出する反応の名称を答え，化合物 D および E の構造式を記せ。

問 5. 文章中の下記の化学反応のうち，もっとも起こりにくいと考えられる反応を一つ選び，番号で答えよ。

(1) 化合物A → 化合物B

(2) 化合物A → 化合物C

(3) 化合物B → 化合物D

(4) 化合物C → 化合物E

問 6. 〔 (ア) 〕に当てはまる化合物を記号で答え，化合物Fの構造式を記せ。

解　答

問1　$C_4H_{10}O$

問2　化合物Bの構造式：$CH_3-CH_2-{}^*CH-CH_3$
　　　　　　　　　　　　　　　　　　$\underset{OH}{|}$

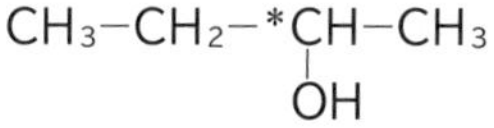

　　　化合物Cの構造式：$CH_3-CH_2-CH_2-CH_2-OH$

　　　構造異性体の構造式：

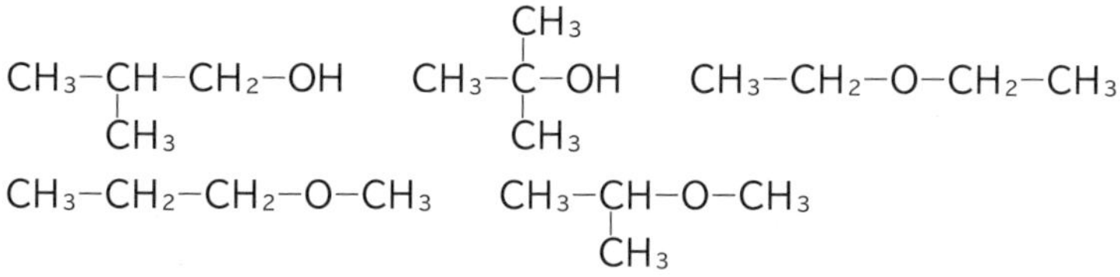

　　　$CH_3-\underset{CH_3}{\overset{|}{C}H}-CH_2-OH$　　　$CH_3-\underset{CH_3}{\overset{CH_3}{\overset{|}{\underset{|}{C}}}}-OH$　　　$CH_3-CH_2-O-CH_2-CH_3$

　　　$CH_3-CH_2-CH_2-O-CH_3$　　　$CH_3-\underset{CH_3}{\overset{|}{C}H}-O-CH_3$

問3　化合物Aの構造式：$CH_3-CH_2-CH=CH_2$

　　　構造異性体の構造式：

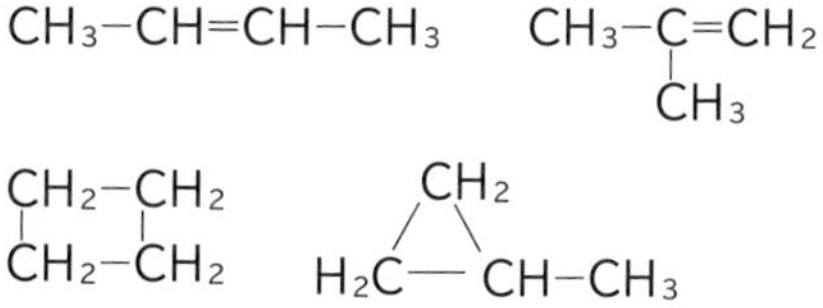

　　　$CH_3-CH=CH-CH_3$　　　$CH_3-\underset{CH_3}{\overset{|}{C}}=CH_2$

　　　$\begin{matrix}CH_2-CH_2\\CH_2-CH_2\end{matrix}$　　　$\begin{matrix}CH_2\\H_2C\!-\!\!-\!CH-CH_3\end{matrix}$

問4　(a)の反応の名称：ヨードホルム反応　　(b)の反応の名称：銀鏡反応

　　　化合物Dの構造式：$CH_3-CH_2-\underset{O}{\overset{|}{\underset{\|}{C}}}-CH_3$

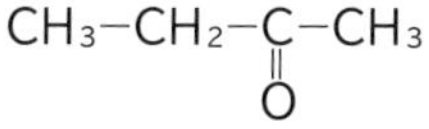

　　　化合物Eの構造式：$CH_3-CH_2-CH_2-\underset{O}{\overset{\|}{C}}-H$

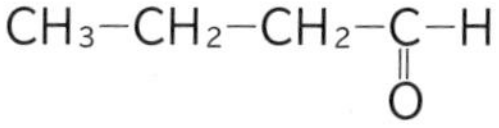

問5　(2)

問6　化合物(ア)：E

　　　化合物Fの構造式：$CH_3-CH_2-CH_2-\underset{O}{\overset{\|}{C}}-OH$

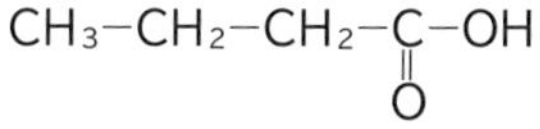

ポイント

　化合物の反応と検出反応の結果から，化合物を系統的に判断しよう。マルコフニコフ則の理解が必要。

解　説

問1　11.1mg の化合物Bに含まれる各元素の質量は次のとおり。

$$C：26.4 \times \frac{12}{44} = 7.2〔mg〕$$

$$H：13.5 \times \frac{2}{18} = 1.5〔mg〕$$

$$O：11.1 - (7.2 + 1.5) = 2.4〔mg〕$$

化合物中のC，H，Oの物質量比は

$$C：H：O = \frac{7.2}{12} : \frac{1.5}{1} : \frac{2.4}{16} = 0.6 : 1.5 : 0.15 = 4 : 10 : 1$$

よって，組成式は　　$C_4H_{10}O$

分子式は $(C_4H_{10}O)_n$ で表される。

分子式が $C_aH_bO_c$ のとき，分子が成り立つには $b \leqq 2a + 2$ である必要がある。$n = 2$ のとき $C_8H_{20}O_2$ となり，分子が成り立たないので，化合物Bの分子式は $n = 1$ の $C_4H_{10}O$ 以外にはない。

問2・問4　下線部(a)はヨードホルム反応，下線部(b)は銀鏡反応の実験操作である。化合物B，C，D，Eの関係は次のように整理でき，反応の結果より構造式を求めることができる。

$$化合物B \xrightarrow[\text{(酸化)}]{K_2Cr_2O_7} 化合物D \begin{pmatrix} \text{ヨードホルム反応を示すので,} \\ \text{分子内に} -\overset{\overset{\displaystyle O}{\|}}{C}-CH_3 \text{の構造をもつ} \\ \text{銀鏡反応を示さないので,} \\ \text{アルデヒド基をもたない} \end{pmatrix}$$

　　$C_4H_{10}O$

$$化合物C \xrightarrow[\text{(酸化)}]{K_2Cr_2O_7} 化合物E \begin{pmatrix} \text{ヨードホルム反応を示さない} \\ \text{銀鏡反応を示すので,} \\ \text{アルデヒド基をもつ} \end{pmatrix}$$

　　$C_4H_{10}O$

実験結果より，化合物Dはケトン，化合物Bは第二級アルコールと考えられ，$C_4H_{10}O$ の分子式をもつアルコールのうち，第二級アルコールは1つしかないので，化合物Bは〔解答〕の 2-ブタノールであり，化合物Dはエチルメチルケトンとなる。一方，化合物Eはアルデヒド，化合物Cは第一級アルコールである。$C_4H_{10}O$ の分子式をもつ第一級アルコールは直線形の 1-ブタノールと，枝分かれ形の 2-メチル-1-プロパノールがあるが，化合物Cは化合物Bと同じく，化合物Aへの水付加で生じるので，直線形しか考えられない。よって，化合物Cは 1-ブタノールである。以上より，化合物A～Fの関係を整理しなおすと，次のようになる。

$$\begin{array}{c} H_2O\ \text{付加} \\ \xrightarrow{} \end{array} CH_3-CH_2-\overset{*}{C}H-CH_3 \xrightarrow{K_2Cr_2O_7} CH_3-CH_2-\underset{O}{\overset{\|}{C}}-CH_3$$

化合物 B　　　　　　　　　　化合物 D

$$CH_3-CH_2-CH=CH_2$$

化合物 A

$$\xrightarrow{} CH_3-CH_2-CH_2-CH_2-OH \xrightarrow{K_2Cr_2O_7} CH_3-CH_2-CH_2-\underset{O}{\overset{\|}{C}}-H$$

H₂O 付加　　　　　　化合物 C

化合物 E

$$\downarrow KMnO_4$$

$$CH_3-CH_2-CH_2-\underset{O}{\overset{\|}{C}}-OH$$

化合物 F

問3　化合物 A には臭素や水が付加するので，二重結合が存在する。水が付加した後
の分子式 $C_4H_{10}O$ より，化合物 A の分子式は C_4H_8 であり，化合物 B，C の構造よ
り，化合物 A は 1-ブテンである。C_4H_8 の異性体には，〔解答〕のようにアルケン
3種，シクロアルカン2種があり，アルケンの一種である 2-ブテンには幾何異性
体も存在する。

問5　化合物 B から D，化合物 C から E への反応はいずれもアルコールの酸化反応で
あり，簡単に起こる。化合物 A から B，C への付加反応では，マルコフニコフ則に
より，優先的に化合物 B が生じる。よって，最も起こりにくい反応は，(2)の化合物
A から C が生じる反応である。

$$CH_3-CH_2-CH=CH_2 \xrightarrow{+H_2O} CH_3-CH_2-\underset{OH}{\overset{|}{C}H}-CH_3 \cdots\text{主生成物}$$

1-ブテン
（化合物 A）

2-ブタノール（化合物 B）

$$\xrightarrow{+H_2O} CH_3-CH_2-CH_2-CH_2-OH \cdots\text{副生成物}$$

1-ブタノール（化合物 C）

問6　化合物 D はケトンで，それ以上酸化されず，化合物 E はアルデヒドで，酸化さ
れてカルボン酸になる。過マンガン酸カリウムの硫酸酸性水溶液の色の変化は赤紫
色から無色であり，過マンガン酸カリウムが酸化剤としてはたらいて，カルボン酸
である化合物 F（酪酸）が生成したことになる。

64 サリチル酸とその誘導体の合成と反応

(2009 年度　第 5 問)

サリチル酸に関する次の文章(1)～(4)を読み, **問 1 ～問 7** に答えよ。なお, 構造式はサリシン A 及びサリチル酸 C にならって記せ。

(1) ヤナギの樹皮に含まれるサリシン A を硫酸で加水分解すると, サリチルアルコール B と〔 (ア) 〕が生成した。サリチルアルコール B の第 1 級アルコールを酸化すると, サリチル酸 C が生成した。また, 加水分解により生成した〔 (ア) 〕は, 水溶液中では〔 (イ) 〕種類の異性体の平衡状態として存在し, これに水素化ホウ素ナトリウムなどの還元剤を加えると, 〔 (ア) 〕の〔 (ウ) 〕基が還元されて糖アルコール D が生成した。

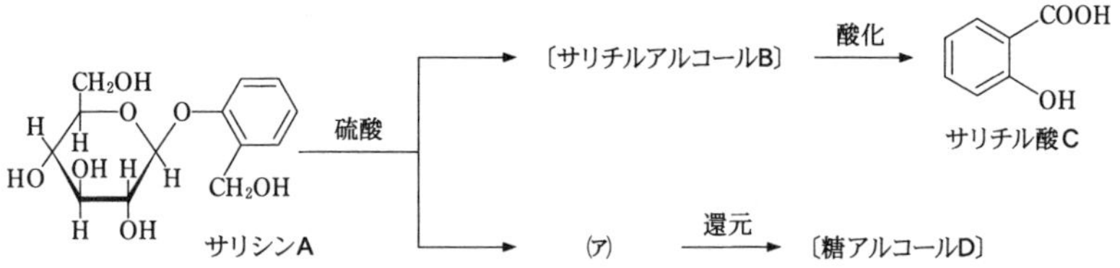

(2) サリチル酸 C はフェノールにナトリウムを作用させて生成したナトリウムフェノキシド(a)を高温, 高圧下, 二酸化炭素と反応させて生成したサリチル酸ナトリウムに硫酸を作用させると生成する。また, フェノールに水酸化カリウムを作用させて生成したカリウムフェノキシド(b)を同様に反応させると, サリチル酸 C とパラヒドロキシ安息香酸 E が生成する。

(3) サリチル酸 C に無水酢酸(c)を作用させて生成するアセチルサリチル酸 F は解熱, 鎮痛薬として使用される。また, サリチル酸を〔 (エ) 〕中で硫酸を触媒として加熱すると, サリチル酸メチル G が生成する。このサリチル酸メチル G をアンモニアと反応させると, 分子内にアミド結合をもつサリチルアミド H が生成する。サリチル酸メチル G は消炎, 鎮痛作用を示し, サリチルアミド H は解熱, 鎮痛作用を有する医薬品である。

⑷　炭素，水素，酸素からなりベンゼン環を含む分子量 108 の化合物 I の試料
　　2.16 g を完全に燃焼させたところ，二酸化炭素 6.16 g，水 1.44 g を生じた。
　　さらに，化合物 I を酸化すると安息香酸 J が生じた。化合物 I にはベンゼン環
　　を含む 4 種類の異性体，化合物 K，L，M，N が存在する。化合物 K は酸化さ
　　れにくいが，化合物 L，M，N は酸化され，化合物 L からはサリチル酸 C が，
　　化合物 M からはパラヒドロキシ安息香酸 E が得られた。

問 1．文中の〔　(ア)　〕～〔　(エ)　〕に適切な語句または数字を記せ。

問 2．サリチルアルコール B 及び糖アルコール D の構造式を記せ。

問 3．1.43 g のサリシン A（分子量 286）から何 g のサリチル酸 C（分子量 138）が
　　　得られるか計算し，有効数字 2 桁で答えよ。

問 4．文章(2)，下線部(a)におけるナトリウムフェノキシドの生成，および下線部
　　　(b)におけるカリウムフェノキシドの生成を化学反応式で記せ。

問 5．文章(3)，下線部(c)の無水酢酸の加水分解を化学反応式で記せ。また，サリ
　　　チルアミド H の構造式を記せ。

問 6．化合物 I の分子式を記せ。また，化合物 N の名称及び化合物 K の構造式を
　　　記せ。

問 7．化合物 A～N の中で塩化鉄(Ⅲ)と呈色反応を示さない化合物を解答欄に記
　　　号で記せ。また，呈色反応を示さない理由を 24 字以内で記せ。

解　答

問1　㋐グルコース　㋑3　㋒アルデヒド　㋓メタノール

問2　サリチルアルコールB：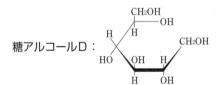

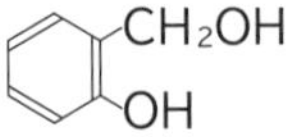

糖アルコールD：

問3　0.69 g

問4　(a) 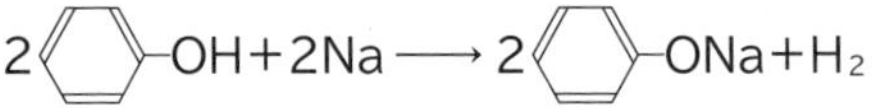　$2\langle\!\!\!\rangle\text{-OH} + 2\text{Na} \longrightarrow 2\langle\!\!\!\rangle\text{-ONa} + \text{H}_2$

　　　(b) 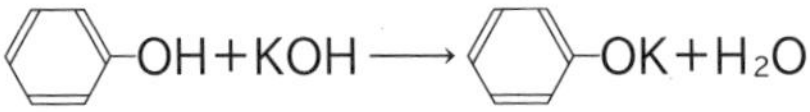　$\langle\!\!\!\rangle\text{-OH} + \text{KOH} \longrightarrow \langle\!\!\!\rangle\text{-OK} + \text{H}_2\text{O}$

問5　(c)　$(\text{CH}_3\text{CO})_2\text{O} + \text{H}_2\text{O} \longrightarrow 2\text{CH}_3\text{COOH}$

　　　サリチルアミドHの構造式：

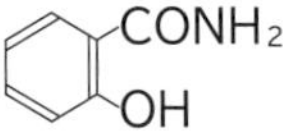

問6　化合物 I の分子式：C_7H_8O　　化合物Nの名称：m-クレゾール

　　　化合物Kの構造式：

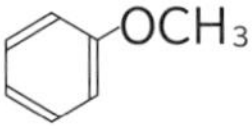

問7　呈色反応を示さない化合物：A，D，F，I，J，K

　　　理由：フェノール性ヒドロキシ基を分子内にもたないから。（24字以内）

ポイント

　サリシンAからの合成やサリチルアミド生成の反応は見慣れないが，サリチル酸の反応と誘導体の合成は定番。構造式や化学反応式を確実に書こう。

解　説

問1・問2　サリシンAの構造は，糖とサリチルアルコールがエーテル結合したものであり，その加水分解は次のように示される。

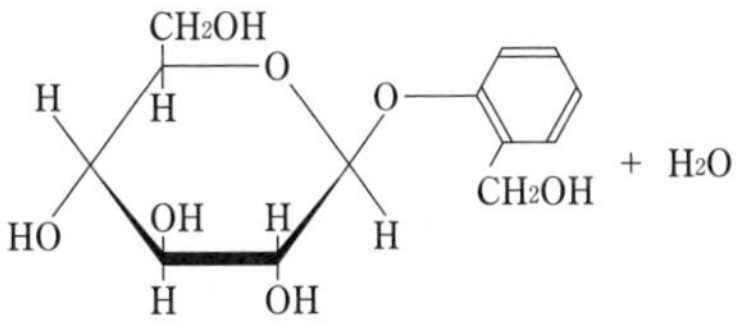

サリシンA

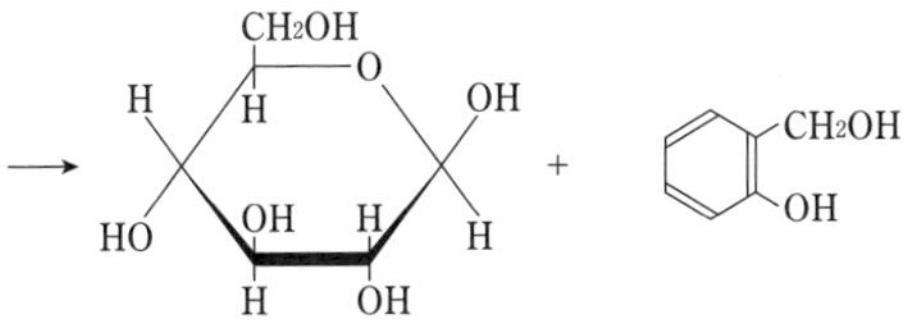

グルコース　　　サリチルアルコールB

サリチルアルコールBは第一級アルコールであり，酸化されると次のようにアルデヒドを経て，カルボン酸であるサリチル酸Cとなる。

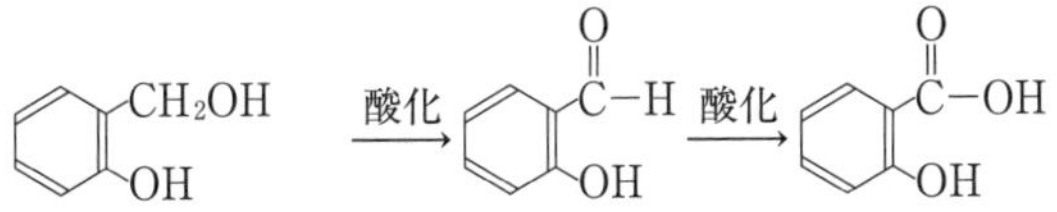

サリチルアルコールB　　　　　　　　　　サリチル酸C

グルコースには，水溶液中で次のような3種類の異性体が存在し，鎖状グルコースはアルデヒド基をもつので還元力を有する。

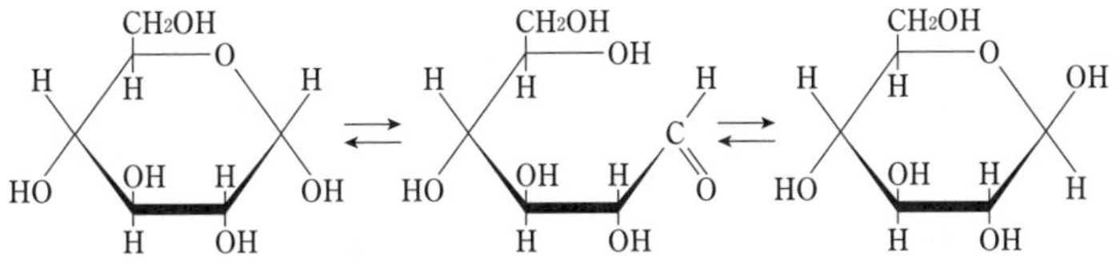

α-グルコース　　　　　　鎖状グルコース　　　　　　β-グルコース

鎖状グルコースのアルデヒド基が還元されると，次のような糖アルコールDが生成する。

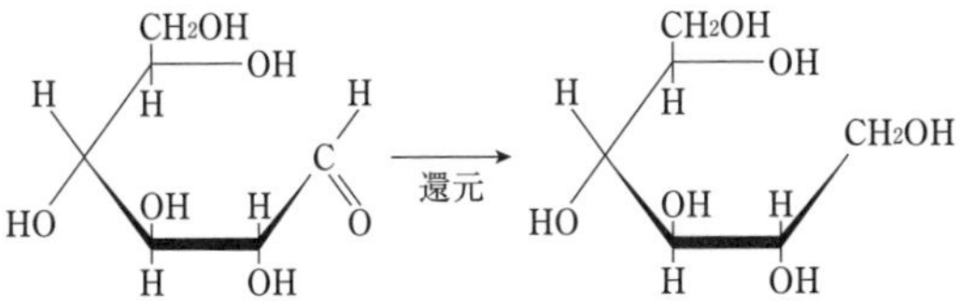

鎖状グルコース　　　　　　　　糖アルコールD

問3　1 mol のサリシンA（分子量 286）から 1 mol のサリチル酸C（分子量 138）が生成するので

$$\frac{1.43}{286} \times 138 = 0.69 \,[\,g\,]$$

問4　フェノールからサリチル酸の合成反応は，次のように示される。

フェノール $\xrightarrow{\text{Na}}$ ナトリウムフェノキシド $\xrightarrow[\text{高温・高圧}]{\text{CO}_2}$ サリチル酸ナトリウム $\xrightarrow{\text{H}_2\text{SO}_4}$ サリチル酸

また，弱酸性のフェノールは水酸化カリウムとも反応してカリウムフェノキシドを生成し，これからサリチル酸Cとパラヒドロキシ安息香酸Eが生成する。

フェノール $\xrightarrow{\text{KOH}}$ カリウムフェノキシド $\xrightarrow{\text{CO}_2}$

（上段）サリチル酸カリウム $\xrightarrow{\text{H}_2\text{SO}_4}$ サリチル酸C

（下段）パラヒドロキシ安息香酸カリウム $\xrightarrow{\text{H}_2\text{SO}_4}$ パラヒドロキシ安息香酸E

問5　サリチル酸Cに無水酢酸を作用させるとアセチル化が起こり，アセチルサリチル酸Fが生成する。

サリチル酸C $+ (CH_3CO)_2O \xrightarrow{\text{アセチル化}}$ アセチルサリチル酸F $+ CH_3COOH$

また，サリチル酸Cに硫酸を触媒としてメタノールを作用させるとエステル化が起こり，サリチル酸メチルGが生成する。

サリチル酸C $+ CH_3OH \xrightarrow[\text{H}_2\text{SO}_4]{\text{エステル化}}$ サリチル酸メチルG $+ H_2O$

サリチル酸メチルGとアンモニアは，次のように反応してサリチルアミドHが生成する。

サリチル酸メチルG $+ NH_3 \longrightarrow$ サリチルアミドH $+ CH_3OH$

問6　化合物Iの元素分析の結果より，化合物I 2.16 g中の各成分元素の質量は

$$C : 6.16 \times \frac{12.0}{44.0} = 1.68\,[\,g\,]$$

$$H : 1.44 \times \frac{2.0}{18.0} = 0.16\,[\,g\,]$$

O：2.16－(1.68＋0.16)＝0.32〔g〕

化合物Ｉの組成式を $C_xH_yO_z$ とすると

$$x:y:z=\frac{1.68}{12.0}:\frac{0.16}{1.0}:\frac{0.32}{16.0}=0.14:0.16:0.020$$

$$=7:8:1$$

よって，組成式は　　C_7H_8O　(式量 108)

分子量が 108 なので，分子式も C_7H_8O である。

C_7H_8O の分子式をもつ化合物には，次の 5 種類の異性体が存在する。

ベンジルアルコール
(化合物Ｉ)

メチルフェニルエーテル
(化合物Ｋ)

o-クレゾール
(化合物Ｌ)

m-クレゾール
(化合物Ｎ)

p-クレゾール
(化合物Ｍ)

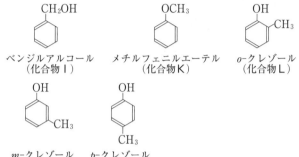

ここで，酸化されて安息香酸を生じる化合物Ｉはベンジルアルコールであり，酸化されにくい化合物Ｋはメチルフェニルエーテル，酸化されてサリチル酸を生じる化合物Ｌは *o*-クレゾール，酸化されてパラヒドロキシ安息香酸を生じる化合物Ｍが *p*-クレゾールである。残った化合物Ｎが *m*-クレゾールということになる。

問7　塩化鉄(Ⅲ)による呈色反応はフェノール類特有のものであり，ベンゼン環に直接ヒドロキシ基が結合したフェノール性ヒドロキシ基が分子内にあるときに呈色する。よって，Ａ～Ｎの中で呈色するのは，サリチルアルコールＢ，サリチル酸Ｃ，パラヒドロキシ安息香酸Ｅ，サリチル酸メチルＧ，サリチルアミドＨ，*o*-クレゾールＬ，*p*-クレゾールＭ，*m*-クレゾールＮであり，残りの 6 種類は呈色しない。

65 ベンゼンの反応と誘導体の構造決定

(2008年度　第5問)

次の文章を読み，**問1〜問5**に答えよ。

ベンゼンの不飽和結合は，エチレン(エテン)やプロピレン(プロペン)などの不飽和結合とは異なる反応性を示す。エチレンやプロピレンを臭素水に加えると臭素水の褐色が脱色されるのは，不飽和結合への〔　(ア)　〕反応が起こるためである。同じ条件では，ベンゼンは臭素水の褐色を脱色しないことから，ベンゼン中の不飽和結合への臭素や水などの〔　(ア)　〕反応は起こりにくいことがわかる。一方，ベンゼンに濃硫酸を加えて加熱する方法でベンゼンに〔　(イ)　〕基を導入することができる。このような方法でベンゼンに〔　(イ)　〕基やニトロ基を導入する反応は〔　(ウ)　〕反応とよばれ，同じ条件ではアルケン類では起こりにくい。

分子中にベンゼン環を一つもつ化合物 A がある。その成分元素の質量百分率は，炭素が 64.9 %，水素が 6.3 %，酸素が 28.8 % であった。A を水酸化ナトリウム水溶液に加えて穏やかに加熱すると，A は徐々に溶けていき均一の水溶液になった。この反応で，2種類の化合物 B と C のみが B：C ＝ 2：1 のモル比で生成した。その水溶液を蒸留して沸点 100 ℃ 以下の B を得た。B の水溶液にヨウ素のヨウ化カリウム水溶液を加えて温め，これに水酸化ナトリウム水溶液を加えてよく振り混ぜたのち，冷水で冷却すると黄色沈殿 D が生じた。一方，C の水溶液に強酸を加えて酸性にすると白色沈殿 E が生じた。化合物 E の分子量を測定すると 166 であった。E を加熱すると水蒸気が発生して化合物 F が生成した。F は水と反応して E にもどることがわかった。化合物 A〜F がベンゼン環に直接結合したヒドロキシ基をもたないことは，〔　(エ)　〕水溶液を加えても特有の紫色を示さないことで確かめられた。

問 1. 文中の〔　(ア)　〕〜〔　(エ)　〕に適切な語句を記せ。

問 2. 化合物 A の組成式を記せ。

問 3. 沈殿 D の化学式を記せ。

問 4. 化合物 F の構造式を次の例にならって記せ。

（例）

H_3C—⟨benzene⟩—NO_2

問 5. 酸化されて化合物 E を生成する芳香族炭化水素の一つを，上の例にならって構造式で記せ。

解答

問1　(ア)付加　(イ)スルホ　(ウ)置換　(エ)塩化鉄(III)

問2　$C_6H_7O_2$

問3　CHI_3

問4　

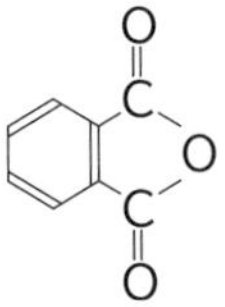

問5　

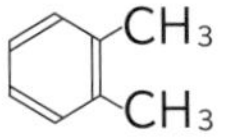

ポイント

　元素分析と芳香族化合物の反応を確実に押さえて標準問題での失点をなくそう。フタル酸の脱水やベンゼン環側鎖の酸化反応は頻出。

解説

問1　ベンゼン環の不飽和結合は，アルケンの二重結合より安定なので付加反応は起きにくい。水素原子が他の原子と置き換わる置換反応の方が起こりやすく，次に示すような反応が起こる。

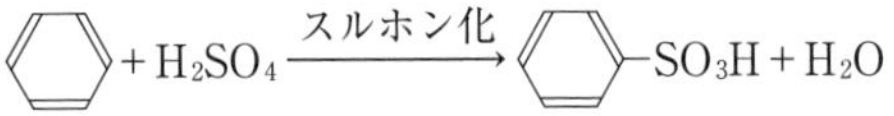

問2　化合物Aの組成式は，次のように求まる。

$$C:H:O = \frac{64.9}{12} : \frac{6.3}{1} : \frac{28.8}{16} = 5.4 : 6.3 : 1.8 = 6 : 7 : 2$$

よって，組成式は　　$C_6H_7O_2$（式量 111）

問3　塩基性の条件下でヨウ素を作用させると特異臭のある黄色沈殿（CHI_3）を生じる反応をヨードホルム反応といい，分子内に CH_3CO- や $CH_3CH(OH)-$ の部分構造をもつ化合物がヨードホルム反応を示す。

問4　化合物Aは，水酸化ナトリウム水溶液で加水分解されるので，エステルと考えられ，化合物Cは強酸を加えると弱酸Eの沈殿を生じるので，芳香族化合物の弱酸の塩と考えられる。弱酸Eの分子量（166）と，加熱すると脱水反応を起こして無水物となることから，Eはフタル酸と考えられる。フタル酸は次のように反応して，無水フタル酸Fとなる。

フタル酸
(分子量 166)　　　　　　　無水フタル酸

Cがフタル酸の塩であれば，Bはアルコールである。Aの組成式とEがフタル酸（分子量 166）であることより，Aの分子式をその組成式の 2 倍の $C_{12}H_{14}O_4$（分子量 222）と考えると，加水分解されて生じるアルコールBの分子量は 46 であり，エタノールと考えられる。エタノールの沸点は 78℃であり，ヨードホルム反応も示すことから，Bの条件を満たしている。よって，Aは次のような構造をもつ，フタル酸とエタノールからなるエステルである。

問 5　酸化されてフタル酸を生じる炭化水素を答えるとよい。ベンゼン環に結合した炭化水素基（側鎖）は，次のように酸化されてカルボキシ基になる。

よって，答える芳香族炭化水素は，次のように側鎖をオルト位にもつもののうちから 1 つ答えるとよい。

また，ナフタレンは次のように酸化によって無水フタル酸からフタル酸を生成する。

第6章
高分子化合物

66 アミノ酸とペプチドの反応とオクタペプチドの構造決定

(2022年度　第5問)

次の文章を読み，**問1**～**問5**に答えよ。構造式を答える際には記入例にならっ
て答えよ。

構造式の記入例

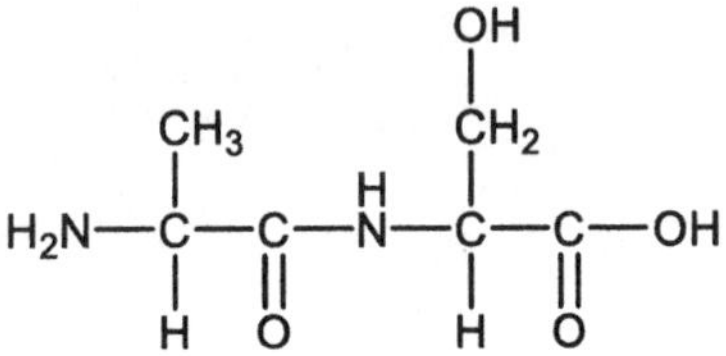

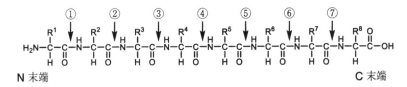

次の図に示すペプチド**A**は，8個のアミノ酸が縮合しており，次の表に示す
6種類の*α*-アミノ酸から構成されている。このペプチド**A**の**N**末端からのアミ
ノ酸配列の順序を決定するために実験1～実験8を行った。なお，**N**末端，**C**末
端とはペプチド鎖の末端であり，図に示すように，それぞれペプチド結合を形成
していない遊離のアミノ基とカルボキシ基をさす。①～⑦は，**N**末端からのペプ
チド結合の位置を示す。

図. ペプチド**A**

表. ペプチド **A** を構成するアミノ酸

アミノ酸	グリシン	システイン	バリン	フェニルアラニン	アスパラギン酸	リシン
頭文字	グ	シ	バ	フ	ア	リ
側鎖(R)の構造	H	SH CH₂	CH₃ H–C–CH₃	CH₂(ベンゼン環)	O C–OH CH₂	NH₂ CH₂ CH₂ CH₂ CH₂

実験1：ペプチド **A** の **N** 末端のアミノ酸を分析するとアミノ酸 **B** であることがわかった。

実験2：アミノ酸 **B** をメタノール中で少量の濃硫酸を加えて加熱したところ，分子量が 28 大きい化合物 **C** を生じた。

実験3：芳香族アミノ酸のカルボキシ基側のペプチド結合を特異的に切断する酵素を用いてペプチド **A** を加水分解すると，3 種類のペプチド **D**, **E**, **F** が生成した。

実験4：ペプチド **D**, **E**, **F** を分析すると，ペプチド **D** と **F** はトリペプチド，ペプチド **E** はジペプチドであることがわかった。

実験5：ペプチド **E** の組成式は $C_{10}H_{20}N_2O_3$ であり，ペプチド **E** を完全に加水分解すると，1 種類のアミノ酸 **G** のみが検出された。

実験6：ペプチド **D** を完全に加水分解すると，アミノ酸 **B** が含まれていた。

実験7：ペプチド **D** を完全に加水分解して得られたアミノ酸の混合水溶液に対して，pH 6.0 の緩衝液に浸したろ紙を使って電気泳動を行った。その結果，アミノ酸 **H** が陰極側に移動した。

実験8：ペプチド **F** を部分的に加水分解すると 2 種類のジペプチドが得られ，いずれにも不斉炭素原子を持たないアミノ酸が含まれていた。

問 1. 実験 2 で生じた化合物 **C** の構造式を答えよ。

問 2. 実験 5 で生じたアミノ酸 **G** の名称を答えよ。

問 3. ペプチド **D** を構成する 3 個のアミノ酸の名称をすべて答えよ。

問 4. 図に示すペプチド結合①〜⑦のうち，実験 3 で切断されるペプチド結合の番号をすべて答えよ。

問 5. ペプチド **A** を構成するアミノ酸の配列順序を答えよ。ただし，**N** 末端を左側にして右側の **C** 末端に向かう順番に並べ，表に示したアミノ酸の名称の頭文字を使って答えよ。

解 答

問1　$H_2N-CH-CH_2-C-O-CH_3$
　　　　　$\overset{|}{C}-O-CH_3$　$\overset{\|}{O}$
　　　　　$\underset{O}{\|}$

問2　バリン

問3　フェニルアラニン，アスパラギン酸，リシン

問4　③・⑥

問5　（N末端）アーリーフーシーグーフーバーバ（C末端）

ポイント

　多くの実験結果を整理してアミノ酸の配列を決定するには，正確な知識と考察力，類似問題での慣れが必要。最終的な構造決定ができなくても，途中の設問は得点できる。

解 説

問1　「アミノ酸Bをメタノール中で少量の濃硫酸を加えて加熱」という実験で起きる反応は，次に示すカルボキシ基のエステル化である。

　　　$R-COOH + CH_3OH \longrightarrow R-COOCH_3 + H_2O$

このとき，1つのカルボキシ基がエステル化されると分子量は14増加する。化合物Cはアミノ酸Bより分子量が28大きいことから，アミノ酸Bは分子内にカルボキシ基を2つもつ酸性アミノ酸のアスパラギン酸であり，化合物Cは次のような反応でアスパラギン酸の2つのカルボキシ基がエステル化された構造をもつ。

$H_2N-CH-CH_2-C-OH + 2CH_3OH \longrightarrow H_2N-CH-CH_2-C-O-CH_3 + 2H_2O$
　　　$\overset{|}{C}-OH$　$\overset{\|}{O}$　　　　　　　　　　　　　$\overset{|}{C}-O-CH_3$　$\overset{\|}{O}$
　　　$\underset{O}{\|}$　　　　　　　　　　　　　　　　　　　　$\underset{O}{\|}$

　　　　　　　　　　　　　　　　　　　　　　　　　　化合物C

問2　ペプチドEはジペプチドであり，加水分解されて1種類のアミノ酸Gのみが生じることから，その分子式は次のように求めることができる。

$$\frac{C_{10}H_{20}N_2O_3 + H_2O}{2} = C_5H_{11}NO_2$$

アミノ酸Gの構造を $H_2N-CH-COOH$ と考えると，$R = C_3H_7$ であり，これに相当
　　　　　　　　　　　　$\overset{|}{R}$
するアミノ酸はバリンである。

問3　ペプチドDはトリペプチドであり，実験3で芳香族アミノ酸（フェニルアラニン）のカルボキシ基側のペプチド結合が切断されて生じ，かつアミノ酸B（アスパラギン酸）をN末端にもつ。さらに，加水分解して得られたアミノ酸の一つであるアミノ酸Hは，pH6.0の緩衝液中での電気泳動で陰極側に移動することから，陽

イオンとなるアミノ基を分子内に2つもつリシンであると考えられる（リシンの等
電点は6.0より大きい）。よって，ペプチドDを構成する3個のアミノ酸は，フェ
ニルアラニン，アスパラギン酸，リシンである。

問4　実験3で切断されるペプチド結合は，芳香族アミノ酸（フェニルアラニン）の
カルボキシ基側の結合である。ジペプチドであるペプチドEがアミノ酸G（バリ
ン）2分子のみで構成されるので，これがペプチドAのC末端に存在し，切断位置
は⑥となる。トリペプチドDとFのうち，Dにアミノ酸B（アスパラギン酸）が含
まれ，これがN末端なので，もう一つの切断位置は③である。

問5　実験1～8の結果より，ペプチドAは次のように3つのペプチドD，E，Fで
構成されていることがわかる。

ペプチドEのアミノ酸は2つともバリンである。切断位置③と⑥の左側のアミノ酸
はフェニルアラニンで，ペプチドDの一番左（N末端）がアスパラギン酸，中央が
リシンである。実験8より，ペプチドFの中央のアミノ酸が不斉炭素原子をもたな
いグリシンであり，右側がフェニルアラニン，左側は6種類のアミノ酸のうち，最
後に残ったシステインということになる。よって，ペプチドAを構成するアミノ酸
の配列を，N末端を左，C末端を右にして，アミノ酸の名称の頭文字で示すと次の
ようになる。

　　（N末端）ア−リ−フ−シ−グ−フ−バ−バ（C末端）

67 合成繊維・合成樹脂の原料と合成法およびその性質

(2021 年度　第3問)

次の文章を読み，**問1**から**問5**に答えよ。

　合成繊維には，ポリエチレンテレフタラートに代表されるポリエステル，ならびにナイロン66に代表される〔　ア　〕などがあり，これらは〔　イ　〕重合で合成される。また，ポリエチレンテレフタラートの主原料となる2価カルボン酸と*p*-フェニレンジアミンの〔　イ　〕重合によって得られる〔　ア　〕は，特に，〔　ウ　〕繊維と呼ばれている。一方，ポリエチレンやポリ塩化ビニルなどは，〔　エ　〕重合で合成される高分子であり，これらは加熱により軟化・流動する性質のため，〔　オ　〕樹脂と呼ばれている。

　合成樹脂は自然界では分解されにくい。そこで，自然界の微生物によって比較的容易に分解される合成樹脂が開発され，実用化されている。このような樹脂を〔　カ　〕樹脂という。たとえば，トウモロコシなどのデンプンから得られる乳酸を原料としてポリ乳酸が合成され，食品トレイや包装用フィルムなどに用いられている。ポリ乳酸は，土壌微生物によって分解され，二酸化炭素と水になるが，われわれの生体内でも代謝され，数ヶ月で加水分解されて生体外へと排出される。

　乳酸の〔　イ　〕重合では低分子量のポリ乳酸しか得ることができない。そこで，低分子量のポリ乳酸から，乳酸2分子が脱水縮合した環状ジエステルである化合物 **A** をつくり，これを〔　キ　〕重合させて高分子量のポリ乳酸を合成している。また，乳酸と同様に次の構造式で表されるグリコール酸の環状ジエステルである化合物 **B** を〔　キ　〕重合させることで高分子量のポリグリコール酸がつくられる。乳酸とグリコール酸を〔　イ　〕重合させて得られる高分子素材は，外科手術用の吸収性縫合糸として用いられている。このように，2種類以上の単量体を混合して行う重合を〔　ク　〕重合という。

グリコール酸の構造式

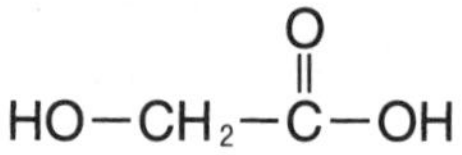

$$HO-CH_2-\overset{\overset{\displaystyle O}{\|}}{C}-OH$$

問 1.〔　ア　〕から〔　ク　〕に入る適切な語句を答えよ。

問 2. 化合物 **A** および **B** の構造式を答えよ。構造式は記入例にならって答えよ。なお，光学異性体は区別しなくて良い。

構造式の記入例

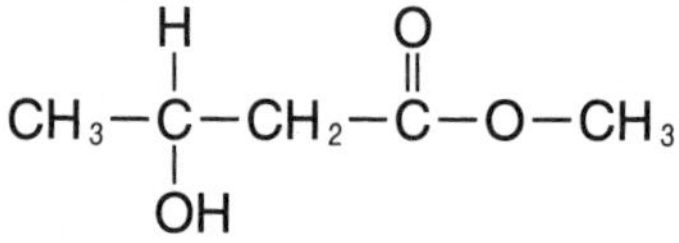

$$CH_3-\overset{\overset{\displaystyle H}{|}}{\underset{\underset{\displaystyle OH}{|}}{C}}-CH_2-\overset{\overset{\displaystyle O}{\|}}{C}-O-CH_3$$

問 3.　2価アルコールである化合物 **C** は，ポリエチレンテレフタラートの主原料である。化合物 **C** を酸化すると，炭素数が同じで還元性を示す2価カルボン酸である化合物 **D** が生じた。化合物 **D** の記述について，最も適切なものを下記の(A)から(D)より一つ選んで記号で答えよ。

（A）　無色で刺激臭をもち，アセテート繊維の原料となる。

（B）　白色の固体で，その水和物は中和滴定の標準試薬として用いられている。

（C）　水によく溶け，融点が低いため，自動車用不凍液に用いられている。

（D）　ヘキサメチレンジアミンと反応させると，ナイロン 66 が得られる。

問 4. 問3で述べた化合物 **C** と 2,6-ナフタレンジカルボン酸（分子式 $C_{12}H_8O_4$）を反応させたところ，平均分子量 8.47×10^4 のポリエステル **E** が得られた。このポリエステルには1分子あたり平均何個のエステル結合が含まれるか，有効数字2桁で答えよ。

問 5.　下記の(A)から(E)の記述の中から，ポリエチレンテレフタラート，ポリ

エチレン，ポリ塩化ビニルについて，最も適切なものをそれぞれ一つ選んで記号で答えよ。

（A）　無触媒の高圧下で合成されたものは，非結晶部分が多く，比較的軟らかくて透明度が高い。

（B）　難燃性であり，黒くなるまで焼いた銅線の先につけて熱すると，炎の色が青緑色になった。

（C）　ソーダ石灰と混合して加熱すると気体が発生した。この気体に濃塩酸を反応させると白煙が生じた。

（D）　希硫酸中で十分に煮沸すると溶解した。この溶液を炭酸ナトリウムで中和したのち，フェーリング液と熱すると赤色沈殿を生じた。

（E）　紫外線を通しにくく，空気中で燃やすと多量の煤(すす)が発生した。

解 答

問1 ア. ポリアミド　イ. 縮合　ウ. アラミド　エ. 付加　オ. 熱可塑性
　　　カ. 生分解性　キ. 開環　ク. 共

問2 化合物Aの構造式：

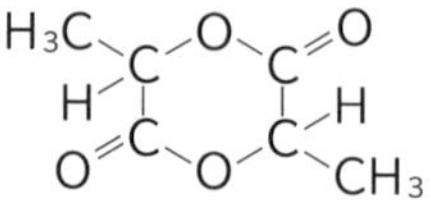

化合物Bの構造式：

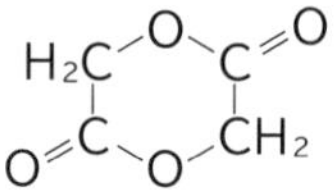

問3 (B)

問4 7.0×10^2 個

問5 ポリエチレンテレフタラート：(E)　ポリエチレン：(A)
　　　ポリ塩化ビニル：(B)

ポイント

　合成高分子化合物の構造や単量体，縮合方法等の基本事項に加え，環状エステルの構造など発展内容で差がつく。プラスチックの識別方法等，身近な物質に対する正確な知識が高得点につながる。

解 説

問1　人工的に合成される高分子化合物には，用途の違いによって合成繊維や合成樹脂等がある。高分子化合物は多くの単量体が重合することによって得られ，重合には次にあげる付加重合，縮合重合，開環重合等がある。

付加重合の例：ポリ塩化ビニル

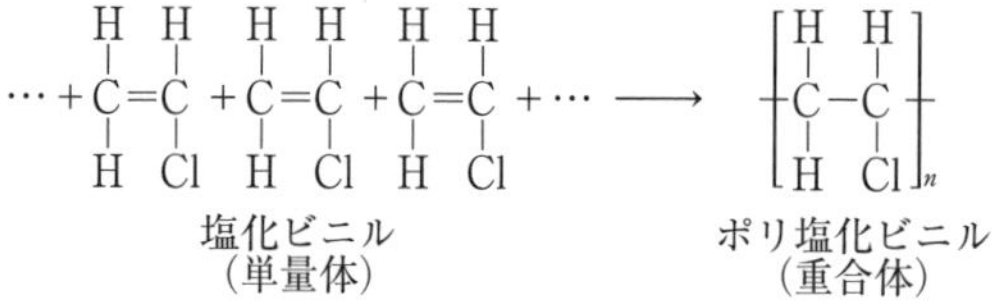

縮合重合の例：ポリエチレンテレフタラート（PET）

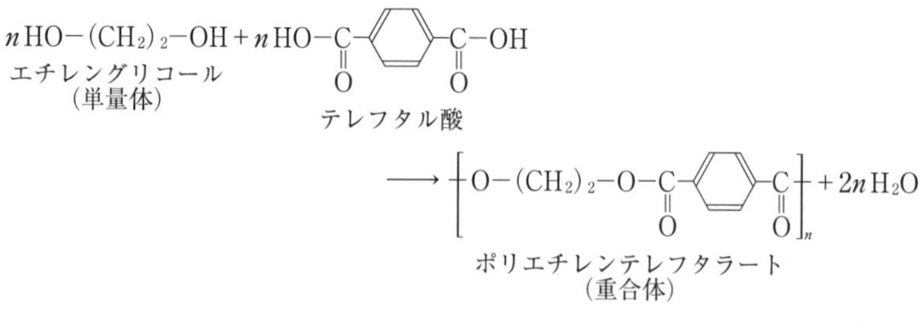

ナイロン66：

$$n\,H_2N-(CH_2)_6-NH_2 + n\,HOOC-(CH_2)_4-COOH$$

ヘキサメチレンジアミン　　　　　　アジピン酸

$$\longrightarrow \left[NH-(CH_2)_6-\underset{\underset{O}{\|}}{\overset{}{C}}... \right]$$

$$\longrightarrow \left[NH-(CH_2)_6-N-\underset{O}{\overset{\|}{C}}-(CH_2)_4-\underset{O}{\overset{\|}{C}} \right]_n + 2n\,H_2O$$
（Hは二番目のN下）

ナイロン66

アラミド繊維：

$$n\,H_2N-\underset{}{\bigcirc}-NH_2 + n\,Cl-\underset{O}{\overset{\|}{C}}-\underset{}{\bigcirc}-\underset{O}{\overset{\|}{C}}-Cl$$

p-フェニレンジアミン

テレフタル酸ジクロリド

$$\longrightarrow \left[NH-\bigcirc-N-\underset{O}{\overset{\|}{C}}-\bigcirc-\underset{O}{\overset{\|}{C}} \right]_n + 2n\,HCl$$

アラミド繊維

開環重合の例：ナイロン6

$$n\,H_2C\genfrac{}{}{0pt}{}{CH_2-CH_2-C=O}{CH_2-CH_2-N-H} \xrightarrow{H_2O} \left[\genfrac{}{}{0pt}{}{N-(CH_2)_5-C}{H \qquad\quad O} \right]_n$$

ε-カプロラクタム　　　　　　　　ナイロン6
（単量体）　　　　　　　　　　　（重合体）

ナイロン66とナイロン6，アラミド繊維は，いずれも単量体がアミド結合でつながったポリアミドである。

加熱によって軟化し，冷やすと再び固まる性質をもつ高分子化合物を熱可塑性樹脂といい，付加重合で作られるものが多く鎖状構造をもつことが多い。一方，加熱によって硬化させて製造する樹脂を熱硬化性樹脂といい，付加縮合で作られるものが多く，三次元網目状構造をもつ。

特殊な機能をもつ高分子化合物を機能性高分子といい，酵素や微生物等の作用によって水と二酸化炭素にまで分解される生分解性高分子もその1つである。乳酸から次のように合成されるポリ乳酸は，生分解性高分子として医療分野等で使われている。

$$n\,HO-\underset{CH_3}{\overset{}{C}H}-COOH \xrightarrow{縮合重合} \left[O-\underset{CH_3}{\overset{}{C}H}-\underset{O}{\overset{}{C}} \right]_n$$

乳酸　　　　　　　　　　　　　　低分子ポリ乳酸

$$\xrightarrow[\;\;]{加熱}\frac{n}{2} \; H_3C-\overset{}{C}\cdots \xrightarrow{開環重合} \left[O-\underset{CH_3}{\overset{}{C}H}-\underset{O}{\overset{}{C}} \right]_m$$

ラクチド　　　　　　　　　　　　高分子ポリ乳酸　　（m≫n）
（化合物A）

問2　化合物Aは問1のポリ乳酸の合成過程の二量体（ラクチド）である。化合物B（グリコール酸の環状ジエステル）の開環重合も，次のように示される。

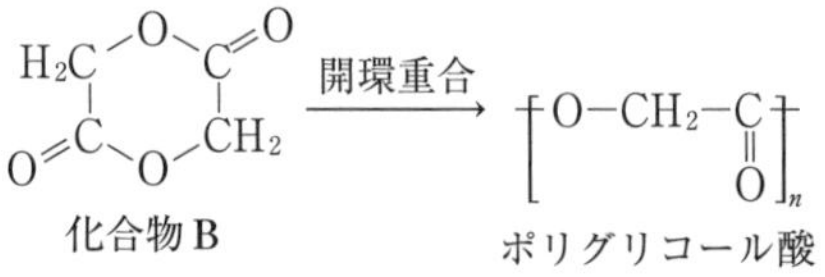

化合物B　　　→　　ポリグリコール酸

問3　ポリエチレンテレフタラートの主原料である2価アルコールの化合物Cはエチレングリコールであり，酸化すると次のようにシュウ酸（化合物D）となる。

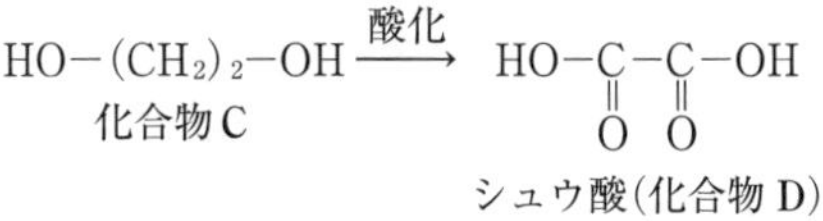

化合物C　　シュウ酸（化合物D）

(A)　アセテート繊維 $[C_6H_7O_2(OH)(OCOCH_3)_2]_n$ は，セルロースと無水酢酸（刺激臭をもつ）から作られる。

(B)　シュウ酸は，水酸化ナトリウム水溶液などの塩基性水溶液の濃度測定に使われる標準試薬である。

(C)　自動車用不凍液に用いられるのは，主にエチレングリコールである。

(D)　ヘキサメチレンジアミンと反応してナイロン66を作るのは，アジピン酸である。

よって，正解は(B)となる。

問4　化合物C（エチレングリコール）と2,6-ナフタレンジカルボン酸は，次のように縮合重合してポリエステルとなる。

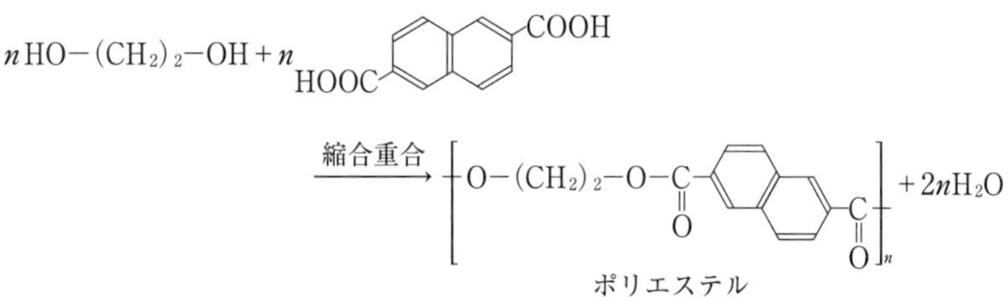

ポリエステル

ポリエステルの繰り返し単位の式量は242であり，この単位の中に2個のエステル結合を含むので，1分子あたりのエステル結合の数は次のように求められる。

$$\frac{8.47\times10^4}{242}\times2=7.00\times10^2\fallingdotseq7.0\times10^2\text{個}$$

問5　(A)　ポリエチレンには，低密度ポリエチレンと高密度ポリエチレンがあり，触媒を用いずに作られる低密度ポリエチレンは結晶領域が少なく柔軟で透明度が高い。　→ポリエチレンが該当

(B)　塩素を含む有機物を黒く焼いた銅線の先につけて炎の中で加熱すると，青緑色

の銅の炎色反応が現れる（バイルシュタイン反応）。 →ポリ塩化ビニルが該当

(C)　特にアミノ基を含む有機化合物は，ソーダ石灰と混合して加熱するとアンモニアが発生し，濃塩酸で塩化アンモニウムの白煙が生じる。 →該当なし

(D)　単量体としてホルムアルデヒドを用いた高分子化合物を希硫酸中で煮沸すると，ホルムアルデヒドが生じて，フェーリング液の還元反応を示す。 →該当なし

(E)　ポリエチレンテレフタラートは分子内にベンゼン環をもち，燃えたときに多量の煤を生じる。紫外線を通しにくい性質は，飲料用の容器（PETボトル）として広く使用されている。 →ポリエチレンテレフタラートが該当

68 テトラペプチドの反応と構造，アミノ酸の立体構造

(2020年度　第5問)

次の文章を読み，**問1～問6**に答えよ。ただし，**問2，問3，問6**については L型とD型の区別をつける必要はなく，構造式を答える際には記入例にならって答えよ。

構造式の記入例

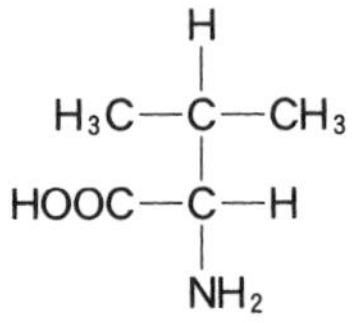

$$\begin{array}{c} H \\ | \\ H_3C-C-CH_3 \\ | \\ HOOC-C-H \\ | \\ NH_2 \end{array}$$

化合物 **A** は $C_{18}H_{34}N_4O_5$ の分子式をもつペプチドであり，3個のペプチド結合，1個のアミノ基，1個のカルボキシ基を有する。化合物 **A** を完全に加水分解したところ，化合物 **B** とバリンが生成した。これら生成物の構造を調べたところ，化合物 **B** はL型の α-アミノ酸であり，バリンはL型とD型の混合物であることが判明した。またバリンには，D型に比べ2倍量のL型が含まれていた。

問1. 図1にD型のバリンの構造を立体的に示した。ただし，図では不斉炭素の周りのみ立体構造を太線と破線で表した。なお，太線で示す結合は紙面の手前側にあり，破線で示す結合は紙面の向こう側にあることを意味する。D型のバリンの鏡像異性体であるL型のバリンを(A)～(E)の中からすべて選び，記号で答えよ。

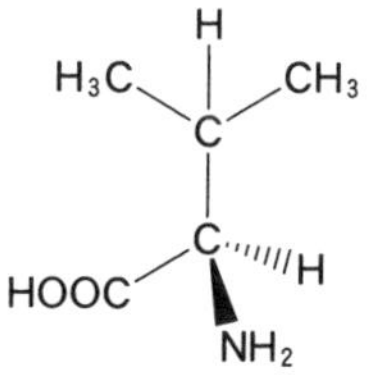

図1

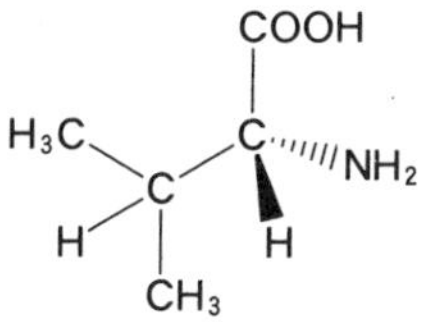

(A)

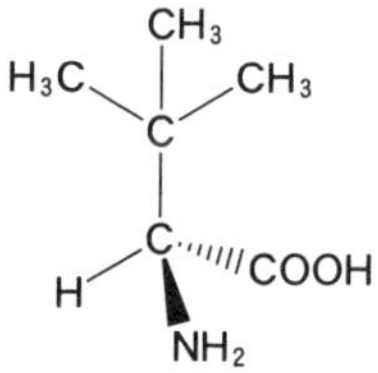

(B)

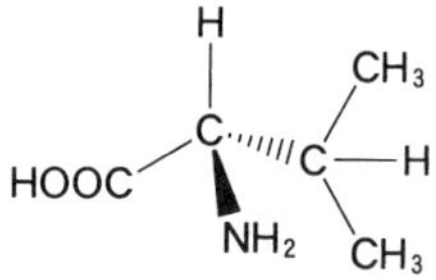

(C)

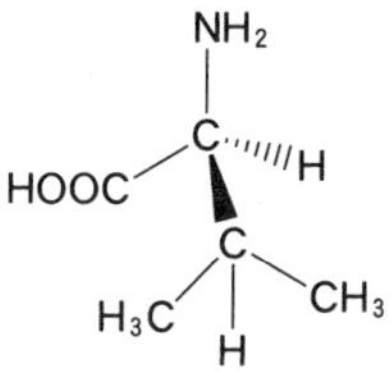

(D)

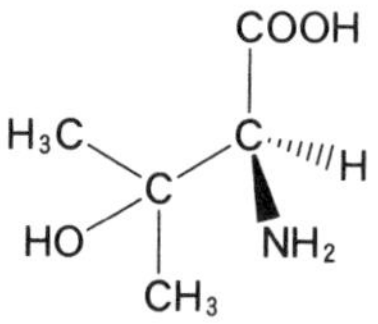

(E)

問 2. 下に示した α-アミノ酸の例のうち，化合物 **B** に該当するアミノ酸の名称
および構造式を答えよ。

セリン　アスパラギン酸　グリシン　アラニン　フェニルアラニン
システイン　リシン　メチオニン　チロシン　グルタミン酸

問 3. 化合物 **B** と同じ分子式を有するが，不斉炭素をもたないアミノ酸の構造
式を一つ答えよ。

問 4. 772 mg の化合物 **A** を完全に加水分解すると，L型のバリンは理論上
何 mg 生成するか，有効数字3桁で答えよ。ただし，この加水分解反応では
副反応は起こらないものとする。

問 5. 化合物 **A** のアミノ酸配列は，何種類考えられるか答えよ。ただし，L型
とD型は区別するものとする。

問 6. 問2に示した α-アミノ酸の例のうち，不斉炭素をもたない α-アミノ酸の
　　名称と構造式を答えよ。

解　答

問1　(C)・(D)

問2　名称：アラニン　構造式：HOOC−C−H に CH_3 (上) と NH_2 (下)

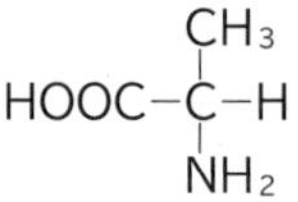

$$HOOC-\overset{\displaystyle CH_3}{\underset{\displaystyle NH_2}{C}}-H$$

問3　$H_2N-\overset{\displaystyle H}{\underset{\displaystyle H}{C}}-\overset{\displaystyle H}{\underset{\displaystyle H}{C}}-COOH$

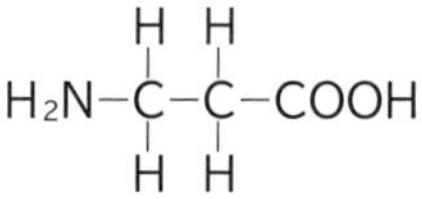

問4　468 mg

問5　12 種類

問6　名称：グリシン　構造式：$H_2N-\overset{\displaystyle H}{\underset{\displaystyle H}{C}}-COOH$

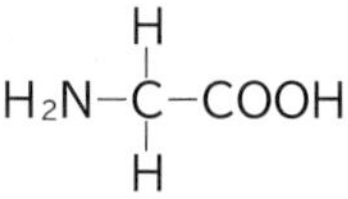

ポイント

立体的な化合物の構造表記には想像力が必要。分子量の算出を慎重に。ペプチドのアミノ酸配列は，場合の数を確実に並べあげて考えよう。

解　説

問1　D型とL型のバリンは，右図に示す鏡像の関係にある。(A)〜(E)のうち，(B)と(E)は，アミノ酸の側鎖（バリンの場合は −CH−CH₃）がバリンと異なるので異性体ではない。

$$-\overset{\displaystyle }{\underset{\displaystyle CH_3}{CH}}-CH_3$$

(A)・(C)・(D)中の不斉炭素原子の周りの置換基の配置の仕方で，D型かL型かが決まる。D−バリンと(A)・(C)・(D)について，側鎖の側から見た不斉炭素原子（＊）の周りの様子を次に示す。

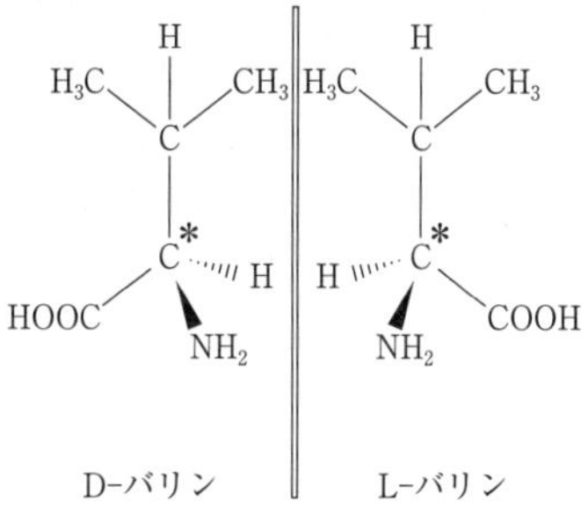

D−バリン　　L−バリン

（＊：不斉炭素原子）

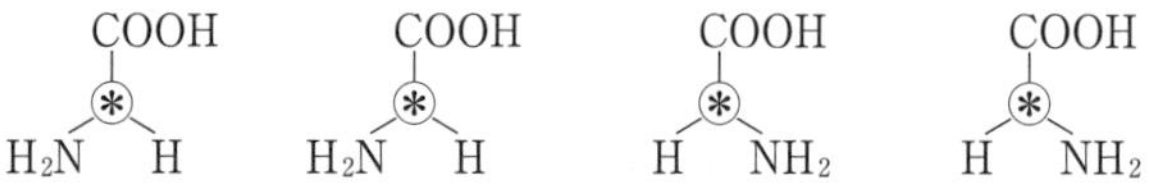

COOH / H₂N H　D−バリン
COOH / H₂N H　(A)
COOH / H NH₂　(C)
COOH / H NH₂　(D)

この図より，(A)はD−バリンと同じ配置をもち，(C)と(D)は，D−バリンの鏡像の関係にあることがわかる。よって，L−バリンは(C)と(D)である。

問2 化合物Aは分子内に3個のペプチド結合，1個のアミノ基，1個のカルボキシ基を有することから，4つのアミノ酸からなるテトラペプチドであると考えられる。化合物Aの加水分解では化合物Bとバリンが得られ，バリンはD型とその2倍量のL型が含まれることから，化合物Aは3個のバリン（L型2個，D型1個）と化合物Bからなるペプチドである。バリンの分子式は$C_5H_{11}NO_2$であることから，化合物Bの分子式は次のように求めることができる。

$$C_{18}H_{34}N_4O_5 + 3H_2O - C_5H_{11}NO_2 \times 3 = C_3H_7NO_2$$

化合物Bはα-アミノ酸であるからその構造式は $H_2N-\overset{\displaystyle H}{\underset{\displaystyle R}{C}}-COOH$（Rは側鎖）と表され，分子式よりR=$CH_3$で，化合物Bはアラニンであることがわかる。

問3 アラニンと同じ分子式を有し，不斉炭素原子をもたないアミノ酸は，アミノ基とカルボキシ基が別々の炭素原子（α位とβ位）に結合した次のような構造をもつ。

$$H_2N-CH_2-CH_2-COOH$$

問4 化合物Aの分子量は，分子式より386，同じくバリンの分子量も117と求められる。加水分解で1molの化合物Aから2molのL型バリンが生成するので

$$\frac{772 \times 10^{-3}}{386} \times 2 \times 117 \times 10^3 = 468 \, (mg)$$

問5 D型バリン（D-Val）1個，L型バリン（L-Val）2個，アラニン（Ala）からなるテトラペプチドには，次の配列で示される12個の分子が考えられる。

L-Val—L-Val—D-Val—Ala　　　L-Val—D-Val—L-Val—Ala
L-Val—L-Val—Ala—D-Val　　　L-Val—D-Val—Ala—L-Val
D-Val—L-Val—L-Val—Ala　　　L-Val—Ala—L-Val—D-Val
Ala—L-Val—L-Val—D-Val　　　L-Val—Ala—D-Val—L-Val
D-Val—Ala—L-Val—L-Val　　　D-Val—L-Val—Ala—L-Val
Ala—D-Val—L-Val—L-Val　　　Ala—L-Val—D-Val—L-Val

問6 問2に示された10種類のα-アミノ酸のうち分子内に不斉炭素原子をもたないのは，次の構造式で示されるグリシンのみである。

$$H_2N-CH_2-COOH$$

69 単糖類の鎖状構造と環状構造，再生繊維と半合成繊維

(2019年度　第5問)

次の文章(1)と(2)を読み，**問1～問6**に答えよ。

(1)　糖類(炭水化物)は，連結した糖の数に応じて単糖・二糖・多糖に分類することができる。単糖のグルコースとフルクトースは同じ分子式で表される構造異性体であり，両化合物はそれぞれの環状構造と鎖状構造の平衡混合物として存在する。鎖状グルコースは環状グルコースにあるヘミアセタール構造が変化して生じ，鎖状フルクトースは環状フルクトースにあるヘミアセタール構造が変化して生じる。また，グルコースの立体異性体であるガラクトースは，鎖状構造にホルミル(アルデヒド)基を持つ単糖の1つである。鎖状グルコースと鎖状ガラクトースを比較すると，4位の炭素原子に結合するヒドロキシ基の立体配置が異なるだけである。単糖が脱水縮合した構造を持つ二糖や多糖は，希硫酸を加えて加熱したり，適切な酵素で処理したりすると，加水分解されて単糖になる。

問1. グルコースの分子式を答えよ。

問2. 鎖状グルコースと鎖状フルクトースにある不斉炭素原子の数をそれぞれ答えよ。

問3. 下に示す図の空欄①～⑧にあてはまる原子または官能基を答え，β-ガラクトースの環状構造を完成させよ。

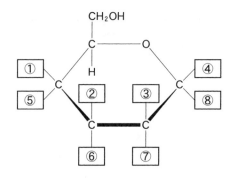

問 4. 下線部に関して，下の枠内に記載された二糖および多糖のうち，完全に加水分解するとグルコース以外の単糖が生じるものを全て答えよ。

> スクロース　　トレハロース　　マルトース　　　セロビオース
>
> ラクトース　　アミロース　　　アミロペクチン　セルロース

(2)　植物の細胞壁成分であるセルロースは，衣類や紙類の原料として幅広く利用されている。木材パルプはセルロースを主成分とするが，繊維としては短いため，様々な処理を施して長い繊維を製造している。セルロースに水酸化ナトリウムと二硫化炭素を反応させると，粘性のある〔　ア　〕とよばれる溶液が得られる。これを希硫酸中に押し出して繊維にしたものが〔　イ　〕とよばれる〔　ウ　〕繊維の一種である。また，セルロースに無水酢酸，酢酸および濃硫酸を作用させると，トリアセチルセルロースが得られる。トリアセチルセルロースにあるエステル結合の一部を穏やかな条件で加水分解し，アセトンなどの溶媒に可溶な高分子にして紡糸した繊維を〔　エ　〕という。〔　エ　〕のように，天然繊維の官能基の一部を化学的に変化させてつくった化学繊維を〔　オ　〕繊維という。

問 5. 上の文章にある空欄〔　ア　〕～〔　オ　〕にあてはまる最も適切な語句を下の枠内から選んで，(A)～(L)の記号で答えよ。

(A)　ビニロン	(B)　セロハン	(C)　キュプラ
(D)　ビスコースレーヨン	(E)　ビスコース	(F)　アセテート
(G)　セルロイド	(H)　アクリル	(I)　半合成
(J)　合　成	(K)　再　生	(L)　ポリアミド系

問 6. 十分に分子量の大きいセルロース 162 g を原料としてトリアセチルセル
ロースにした後，穏やかな加水分解処理を施すことで，セルロースのヒドロ
キシ基が部分的にアセチル化された 259 g の高分子 P が得られた。この高分
子 P は，原料に用いたセルロースにあったヒドロキシ基の何％が置換され
ているか，有効数字 2 桁で答えよ。

解　答

問1　$C_6H_{12}O_6$

問2　鎖状グルコース：4個　鎖状フルクトース：3個

問3　①OH　②OH　③H　④OH　⑤H　⑥H　⑦OH　⑧H

問4　スクロース，ラクトース

問5　アー(E)　イー(D)　ウー(K)　エー(F)　オー(I)

問6　77％

ポイント

　単糖類の環状・鎖状構造は確実に覚える。β-ガラクトースの構造は問題文から読み取る力が必要。セルロースのアセチル化の計算を慎重に。

解　説

問2　グルコースとフルクトースの水溶液中での状態を次に示す。

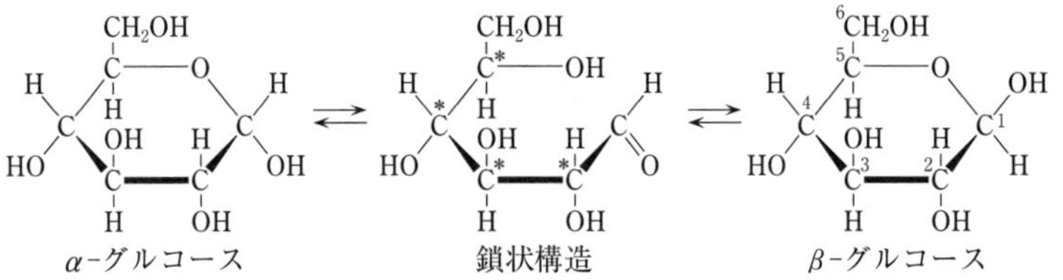

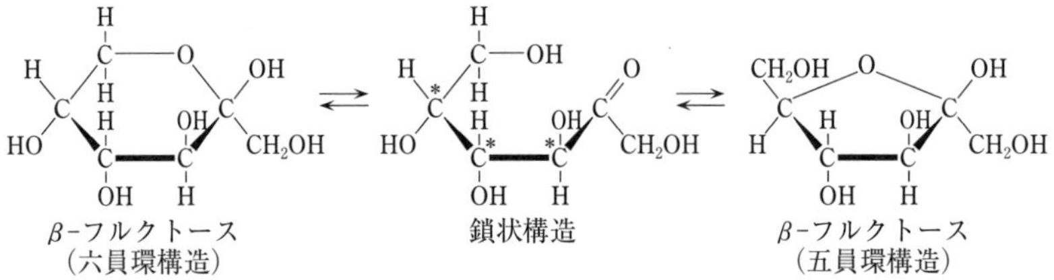

α-グルコース　　　　　鎖状構造　　　　　β-グルコース

β-フルクトース　　　　　鎖状構造　　　　　β-フルクトース
（六員環構造）　　　　　　　　　　　　　（五員環構造）

　　上図に示すように，鎖状構造のときに分子内に存在する不斉炭素原子 C^* はグルコースで4個，フルクトースで3個である。

問3　β-ガラクトースの構造式については，グルコースに対して問題文中に「4位の炭素原子に結合するヒドロキシ基の立体配置が異なる」とあるので，β-グルコースの4位のヒドロキシ基を反転させた次の構造となる。

$$\overset{6}{C}H_2OH$$

（構造式）

問4　枠内の二糖，多糖を構成する単糖とその構造を次に示す。

スクロース（二糖）　：α-グルコースの1位のヒドロキシ基とβ-フルクトースの2位のヒドロキシ基が結合

トレハロース（二糖）：α-グルコース2分子がともに1位のヒドロキシ基で結合

マルトース（二糖）　：α-グルコース2分子が，1位と4位のヒドロキシ基で結合

セロビオース（二糖）：β-グルコース2分子が，1位と4位のヒドロキシ基で結合

ラクトース（二糖）　：β-ガラクトースの1位のヒドロキシ基とβ-グルコースの4位のヒドロキシ基が結合

アミロース（多糖）　：多数のα-グルコースが，1位と4位のヒドロキシ基で連続して結合

アミロペクチン（多糖）：多数のα-グルコースが，1位と4位および6位のヒドロキシ基で連続して結合

セルロース（多糖）　：多数のβ-グルコースが，1位と4位のヒドロキシ基で連続して結合

問5　セルロースは，β-グルコースが1位と4位でβ-グリコシド結合した構造をもつ。セルロースを適当な試薬で溶液にし，それを再び繊維にしたものを再生繊維という。さらに，セルロース分子中のヒドロキシ基をアセチル化することによって，半合成繊維も作られる。

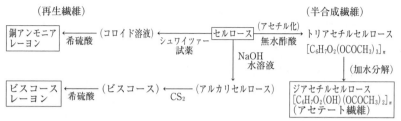

問6　セルロース$[C_6H_7O_2(OH)_3]_n$のヒドロキシ基が部分的にアセチル化された高分子Pの化学式を$[C_6H_7O_2(OH)_{3-x}(OCOCH_3)_x]_n$とする。もとのセルロースの分子量は$162n$であり，高分子Pの分子量は

$$(111+17\times(3-x)+59x)\times n=(162+42x)n$$

セルロースとアセチル化して得られた高分子Pの物質量は変わらないので

$$\frac{162}{162n} = \frac{259}{(162+42x)\,n} \qquad \therefore \quad x = 2.309$$

よって，ヒドロキシ基がアセチル化された割合は

$$\frac{2.309}{3} \times 100 = 76.9 \fallingdotseq 77 \,〔\%〕$$

70 イオン交換樹脂の合成，アミノ酸の反応と構造，ジペプチド

（2018 年度 第 5 問）

次の文章を読み，**問 1 ～ 問 6** に答えよ。

(1) (A)および(B)の要領で下の構造式に示す樹脂を作成した。(C)および(D)は樹脂の合成反応を，(E)および(F)は樹脂の特性をそれぞれ説明したものである。

(A) 〔 ア 〕と p-ジビニルベンゼンを混合して加熱し，樹脂を作成した。

(B) 上記樹脂に〔 イ 〕を加え，約 150 ℃ に保った。樹脂の一部が褐色になったところで取り出し，十分に水洗した。

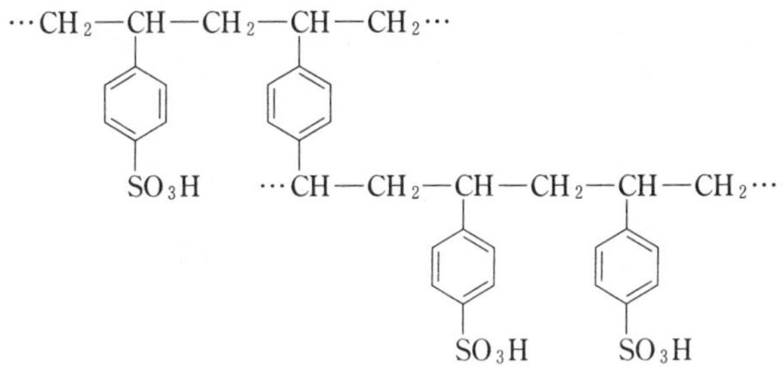

$$\cdots CH_2-CH-CH_2-CH-CH_2 \cdots$$

（構造式）

(C) 〔 ア 〕と p-ジビニルベンゼンを重合させる反応は，2 種類の単量体が連なる反応であるため〔 ウ 〕重合と呼ばれる。

(D) 〔 イ 〕を加える操作により，樹脂中のベンゼン環に〔 エ 〕基が導入された。

(E) 硝酸カルシウム水溶液にこの樹脂を加えよく混合し，水溶液の pH を測定したところ，〔 オ 〕性を示した。これは，樹脂中の〔 カ 〕イオンが〔 キ 〕イオンと置き換わったためである。

　　(F)　この樹脂は，(E)の機能から〔　ク　〕イオン交換樹脂と呼ばれる。

(2)　(1)で作成したイオン交換樹脂の細粒を下図に示す円筒(カラム)に充填し，下
　記の化合物(a)～(k)のうち4種の化合物を含む酸性水溶液(pH 2.5)を加えた。
　その後，図のようにpHを順次上昇させながら緩衝液を円筒上端から流し，円
　筒下端から流出してくる化合物①～④を含む溶液を採取した。ただし，加えた
　化合物は，この操作中にイオンの解離と付加以外の化学反応を起こさないもの
　とする。

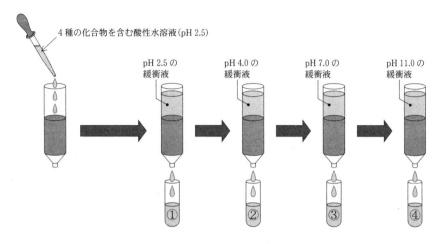

　　(a)　アラニン，　(b)　エタノール，　(c)　グリシン，　(d)　グルコース，
　　(e)　グルタミン酸，　(f)　システイン，　(g)　スクロース，　(h)　セリン，
　　(i)　チロシン，　(j)　乳酸，　(k)　リシン(リジン)

　　(i)　pH 2.5の緩衝液を流して得られる化合物①は，Cu(II)イオンを含む呈
　　　色液を還元してCu_2Oの赤色沈殿を生じさせた。
　　(ii)　pH 4.0の緩衝液を流して得られる化合物②は，溶液にニンヒドリンを
　　　加えて加熱したところ，赤紫色になった。
　　(iii)　pH 7.0の緩衝液を流して得られる化合物③は，濃硝酸を加えて加熱し
　　　冷却後アンモニア水を加えたところ，橙黄色となった。
　　(iv)　pH 11.0の緩衝液を流して得られる化合物④は，化合物②と同じ反応を

起こした。

問 1.〔　ア　〕〜〔　ク　〕にあてはまる適切な語句または名称を答えよ。

問 2.　化合物①〜④を(a)〜(k)からそれぞれ一つずつ選び，記号で答えよ。

問 3.　(ⅰ)の呈色液および(ⅲ)の呈色反応の名前をそれぞれ答えよ。

問 4.　化合物(a)〜(k)の中からアミノ酸をすべて選び，記号で答えよ。

問 5.　問 4 で選んだアミノ酸のうち，不斉炭素を持たないものをすべて選び，構造式を答えよ。なお構造式は，記入例にならうものとする。

問 6.　問 4 で選んだアミノ酸から，分子量の小さい順に二つを選び，その二つが反応してできるジペプチドの構造式をすべて答えよ。なお光学異性体は考慮しないものとし，構造式は記入例にならうものとする。

解 答

問1 ア. スチレン イ. 濃硫酸 ウ. 共 エ. スルホ オ. 酸 カ. 水素
　　 キ. カルシウム ク. 陽

問2 ①—(d) ②—(e) ③—(i) ④—(k)

問3 (i)フェーリング液 (iii)キサントプロテイン反応

問4 (a)・(c)・(e)・(f)・(h)・(i)・(k)

問5 H_2N-CH_2-COOH

問6
$$H_2N-CH_2-\overset{\displaystyle}{\underset{O}{C}}-\overset{\displaystyle}{\underset{H}{N}}-\overset{\displaystyle}{\underset{CH_3}{CH}}-COOH$$

$$H_2N-\overset{\displaystyle}{\underset{CH_3}{CH}}-\overset{\displaystyle}{\underset{O}{C}}-\overset{\displaystyle}{\underset{H}{N}}-CH_2-COOH$$

ポイント

　化合物の構造や性質と pH の違いによる流出物の変化の関係の理解には思考力と応用力が必要。

解 説

問1 スチレンと少量の p-ジビニルベンゼンから，次のようにしてイオン交換樹脂が作られる。

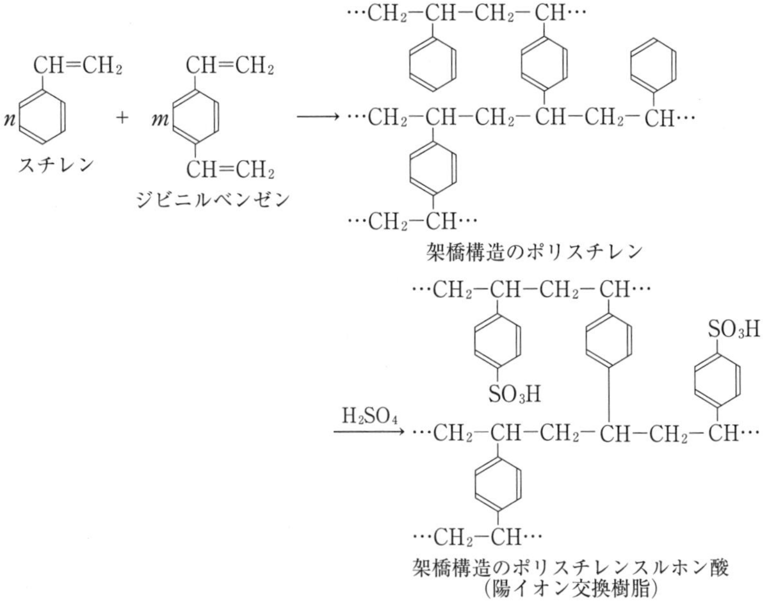

架橋構造のポリスチレン

架橋構造のポリスチレンスルホン酸
（陽イオン交換樹脂）

陽イオン交換樹脂に硝酸カルシウム水溶液を混合すると，次のように樹脂中の H^+
と Ca^{2+} が置き換わる。

$$+Ca^{2+}+2NO_3^{-} \longrightarrow \quad Ca^{2+}+2H^++2NO_3^{-}$$

問2〜問4 陽イオン交換樹脂をカラムに入れ，複数の化合物を含む水溶液を上から
流すとき，分子内に陽イオンをもつ化合物は交換樹脂と反応してカラム中に留まる
が，分子内に陽イオンをもたない化合物はカラムの下端から流出する。分子内にア
ミノ基（ $-NH_2$ ）をもつと，これが H^+ と反応して陽イオン（ $-NH_3^+$ ）が生じる
ので，(a)〜(k)の化合物のうち，アミノ基をもつ化合物（アミノ酸）(a), (c), (e), (f),
(h), (i), (k)は，水溶液の pH を変えることでカラム内に留まったり，流出したりす
ることになる。分子内のアミノ基の状態は，アミノ酸の等電点と関係がある。それ
ぞれのアミノ酸の構造式と等電点（（ ）内）を次に示す。

(a)アラニン (6.0)　　　(c)グリシン (6.0)

$H_2N-CH-COOH$　　　H_2N-CH_2-COOH
　　　CH_3

(e)グルタミン酸 (3.2)　　(f)システイン (5.1)

$H_2N-CH-COOH$　　　$H_2N-CH-COOH$
　　$(CH_2)_2$　　　　　　CH_2
　　　$COOH$　　　　　　SH

(h)セリン (5.7)　　　(i)チロシン (5.7)　　　(k)リシン (9.7)

$H_2N-CH-COOH$　　$H_2N-CH-COOH$　　$H_2N-CH-COOH$
　　CH_2　　　　　　CH_2　　　　　　$(CH_2)_4$
　　OH　　　　　　　　　　　　　　　NH_2

　　　　　　　　　　　　OH

(i)で pH2.5 であれば，アミノ酸分子中のアミノ基はほとんど陽イオンになるので
カラム内に留まる。よって，流出液中の化合物①はアミノ酸以外で還元力のあるも
のということになり，グルコースがあてはまる。

(ii)の流出液中の化合物②は，ニンヒドリン反応を示すのでアミノ酸と考えられる。
pH4.0で流出するということは，等電点がこの pH の値より小さく，pH4.0 では
分子全体としてプラスの荷電になっていないということになる。酸性アミノ酸であ
るグルタミン酸がこれにあてはまる。

(iii)も同様に，流出液中の化合物③はキサントプロテイン反応を示すアミノ酸と考え
られる。チロシンの等電点は5.7で，pH7.0 では流出するので，③はチロシンで

ある。

(iv)の pH7.0 で流出せず，pH11.0 で流出する化合物④は，塩基性アミノ酸（等電点9.7）のリシンである。

問5　分子内に不斉炭素原子をもたないアミノ酸は，グリシンのみである。

問6　(a)～(k)の中の7種のアミノ酸のうち，分子量の小さいものから2つ選ぶと，グリシンとアラニンとなる。2つのアミノ酸から生成するジペプチドの構造を考えるとき，アミノ基とカルボキシ基の方向が異なる2種の異性体が存在する。なお，ジペプチドは1つのペプチド結合で2つのアミノ酸が結合して生じた化合物と考え，次の図のような環状構造をもつアミノ酸は解答には含めなかった。

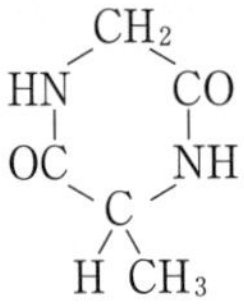

$$
\begin{array}{ccc}
 & CH_2 & \\
HN & & CO \\
OC & & NH \\
 & C & \\
H & CH_3 &
\end{array}
$$

71 セルロースの構造と酵素反応，アルコール発酵と燃焼熱

(2017 年度 第 5 問)

次の文章を読み，**問 1 ～問 8** に答えよ。計算問題の答えは，すべて有効数字 3 桁で答えよ。

地球上に豊富に存在する有機化合物の一つであるセルロースから，下図の過程によりエタノールを作り出すことができる。

$$\text{セルロース} \xrightarrow{\text{酵素 A}} \text{化合物 C} \xrightarrow{\text{酵素 B}} \text{グルコース} \xrightarrow{\text{酵母}} \text{エタノール ＋ 気体 D}$$

図

上図の具体的な操作を次の通り行った。まずセルロース粉末 72.0 g の懸濁液に，酵素 A を作用させ化合物 C を得た後，酵素 B を作用させグルコースを得た。次に，このグルコース溶液に酵母を加え，一定の条件下で反応させると，気体 D の発生が見られ，アルコール発酵が確認された。

〔補足説明〕

セルロースの分子量は十分に大きいものとする。

問 1. セルロースの性質を説明する次の文章には，二箇所の下線部に誤りがある。その箇所を示し，正せ。

セルロース分子は，複数のグルコースが縮合重合したものであり，<u>1 位と 3 位間</u>が β-グリコシド結合でつながった<u>直線状</u>の構造をもつ。この分子は，<u>分子内</u>で水素結合を形成し，繊維状の物質となる。

問 2. 下線(1)の，酵素 A，酵素 B，化合物 C，それぞれの名称を答えよ。

問 3. 下線(1)の酵素反応が進行したことを確認するための操作として，適当なものを，以下の(a)〜(e)からすべて選び，記号で答えよ。

　(a)　ヨウ素ヨウ化カリウム水溶液を加えても，青から青紫色の色を示さないことを観察する。

　(b)　フェーリング液を加えて加熱して，赤色沈殿が生じることを観察する。

　(c)　ニンヒドリン水溶液を加えて加熱して，赤紫色を示すことを観察する。

　(d)　赤色リトマス試験紙が青変することを観察する。

　(e)　白いにごり(懸濁状態)が薄くなったことを観察する。

問 4. 下線(1)の酵素反応により，セルロースがグルコースにまで完全に分解された場合に，得られるグルコースの質量を答えよ。

問 5. 下線(2)で述べるアルコール発酵の過程を化学反応式で示せ。

問 6. 下線(2)にて発生した気体 D を定量したところ 0.500 mol であった。この時，エタノールと気体 D の生成に使われたセルロースの質量を答えよ。

問 7. 下線(2)で述べるアルコール発酵の化学反応における反応熱は 84.0 kJ/mol である。また，グルコースの燃焼熱は 2820 kJ/mol である。エタノールの燃焼熱を答えよ。

問 8. 図の過程でセルロースからエタノールを作り出すことの利点に関する説明として，正しいものを，以下の選択肢の中から選び，記号で答えよ。

　(a)　最終的に得られるエタノールの質量は，原料のセルロースの質量に比べて増える。

　(b)　最終的に得られるエタノールの物質量は，原料のセルロースの物質量に比べて減る。

　(c)　途中で得られるグルコースの質量あたりの燃焼熱は，原料のセルロース

の質量あたりの燃焼熱に比べて大きくなる。

(d)　最終的に得られるエタノールの質量あたりの燃焼熱は，原料のセルロースの質量あたりの燃焼熱に比べて大きくなる。

(e)　最終的に得られるエタノールの物質量あたりの燃焼熱は，原料のセルロースの物質量あたりの燃焼熱に比べて大きくなる。

解 答

問1 (誤)3位→(正)4位

(誤)分子内→(正)分子間

問2 酵素A：セルラーゼ 酵素B：セロビアーゼ 化合物C：セロビオース

問3 (b)・(e)

問4 80.0g

問5 $C_6H_{12}O_6 \longrightarrow 2C_2H_5OH + 2CO_2$

問6 40.5g

問7 $1.37 \times 10^3 \, kJ/mol$

問8 (d)

ポイント

酵素反応の酵素名と生成物を確実に。正誤問題の文章の意味の正確な読み取りにも注意。

解 説

問1 セルロースは多数の β-グルコースが1位と4位で直鎖状に結合した構造をもち，単純な鎖状構造をとる。鎖状構造の分子が平行に並び，分子間が水素結合で強く結びついて繊維状の物質となる。

問2 セルロースは次に示すように，酵素セルラーゼによって加水分解されて二糖類のセロビオースになり，さらに酵素セロビアーゼによって加水分解されて単糖類のグルコースになる。

$$\underset{(多糖類)}{セルロース} \xrightarrow{セルラーゼ} \underset{(二糖類)}{セロビオース} \xrightarrow{セロビアーゼ} \underset{(単糖類)}{グルコース}$$

問3 (a) 誤文。セルロース，セロビオース，グルコースは，いずれもヨウ素デンプン反応を示さない。

(b) 正文。セルロースには還元性はないが，セロビオースとグルコースには還元性があるので，フェーリング液の還元反応が起こる。

(c) 誤文。ニンヒドリン反応は，タンパク質やアミノ酸の検出反応である。

(d) 誤文。セルロース，セロビオース，グルコースは，いずれもリトマス試験紙を変色しない。

(e) 正文。セルロースは高分子化合物なので水に溶けず懸濁するが，加水分解で生じる二糖類，単糖類は水に溶けるので懸濁が薄くなる。

問4 $(C_6H_{10}O_5)_n + nH_2O \longrightarrow nC_6H_{12}O_6$ の反応が起こるので

式量 $162.0n$ 分子量 180.0

$$\frac{72.0}{162.0n} \times n \times 180.0 = 80.0 \, (g)$$

問5　1 mol のグルコースから 2 mol のエタノールと 2 mol の二酸化炭素が生成する。

問6　問 5 の物質量の関係より，使われたセルロースの質量を x〔g〕とすると

$$\frac{x}{162.0n} \times n \times 2 = 0.500 \qquad x = 40.5 \,〔g〕$$

問7　アルコール発酵の熱化学方程式は

$$C_6H_{12}O_6\,(固) = 2C_2H_5OH\,(液) + 2CO_2\,(気) + 84.0\,kJ \quad \cdots\cdots①$$

グルコースの燃焼の熱化学方程式は

$$C_6H_{12}O_6\,(固) + 6O_2\,(気) = 6CO_2\,(気) + 6H_2O\,(液) + 2820\,kJ \quad \cdots\cdots②$$

エタノールの燃焼熱を Q〔kJ/mol〕とすると

$$C_2H_5OH\,(液) + 3O_2\,(気) = 2CO_2\,(気) + 3H_2O\,(液) + Q\,kJ \quad \cdots\cdots③$$

$③ = \dfrac{② - ①}{2}$ より　　$Q = \dfrac{2820 - 84.0}{2} = 1368 \fallingdotseq 1.37 \times 10^3\,〔kJ/mol〕$

問8　(a)　誤文。グルコースがエタノールになるときに，質量は約 $\dfrac{1}{2}$ になる。

(b)　誤文。セルロースは高分子化合物で，重合度を n とすると 1 mol が分解して生じるグルコースは n〔mol〕，それから生じるエタノールは $2n$〔mol〕である。

(c)　誤文。途中で得られるグルコースの燃焼熱の大小はセルロースからエタノールを作り出すことの利点には関係がない。

(e)　誤文。同じ質量の化合物を比較しても，高分子化合物のセルロースはエタノールに比べて物質量は非常に小さいので，物質量あたりの燃焼熱はエタノールより大きいと考えられる。

72 α-アミノ酸とタンパク質，トリペプチドの反応と構造

(2016年度　第5問)

次の文章を読み，問1～問5に答えよ。

(1)　α-アミノ酸は一般式1で表され，共通した官能基として —COOH で表される〔　ア　〕基，—NH₂ で表されるアミノ基を持ち，側鎖 R のみが異なっている。これらの α-アミノ酸は，ある pH の水溶液中では一般式2のイオンとして存在する。このように一つの分子中に正・負の電荷を合わせ持つイオンを〔　イ　〕イオンという。α-アミノ酸の〔　ア　〕基と別の α-アミノ酸のアミノ基が〔　ウ　〕縮合して結合した化合物をペプチドいう。特に多数の α-アミノ酸が〔　ウ　〕縮合して鎖状に結合した化合物をポリペプチドといい，その中で特有の機能を持つものをタンパク質と呼んでいる。タンパク質中の α-アミノ酸の配列順序を〔　エ　〕構造，ポリペプチド鎖において比較的狭い範囲でくり返される，らせん状の〔　オ　〕や波形状の β-シートなどの高次構造を〔　カ　〕構造という。加水分解すると α-アミノ酸のみを生じるタンパク質を〔　キ　〕タンパク質といい，α-アミノ酸の他に糖類や脂質などを生じるタンパク質を〔　ク　〕タンパク質という。

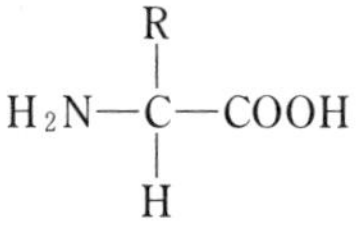

$$\text{H}_2\text{N}-\overset{\displaystyle R}{\underset{\displaystyle H}{\text{C}}}-\text{COOH} \qquad \text{H}_3\text{N}^+-\overset{\displaystyle R}{\underset{\displaystyle H}{\text{C}}}-\text{COO}^-$$

一般式1 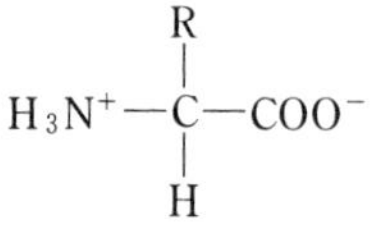　　　　　　　　　一般式2

問1.　〔　ア　〕～〔　ク　〕にあてはまる適切な語句を答えよ。

(2)　トリペプチド X は表1に示す，いずれかの α-アミノ酸から構成されている。トリペプチド X について実験を行い，以下の結果①～④を得た。
トリペプチド X は直鎖状であるものとする。

結果①　濃い水酸化ナトリウム水溶液を加えて加熱した後，酢酸鉛(Ⅱ)水溶液
を加えると黒色沈殿が生じた。

結果②　濃硝酸を加えて加熱すると黄色になった。

結果③　加水分解すると，側鎖に不斉炭素原子を持つ α-アミノ酸が生じ
た。

結果④　臭素酸ナトリウム存在下で反応させると，主な生成物として化合物
$\mathbf{Y}$ が生じた。

表 1　α-アミノ酸の名称と分子量

α-アミノ酸の名称	分子量	α-アミノ酸の名称	分子量
グリシン	75	システイン	121
アラニン	89	チロシン	181
セリン	105	グルタミン	146
バリン	117	グルタミン酸	147
イソロイシン	131	リシン	146

問 2. 結果①，②，③からトリペプチド $\mathbf{X}$ を構成している三つの α-アミノ酸が
わかる。それぞれの結果に対応する α-アミノ酸の名称を表 1 から選んで答
えよ。

問 3. トリペプチド $\mathbf{X}$ を構成している α-アミノ酸の中で，最も分子量の小さい
α-アミノ酸の構造を一般式 1 にならって答えよ。

問 4. 結果②で起こった反応の名称を答えよ。

問 5. 表 1 の分子量を使って，結果④で得られた化合物 $\mathbf{Y}$ の分子量を計算し，
整数で答えよ。

解　答

問1　ア．カルボキシ　イ．双性　ウ．脱水　エ．一次　オ．α-ヘリックス
　　　カ．二次　キ．単純　ク．複合
問2　結果①：システイン　結果②：チロシン　結果③：イソロイシン
問3　
　　　　　　　CH₂−SH
　　　H₂N−C−COOH
　　　　　　　H
問4　キサントプロテイン反応
問5　792

ポイント

　分子量と反応結果からα-アミノ酸を決定するには，主なアミノ酸の構造と特徴を覚え
ておくことが必要。臭素酸ナトリウムによるジスルフィド結合生成の反応は発展内容。

解　説

問1　α-アミノ酸は水溶液中で，次に示す3種の構造をもつ。

$$H_3N^+ -\underset{H}{\overset{R}{C}}-COOH \rightleftharpoons H_3N^+ -\underset{H}{\overset{R}{C}}-COO^- \rightleftharpoons H_2N-\underset{H}{\overset{R}{C}}-COO^-$$

　　　　陽イオン　　　　　　双性イオン　　　　　　陰イオン
　　　酸性水溶液 ←────　　　────→ 塩基性水溶液

　α-アミノ酸は分子中のカルボキシ基（−COOH）とアミノ基（−NH₂）の部分で脱
水縮合し，ペプチド結合（−CO−NH−）を形成する。多数のアミノ酸が脱水縮合
により鎖状に結合したものをポリペプチドという。

　タンパク質の性質はその立体構造によって決まり，一次構造はアミノ酸の配列順序
である。

　タンパク質の鎖状分子は，ペプチド結合の部分で水素結合することにより，α-ヘ
リックス構造やβ-シート構造といった二次構造をとる。タンパク質の高次構造に
は，さらに三次構造や四次構造がある。

　タンパク質をその構成成分で分類すると，α-アミノ酸のみで構成される単純タン
パク質と，α-アミノ酸のほかにリン酸・核酸・糖・色素などで構成される複合タ
ンパク質がある。

問2・問4　結果①，②，③から各アミノ酸は以下のようにわかる。

　結果①：黒色沈殿は硫化鉛（Ⅱ）PbSであり，この反応はトリペプチド中に硫黄S
をもつアミノ酸（システイン）を含むことを示している。

$$H_2N-CH-COOH$$
$$|$$
$$CH_2-SH$$
システイン

結果②：キサントプロテイン反応といい，この反応はアミノ酸分子内のベンゼン環のニトロ化に起因するので，芳香族アミノ酸（チロシン）がトリペプチド中に含まれることを示している。

$$H_2N-CH-COOH$$
$$|$$
$$CH_2-\bigcirc-OH$$
チロシン

結果③：表1の10個のアミノ酸のうち，側鎖に不斉炭素原子C^*をもつのは，イソロイシンである。

$$H_2N-CH-COOH$$
$$|$$
$$C^*H-CH_2-CH_3$$
$$|$$
$$CH_3$$
イソロイシン

以上のことより，結果①からはシステイン，結果②からはチロシン，結果③からはイソロイシンの存在が確認できる。

問3　問2の3つのアミノ酸のうち，最も分子量が小さいのはシステインである。

問5　側鎖に$-SH$をもつアミノ酸に，臭素酸ナトリウムのような酸化剤を作用させると，次に示すように2分子が縮合してジスルフィド結合が生成する。

$$H_2N-\underset{H}{\overset{COOH}{C}}-CH_2-SH + HS-CH_2-\underset{H}{\overset{COOH}{C}}-NH_2$$
システイン

$$\xrightarrow{NaBrO_3} H_2N-\underset{H}{\overset{COOH}{C}}-CH_2-S-S-CH_2-\underset{H}{\overset{COOH}{C}}-NH_2$$
シスチン

よって，結果④で生じた化合物YはトリペプチドX 2分子がジスルフィド結合したものである。トリペプチドXの分子量は，それぞれのアミノ酸の分子量から，次のように計算できる。

$$131 + 181 + 121 - (18.0 \times 2) = 397$$

以上より，化合物Yの分子量は，2分子のトリペプチドXの分子量から，ジスルフィド結合ができることで水素原子2個分が減少するので，次のように求めることができる。

$$397 \times 2 - 2.00 = 792$$

73 単糖類・二糖類・多糖類の構造と反応

(2015 年度　第5問)

次の文章を読み，**問1**～**問7**に答えよ。

　多くの高分子化合物は，小さな構成単位が繰り返し結合した構造をしている。この構成単位となる小さな分子を〔　ア　〕と呼び，〔　ア　〕が次々に結合する反応を重合という。重合には，不飽和結合を持つ〔　ア　〕が次々に〔　イ　〕反応を起こす〔　イ　〕重合と，二つの官能基の間で簡単な分子が取れて新しい共有結合を形成する〔　ウ　〕重合がある。天然高分子化合物であるデンプンやセルロースは，多数のグルコースの間で〔　エ　〕が取れて共有結合が形成されているので，
(a)
〔　ウ　〕重合による高分子化合物である。デンプンやセルロースの性質を知るには，高分子化合物としての構造の特徴とともに，それを構成している糖類の化学
(b)
的な性質をよく理解していなければならない。ここでは，最も身近な二糖類であるスクロース(ショ糖)を例として，糖類の化学的な性質を考察する。

　スクロースの水溶液は還元性を示さないが，加水分解するとグルコースと〔　オ　〕の等量混合物となり還元性を示すようになる。水溶液中で，〔　オ　〕は，図1に示すように六員環環状構造が鎖状構造Aを経て五員環環状構造と平衡状態にあり，Aは更にいくつかの鎖状構造間で平衡状態にある。鎖状構造Bが存在するため〔　オ　〕は，グルコースと同様に還元性を示す。

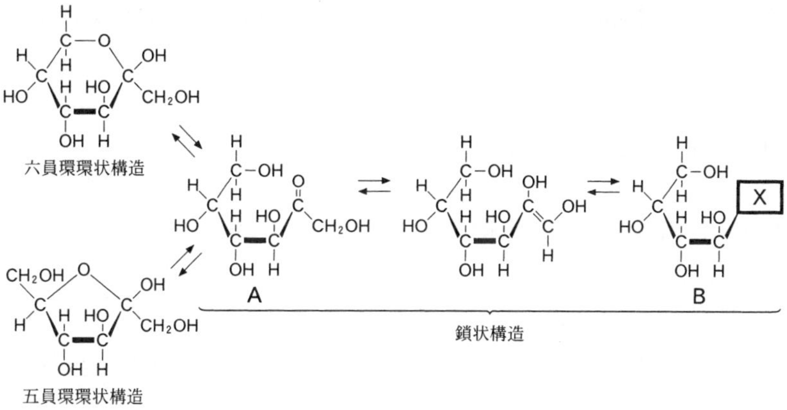

六員環環状構造

五員環環状構造

A

B

鎖状構造

X

図 1

スクロースを使って以下のような加水分解の実験を行った。

【実験】　スクロース水溶液（水 40 g，スクロース 100 g）を 60 ℃ に保ち，加水分解
酵素であるインベルターゼ 0.6 g を加えて 6 時間かき混ぜた後，〔　カ　〕(*注)
と沸騰石を入れて穏やかに加熱した。生成した赤色沈殿をろ過して集め，乾燥
後，質量を測定したところ 70.0 g であった。
(c)

　　　（*注）：〔　カ　〕は，硫酸銅(Ⅱ)五水和物 350 g を水 5 L に溶かしたものと酒石酸ナ
　　　　　　　トリウムカリウム 1730 g と水酸化ナトリウム 500 g を水 5 L に溶かしたも
　　　　　　　のを使用直前に混合したもの。

問 1.　〔　ア　〕～〔　エ　〕に適切な語句を答えよ。

問 2.　下線部(a)の共有結合の名称を答えよ。

問 3.　下線部(b)を表すものの一つとして，「重合体 1 分子を構成する繰り返し単
　　　位の数」がある。この数を一般に何というか，名称を答えよ。

問 4.　〔　オ　〕にあてはまる単糖類の名称を答えよ。

問 5. 図1の鎖状構造Bで空白になっている部分Xの構造を図1にならって答え
よ。

問 6. 試薬〔 カ 〕の名称と下線部(C)の組成式を答えよ。

問 7. 赤色沈殿の重量から加水分解されたスクロースの割合(%)を有効数字3桁
で答えよ。ただし,グルコースと〔 オ 〕は,2電子を与える還元剤として
働くと考え,スクロースの分子量は342として計算せよ。なお,すべてのグ
ルコースと〔 オ 〕は,〔 カ 〕と反応して赤色沈殿を生成したものとす
る。

解 答

問1　ア. 単量体　イ. 付加　ウ. 縮合　エ. 水

問2　グリコシド結合

問3　重合度

問4　フルクトース

問5
```
     OH
     |
  C－C－H
  |   ‖
  H   O
```

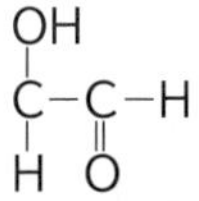

問6　試薬の名称：フェーリング液　組成式：Cu₂O

問7　83.7 %

ポイント

　フルクトースの環状構造の変化やケト・エノール互変性は発展内容。単糖類の還元反応の物質量の関係に注意。

解 説

問1・問2　構成単位である単量体が重合して高分子化合物ができるが，重合の仕方の違いで，天然高分子化合物も次のように分類できる。

　　付加重合：天然ゴム

　　縮合重合：デンプン，セルロース，タンパク質，核酸

縮合重合でできる天然高分子化合物の場合，縮合の際に分子間でとれるのは水であり，デンプンやセルロースでは縮合によってできる共有結合をグリコシド結合という。

問4　代表的な二糖類であるスクロースは，加水分解すると2種の単糖類グルコースとフルクトースを生じる。フルクトースは問題文中の図1に示されるように水溶液中でいくつかの異性体として存在し，鎖状構造や五員環環状構造，六員環環状構造などが知られている。

問5　フルクトースの鎖状構造A内のヒドロキシケトン基は次のように変化して，分子内にアルデヒド基ができるので，フルクトースは還元力を示す。

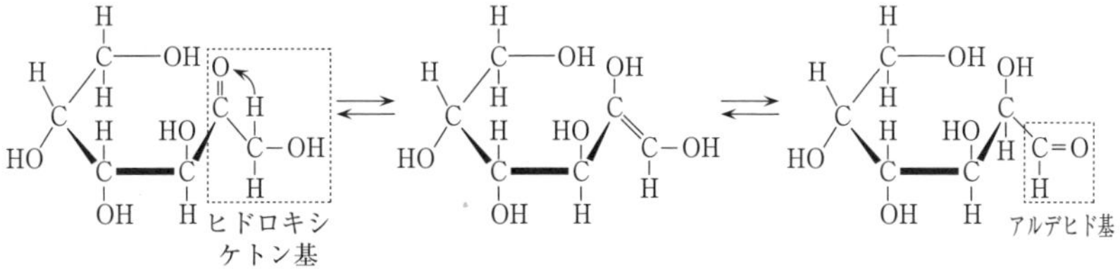

問6　フェーリング液は2価の銅イオンを含み，アルデヒドと反応すると次のように還元されて，酸化銅(Ⅰ)の赤色沈殿を生じる。

$$2Cu^{2+} + R-CHO + 5OH^- \longrightarrow Cu_2O + R-COO^- + 3H_2O$$

問7　問題文より，単糖類，グルコース，フルクトースのいずれも1molが2molの電子を与える還元剤である。フェーリング液中のCu^{2+}が還元される反応は次のようにも表せる。

$$2Cu^{2+} + 2e^- + 2OH^- \longrightarrow Cu_2O + H_2O$$

よって，1molの単糖類がCu^{2+}を還元して生じるCu$_2$Oも1molである。

スクロースは還元性を示さないことから，水溶液中に存在する単糖類の物質量と，生じた酸化銅(Ⅰ)の物質量は等しく，1molの二糖類からは2molの単糖類が生じることから，加水分解されたスクロースの質量は次の式で求めることができる。

$$\frac{70.0}{143} \times \frac{1}{2} \times 342 = 83.70 \fallingdotseq 83.7 〔g〕$$

よって，加水分解されたスクロースの割合〔%〕は

$$\frac{83.7}{100} \times 100 = 83.7 〔\%〕$$

74 合成高分子化合物の構造と反応，ポリペプチドの構造

次の文章を読み，**問1～問5**に答えよ。

　合成高分子には，<u>ε-カプロラクタムの開環重合によって合成されるナイロン</u>のように，アミド結合で連結した化合物や，ポリエチレンやポリ酢酸ビニルのように，〔　(ア)　〕重合で得られる化合物がある。合成高分子にはこの他にも，ポリエステルのように，エステル結合で連結した化合物が存在する。

　一方，タンパク質は天然高分子の一つであり，多数のα-アミノ酸が〔　(イ)　〕重合し，ペプチド結合によってある配列順序で連なった化合物である。この配列順序をタンパク質の〔　(ウ)　〕構造という。タンパク質を構成するα-アミノ酸には約20種類が知られている。α-アミノ酸の種類や配列順序，数の違いにより，多くの組み合わせがあり，多種多様なタンパク質が存在する。

問1. 文中の〔　(ア)　〕～〔　(ウ)　〕に適切な語句を答えよ。

問2. α-アミノ酸から合成されたあるポリペプチドの繰り返し単位は，文章中下線部のナイロンの繰り返し単位と構造異性体の関係にある。このポリペプチドは，ただ1種類のアミノ酸からできている。このアミノ酸の側鎖には，枝分かれ構造があるが，不斉炭素原子はない。このポリペプチドの構造式を記入例にならって答えよ。なお，構造式を記入するときは，光学異性体は区別しなくてよい。

構造式の記入例

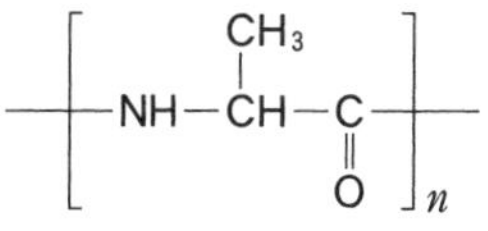

$$\left[-NH-CH-\underset{\underset{O}{\|}}{C}- \right]_n$$ （n：重合度）

（CH₃ は CH の上に付く）

問3. ポリ酢酸ビニルに含まれるすべてのエステル結合のうちの70%だけを加水分解した。得られた高分子の質量は，原料のポリ酢酸ビニルの質量に対し

て何%になるか，有効数字2桁で答えよ。

問 4. 20種類の α-アミノ酸がランダムな配列順序で，ペプチド結合によって連結できると仮定する。こうして得られる重合度が100の直鎖状のタンパク質には，何通りの配列順序が可能か。累乗を使って x^y のように答えよ。

問 5. グリシンとアラニンからなる，重合度10，分子量686のポリペプチドがある。このポリペプチド2.00 mol を完全に加水分解して得られるグリシンの質量(g)を，有効数字3桁で答えよ。

解 答

問1 ㋐付加 ㋑縮合 ㋒一次

問2

$$\left[\begin{array}{c} \mathrm{O} \\ \| \\ -\mathrm{N}-\mathrm{CH}-\mathrm{C}- \\ \mathrm{H} \ \ \mathrm{CH_2}-\mathrm{CH}-\mathrm{CH_3} \\ \mathrm{CH_3} \end{array}\right]_n$$

問3 66 %

問4 20^{100} 通り

問5 $4.50 \times 10^2 \mathrm{g}$

ポイント

　ロイシンとその重合生成物の構造決定には応用力が必要。ポリ酢酸ビニルやポリペプチドに関する計算問題で差がつく。

解 説

問1 単量体が重合して高分子化合物となる反応には，次のようなものがある。

① 付加重合：単量体が不飽和化合物で，炭素間二重結合を開きながら次々と付加する。

② 縮合重合：単量体の二つの分子から水などの簡単な分子がとれることで，次々と分子が結合する。

タンパク質の基本構造は，α-アミノ酸がペプチド結合によって鎖状に結合したポリペプチドであり，そのアミノ酸の配列順序を一次構造という。

問2 ε-カプロラクタムは，次のように開環重合してナイロン6が生じる。

$$n\mathrm{H_2C}\begin{array}{c} \mathrm{CH_2-CH_2-C=O} \\ \mathrm{CH_2-CH_2-N-H} \end{array} + \mathrm{H_2O} \xrightarrow[\text{開環重合}]{} \mathrm{H}\left[\mathrm{NH-(CH_2)_5-CO}\right]_n\mathrm{OH}$$

　　　ε-カプロラクタム　　　　　　　　　　　　　　　　ナイロン6

ナイロン6の繰り返し単位の化学式は $(\mathrm{C_6H_{11}ON})_n$ であり，同じ化学式で表せ，ナイロン6の繰り返し単位とは構造異性体となる繰り返し単位をもつポリペプチドが1種類の α-アミノ酸のみからできているとすると，その α-アミノ酸の分子式は $\mathrm{C_6H_{13}O_2N}$ である。この分子式をもつ α-アミノ酸で，タンパク質を構成する α-アミノ酸のうち側鎖に枝分かれ構造をもち不斉炭素原子がないものは，次の構造式で示されるロイシンである。ロイシンが縮合重合すると，〔解答〕のポリペプチドとなる。

$$n \ H_2N-CH-COOH \longrightarrow H \left[\begin{array}{c} N-CH-\overset{\displaystyle \overset{O}{\parallel}}{C} \\ | \quad | \\ H \quad CH_2-CH-CH_3 \\ \qquad | \\ \qquad CH_3 \end{array} \right]_n OH + (n-1) \ H_2O$$

ロイシン
($C_6H_{13}O_2N$)

ポリペプチド

問3 ポリ酢酸ビニルの加水分解は，次のように示される。

$$\left[\begin{array}{c} CH_2-CH \\ | \\ OCOCH_3 \end{array} \right]_n \longrightarrow \left[\begin{array}{c} CH_2-CH \\ | \\ OH \end{array} \right]_n$$

ポリ酢酸ビニル
分子量 $86n$

ポリビニルアルコール
分子量 $44n$

ポリ酢酸ビニル中のすべてのエステル結合のうち 70 %を加水分解して得られる高分子は，70 %のポリビニルアルコールを含む。したがって，ポリ酢酸ビニル（分子量 $86n$）とポリビニルアルコール（分子量 $44n$）の存在率を考えて，次の式で求めることができる。

$$\frac{86n \times \dfrac{30}{100} + 44n \times \dfrac{70}{100}}{86n} \times 100 = 65.8 \doteqdot 66 \ (\%)$$

問4 20 種類の α-アミノ酸がランダムに $(n-1)$ 回結合するとき（重合度が n），その配列順序の組み合わせの数は 20^n となる。よって，重合度が 100 なら，直鎖状のタンパク質の配列順序の数は 20^{100} 通りとなる。

問5 グリシン $CH_2(NH_2)COOH$（分子量 75）が m 個，アラニン $CH_3CH(NH_2)COOH$（分子量 89）が n 個含まれるポリペプチドを考えると，重合度とポリペプチドの分子量より，次の式が成り立つ。

$$m+n=10$$
$$75m+89n-9 \times 18 = 686$$

これを解くと $m=3, \ n=7$

ポリペプチド 2.00 mol が完全に加水分解されたとき，生じるグリシンは

$$2.00 \times 10 \times \frac{3}{10} = 6.00 \ (mol)$$

よって，その質量は

$$75 \times 6.00 = 450 = 4.50 \times 10^2 \ (g)$$

75 酵素の性質と反応，グルコースの構造，油脂の加水分解

(2014年度　第5問〔B〕)

次の文章を読み，**問1〜問6**に答えよ。なお，解答中の数値は有効数字3桁で答えよ。

生体内で起こる様々な化学反応は，酵素と呼ばれるタンパク質が触媒として働くことによって，容易に進行する。一般的に，酵素は決まった基質にしか作用しないことが知られており，このことを酵素の〔　(ア)　〕という。また，酵素が特定の基質と結合して反応を起こす場所を〔　(イ)　〕部位という。一方，酵素には特定の温度で反応速度が最大になる性質があるが，この温度をその酵素の〔　(ウ)　〕という。

例えば，〔　(エ)　〕と呼ばれる酵素は，グルコースが β-グリコシド結合でつながった高分子化合物であるセルロースを加水分解する。また，リパーゼと呼ばれる酵素は，油脂(トリグリセリド)を加水分解し，3分子の脂肪酸と1分子の〔　(オ)　〕を生成する。

問1. 文中の〔　(ア)　〕〜〔　(オ)　〕に適切な語句を答えよ。

問2. セルロースを〔　(エ)　〕で加水分解した生成物中には，β-グルコース2分子が結合した化合物が含まれる。この化合物名を答えよ。

問3. グルコースは水溶液中では，以下のように3種類の異性体(α型環状構造，鎖状構造，β型環状構造)が平衡状態で存在している。この中で還元性を示す鎖状構造の構造式を答えよ。

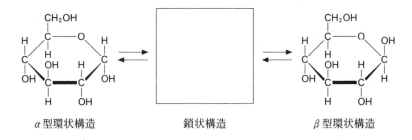

α型環状構造　　　　　　　鎖状構造　　　　　　　β型環状構造

問 4. トリグリセリドが強塩基によって加水分解されると，脂肪酸の塩とアルコールが生じる。この反応を何というか答えよ。

問 5. 生体内に存在する脂肪酸の中には，二重結合を含む化合物が多数存在する。これらの脂肪酸の総称を答えよ。また，炭素数が18で二重結合を2個含む脂肪酸(リノール酸)と，炭素数が20で二重結合を5個含む脂肪酸(エイコサペンタエン酸)の分子量を答えよ。

問 6. 1分子のトリグリセリド A を加水分解すると，リノール酸，エイコサペンタエン酸，ステアリン酸(炭素数18，二重結合0個)が1分子ずつ生成する。11.3 g のトリグリセリド A に水素を完全に付加して得られるトリグリセリド B の分子量と質量(g)を答えよ。

解 答

問1 (ア)基質特異性　(イ)活性　(ウ)最適温度　(エ)セルラーゼ　(オ)グリセリン

問2 セロビオース

問3

問4 けん化

問5 脂肪酸の総称：不飽和脂肪酸　リノール酸の分子量：2.80×10^2
エイコサペンタエン酸の分子量：3.02×10^2

問6 Bの分子量：9.18×10^2　Bの質量：$1.15 \times 10\,\text{g}$

ポイント

酵素の性質や反応は化学用語を確実に。炭素数の多い脂肪酸の計算は考察力と計算力が必要。

解 説

問1 酵素は分子内に反応を起こす特定の分子構造をもち，これを活性部位（活性中心）という。反応する相手を基質といい，1つの酵素は特定の基質としか反応できないことを基質特異性という。酵素が触媒としてはたらくとき，反応速度が最大になる温度を最適温度，反応速度が最大になる pH を最適 pH という。

問2 酵素によるセルロースの分解は，次のように示される。

$$\text{セルロース} \xrightarrow{\text{セルラーゼ}} \text{セロビオース} \xrightarrow{\text{セロビアーゼ}} \text{グルコース}$$

（多糖類）　　　　　　（二糖類）　　　　　　　（単糖類）

問3 環状のグルコースは分子内にヘミアセタール構造（同一炭素にヒドロキシ基とエーテル結合を1個ずつ含む構造）をもち，水溶液中でこの部分が開いて鎖状構造となり，このとき分子内にアルデヒド基ができる。

問4 エステルに強塩基が反応して，脂肪酸の塩とアルコールが生成する反応をけん化という。油脂（トリグリセリド）のけん化は，次の反応式で示される。

$$
\begin{array}{lll}
\text{CH}_2\text{-O-CO-R}_1 & \text{CH}_2\text{-OH} & \text{R}_1\text{COONa} \\
\text{CH-O-CO-R}_2 + 3\text{NaOH} \longrightarrow & \text{CH-OH} \; + & \text{R}_2\text{COONa} \\
\text{CH}_2\text{-O-CO-R}_3 & \text{CH}_2\text{-OH} & \text{R}_3\text{COONa}
\end{array}
$$

トリグリセリド　　　　　　グリセリン　脂肪酸の塩（セッケン）

問5 分子内に二重結合を x 個含む不飽和脂肪酸の示性式は $C_nH_{2n+1-2x}COOH$ と表せ

る。よって，リノール酸とエイコサペンタエン酸の示性式と分子量は，次のように示される。

リノール酸：$C_{17}H_{31}COOH$ （分子量 280）

エイコサペンタエン酸：$C_{19}H_{29}COOH$ （分子量 302）

問6 トリグリセリドAには二重結合が7個（リノール酸2個，エイコサペンタエン酸5個）含まれるので，水素が付加する反応は次のように示される。

$C_3H_5(OCOC_{17}H_{31})(OCOC_{19}H_{29})(OCOC_{17}H_{35}) + 7H_2$
トリグリセリドA

$\longrightarrow C_3H_5(OCOC_{17}H_{35})_2(OCOC_{19}H_{39})$
トリグリセリドB

グリセリン $C_3H_5(OH)_3$ の分子量は 92，ステアリン酸 $C_{17}H_{35}COOH$ の分子量は 284 なので，トリグリセリドAの分子量は

$92 + 280 + 302 + 284 - 3 \times 18 = 904$

トリグリセリドBの分子量はトリグリセリドAに 7mol の水素が付加したので 918 であるから，11.3g のトリグリセリドAに水素を完全に付加して得られるトリグリセリドBの質量は，次のように求めることができる。

$11.3 \times \dfrac{918}{904} = 11.47 \fallingdotseq 1.15 \times 10 \,〔g〕$

76 天然高分子・合成高分子化合物の構造，反応の量的関係

（2013年度　第6問）

次の文章を読み，**問1～問6**に答えよ。なお，**問2～問5**は有効数字2桁で答えよ。

日常生活において，様々な高分子化合物が使用されている。天然物由来のものとしては，カイコの吐き出したまゆ糸から作られる絹，羊の体毛から作られる羊毛，植物のワタから作られる木綿などがある。一方，人工的に合成される高分子化合物の例としては，ヘキサメチレンジアミンとアジピン酸の縮重合によって合成されるナイロン66(6,6-ナイロン)，テレフタル酸とエチレングリコールの縮重合によって合成される〔　(ア)　〕などがある。また，特別な機能を持った機能性高分子も数多く合成されている。例えば，スチレンと少量の p-ジビニルベンゼンの共重合で得られた樹脂をスルホン化することで合成される高分子化合物は，〔　(イ)　〕樹脂とよばれて，様々な物質の分離などに利用されている。

問1. 文中の〔　(ア)　〕と〔　(イ)　〕に適切な語句を記せ。

問2. 下線部(a)の主成分であるセルロース 9.9×10^2 g を加水分解してすべてグルコースにすると，何gのグルコースが生じるか。

問3. 下線部(a)の主成分であるセルロースは，酢酸と無水酢酸および少量の濃硫酸の混合溶液を作用させると，アセチル化される。この反応によって，セルロース 9.6×10^5 g を完全にアセチル化すると，何gになるか。

問4. 下線部(b)の平均分子量を 4.8×10^5 とすると，1分子に含まれるアミド結合の数は平均何個になるか。

問5. 〔　(ア)　〕の平均重合度を 9.4×10^2 とすると，平均分子量はいくらになるか。

問 6. 以下の高分子化合物の中で，アミド結合を含むものをすべて丸で囲め。

アミロース，	ポリイソプレン，	ポリ乳酸，
アミロペクチン，	グリコーゲン，	絹，
羊毛，	木綿，	マルターゼ，
生ゴム		

解　答

問1　㋐ポリエチレンテレフタラート　㋑陽イオン交換

問2　1.1×10^3 g

問3　1.7×10^6 g

問4　4.2×10^3 個

問5　1.8×10^5

問6　絹・羊毛・マルターゼ

ポイント

　代表的な単量体の構造を確実に。加水分解やアセチル化，重合度に関する計算はべき数等の計算ミスに注意。

解　説

問1　㋐　ポリエチレンテレフタラートは，エチレングリコールとテレフタル酸が縮合重合したポリエステルである。

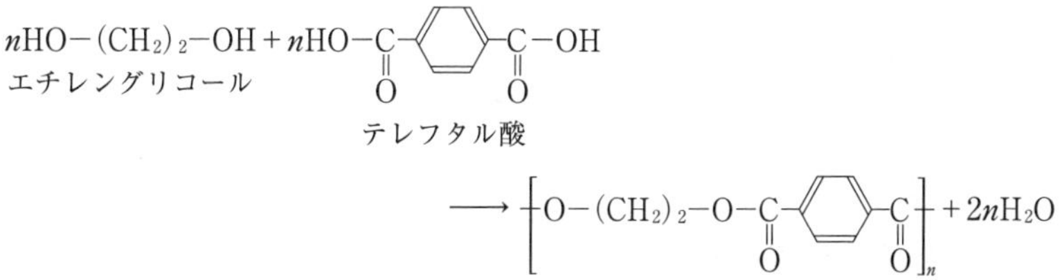

$$n\mathrm{HO-(CH_2)_2-OH} + n\mathrm{HO-\underset{O}{\overset{O}{C}}-\underset{}{}-\underset{O}{\overset{O}{C}}-OH}$$
エチレングリコール　　　　　　　　　　　テレフタル酸

$$\longrightarrow \left[\mathrm{O-(CH_2)_2-O-\underset{O}{\overset{O}{C}}-\underset{}{}-\underset{O}{\overset{O}{C}}} \right]_n + 2n\mathrm{H_2O}$$
ポリエチレンテレフタラート

㋑　陽イオン交換樹脂は，スチレンと p-ジビニルベンゼンの共重合で得られるポリスチレンに酸性の置換基を導入した樹脂である。

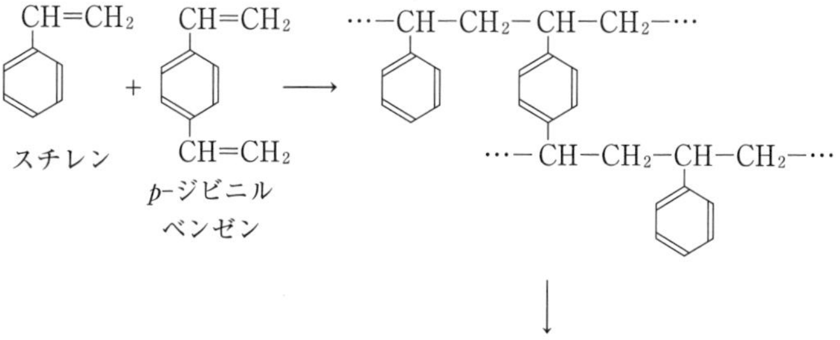

スチレン　　　　　p-ジビニル
　　　　　　　　　　ベンゼン

$$\cdots\text{-CH-CH}_2\text{-CH-CH}_2\text{-}\cdots$$

（X＝－SO$_3$H，－COOH，－OH など）

問2　セルロースの加水分解は次の反応式で示される。

$$(\text{C}_6\text{H}_{10}\text{O}_5)_n + n\text{H}_2\text{O} \longrightarrow n\text{C}_6\text{H}_{12}\text{O}_6$$

分子量　　　　162n　　　　　　　　　　180

よって，生じるグルコースは

$$\frac{9.9\times10^2}{162n}\times180\times n = 1.1\times10^3〔\text{g}〕$$

問3　セルロースのアセチル化は次の反応式で示される。

$$\{\text{C}_6\text{H}_7\text{O}_2(\text{OH})_3\}_n + 3n\text{CH}_3\text{COOH} \longrightarrow \{\text{C}_6\text{H}_7\text{O}_2(\text{OCOCH}_3)_3\}_n + 3n\text{H}_2\text{O}$$

　　　　　　　　セルロース　　　　　　　　　　　　　　トリアセチルセルロース

分子量　　　　　162n　　　　　　　　　　　　　　288n

よって，完全にアセチル化したセルロースの質量は

$$\frac{9.6\times10^5}{162n}\times288n = 1.70\times10^6 \fallingdotseq 1.7\times10^6〔\text{g}〕$$

問4　6,6-ナイロンの重合度を n とすると，分子量は 226n である。

$$\begin{array}{c}\left[\text{C-(CH}_2)_4\text{-C-N-(CH}_2)_6\text{-N}\right]_n\\ \text{O}\qquad\ \ \text{O H}\qquad\quad\ \text{H}\end{array}$$

　　　　　6,6-ナイロン

1 個の分子中にアミド結合の数は 2n 個含まれるので

$$\frac{4.8\times10^5}{226n}\times2n = 4.24\times10^3 \fallingdotseq 4.2\times10^3 \text{ 個}$$

問5　ポリエチレンテレフタラートの重合度を n とすると，分子量は 192n である。

$$\left[\text{C-}\bigcirc\text{-C-O-(CH}_2)_2\text{-O}\right]_n$$

　　ポリエチレンテレフタラート

よって，平均分子量は

$$192\times9.4\times10^2 = 1.80\times10^5 \fallingdotseq 1.8\times10^5$$

問6　アミド結合 $-\overset{}{\text{N}}\text{-}\overset{}{\text{C}}\text{-}$ は，アミノ基とカルボキシ基から水がとれてできる結
　　　　　　　　　　H　O

合であり，天然高分子ではアミノ酸の縮重合体であるタンパク質，合成高分子では，

6,6-ナイロンや6-ナイロンなどのポリアミドに含まれる。天然繊維の絹・羊毛や，酵素マルターゼはタンパク質が主成分である。

選択肢の中の他の物質については，アミロース，アミロペクチン，グリコーゲン，木綿（主成分：セルロース）は多糖類であり，α-グルコースがグリコシド結合で結びついたものである。

ポリイソプレンは右図の構造をもつ高分子で，特にポリイソプレンがシス形になっている天然高分子が生ゴムである。

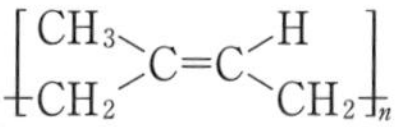

$$\left[\begin{array}{c} CH_3 \\ | \\ CH_2 \end{array} C=C \begin{array}{c} H \\ | \\ CH_2 \end{array}\right]_n$$

ポリ乳酸は右図の構造をもつ高分子で，分子内にエステル結合をもち，微生物等で分解される生分解性プラスチックとして知られている。

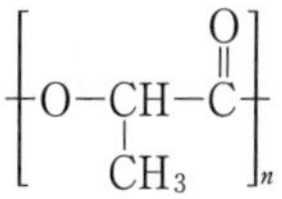

$$\left[\begin{array}{c} O \\ \| \\ O-CH-C \\ | \\ CH_3 \end{array}\right]_n$$

77 三大栄養素と酵素，油脂の代謝，トリペプチドの電気泳動

(2012年度　第6問)

次の文章を読み，**問1～問3**に答えよ。

　我々の生命活動に欠かすことのできない食品には，五つの栄養素，すなわち，炭水化物，タンパク質，脂質，ビタミン，無機塩類が含まれている。これらのうち，特に三大栄養素(炭水化物，タンパク質，脂質)は，摂食後，消化器官において分解を受け，分解物は種々の生命活動に利用される。

　主に穀物から供給される炭水化物の一種であるデンプンは，唾液ならびにすい液に含まれる酵素〔　(ア)　〕の作用によりデキストリンを経て，二糖であるマルトースとなり，最終的には，酵素〔　(イ)　〕の作用によって単糖のグルコースまで分解される。その後，腸管で吸収され，<u>エネルギー源として利用される</u>ほか，主(a)に肝臓中でグリコーゲンへと変換され，貯蔵される。

　脂質の分解酵素である〔　(ウ)　〕は食事成分として摂取された脂質を胃や小腸において，その基本骨格であるグリセリンと脂肪酸に加水分解する。これらの分解生成物は吸収後，<u>エネルギー源として利用される</u>ほか，生体膜の構成要素などに(b)なる。

　タンパク質は，胃で分泌される酵素〔　(エ)　〕，すい液に含まれる酵素〔　(オ)　〕，その他のペプチダーゼにより，ペプチドやアミノ酸にまで分解を受け，腸管で吸収される。

問1. 文中の〔　(ア)　〕～〔　(オ)　〕に適切な酵素名を記せ。

問2. 文中の下線(a)で示したように，グルコースは，体内においてエネルギー源として利用され，1個の分子の酸化過程で高エネルギーリン酸化合物であるATP(アデノシン三リン酸)38個の生成へとつながる。また，下線(b)の様に脂肪酸の一種であるパルミチン酸($C_{15}H_{31}COOH$)については，1分子の酸化によって，130個のATPが生成する。また，ステアリン酸($C_{17}H_{35}COOH$)については，1分子あたり146個のATPの生成へとつながる。ATP

がADP(アデノシン二リン酸)に分解を受ける際に放出され，生命活動に利用できるエネルギーを 30.5 kJ/mol とした場合，ステアリン酸とパルミチン酸(モル比 2 : 1)から構成されるトリグリセリド(脂質)1.00 g を酸化したときに生成するエネルギーを算出し，有効数字 3 桁で答えよ。ただし，脂質に関しては完全に分解されるものとし，分解に用いられるエネルギーとグリセリンから生じるエネルギーは考慮しないものとする。

問 3. 下記の(1)〜(4)のトリペプチドに関して以下の問いに答えよ。

(1)　グリシン—セリン—リシン
(2)　バリン—システイン—グルタミン酸
(3)　アラニン—イソロイシン—チロシン
(4)　メチオニン—プロリン—ロイシン

①　これらのトリペプチド溶液を pH 6.0 付近の溶液中で下図のような電気泳動によって分離を試みた場合，泳動終了後，最も陽極側，陰極側，それぞれに移動するトリペプチドの番号を答えよ。ただし，塩基性アミノ酸，酸性アミノ酸以外のアミノ酸はほぼ同じ等電点を有するものとする。

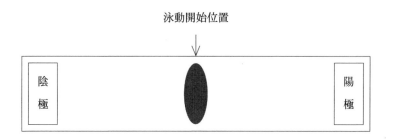

泳動開始位置

②　最も陰極側に移動するトリペプチドを構成するアミノ酸のうち，その位置に移動する主要な因子となっているアミノ酸名を答えよ。さらに，そのアミノ酸が pH 6.0 の溶液中に存在するときの荷電状態を示す構造式を例にならって記せ。

例：

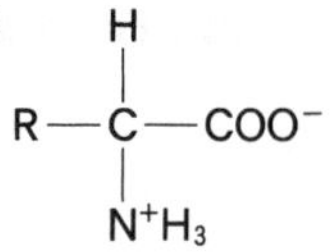

$$R - \overset{\displaystyle H}{\underset{\displaystyle N^{+}H_3}{\overset{|}{\underset{|}{C}}}} - COO^{-}$$

③　(1)～(4)のトリペプチド溶液のうち，キサントプロテイン反応(黄色の呈色反応)を示す溶液の番号を答えよ。また，そのトリペプチドを構成するアミノ酸のなかで，キサントプロテイン反応に関与しているのはどれか，アミノ酸の名称を答えよ。さらに，そのアミノ酸がpH 4.0の溶液中で存在するときの荷電状態を示す構造式を②の例にならって記せ。

解　答

問1　㋐アミラーゼ　㋑マルターゼ　㋒リパーゼ　㋓ペプシン　㋔トリプシン

問2　14.9kJ

問3　① 陽極側：(2)　陰極側：(1)

　　　② アミノ酸名：リシン

　　　　構造式：$H_3N^+-CH_2-CH_2-CH_2-CH_2-\overset{\overset{\displaystyle H}{|}}{\underset{\underset{\displaystyle N^+H_3}{|}}{C}}-COO^-$

　　　③ トリペプチドの番号：(3)　アミノ酸名：チロシン

　　　　構造式：$HO-\langle\!\!\bigcirc\!\!\rangle-CH_2-\overset{\overset{\displaystyle H}{|}}{\underset{\underset{\displaystyle N^+H_3}{|}}{C}}-COO^-$

ポイント

　酵素反応は頻出。ATPや油脂の代謝は問題文をよく読んで慎重に解答する必要がある。リシンとチロシンの構造式は発展内容。

解　説

問1　問題文中の酵素のはたらきをまとめると，次のようになる。

デンプン $\xrightarrow[\text{アミラーゼ}]{}$ デキストリン $\xrightarrow[\text{アミラーゼ}]{}$ マルトース

$\xrightarrow[\text{マルターゼ}]{}$ グルコース

脂肪 $\xrightarrow[\text{リパーゼ}]{}$ 脂肪酸＋グリセリン

タンパク質 $\xrightarrow[\text{ペプシン，トリプシン}]{}$ ペプチド

問2　このトリグリセリド（脂質）の分解は，次のように示される。

$$\begin{array}{l}CH_2-OCO-C_{17}H_{35}\\CH-OCO-C_{17}H_{35}\\CH_2-OCO-C_{15}H_{31}\\ \text{脂質}\end{array} \longrightarrow 2C_{17}H_{35}COOH + C_{15}H_{31}COOH + \begin{array}{l}CH_2-OH\\CH-OH\\CH_2-OH\\ \text{グリセリン}\end{array}$$

ステアリン酸　パルミチン酸

脂質の分子量は862であるから，1.00gの物質量は$\dfrac{1.00}{862}$mol。よって，1.00gの脂質の分解で生成するエネルギーは

$$\left(\frac{1.00}{862}\times2\times146+\frac{1.00}{862}\times1\times130\right)\times30.5=14.93\fallingdotseq14.9〔kJ〕$$

問3　(1)～(4)のトリペプチドを構成するアミノ酸のうち，塩基性アミノ酸はリシン，

酸性アミノ酸はグルタミン酸で，それぞれ次のような構造をもつ。

$$H_2N-(CH_2)_4-\underset{NH_2}{CH}-COOH \qquad HOOC-(CH_2)_2-\underset{NH_2}{CH}-COOH$$

リシン　　　　　　　　　　　　グルタミン酸

pH 6.0 付近の水溶液中では，アミノ基は$-NH_3^+$，カルボキシ基は$-COO^-$の形で
イオン化する。分子内に2つのアミノ基をもつリシンは，水溶液中で次のような構
造となり，全体として正の電荷が多いので，リシンを含むトリペプチドは，電気泳
動すると陰極側へ移動する。よって，最も陰極側に移動するトリペプチドは，リシ
ンを含む(1)である。

$$H_3N^+-(CH_2)_4-\underset{N^+H_3}{CH}-COO^-$$

一方，分子内に2つのカルボキシ基をもつグルタミン酸は，水溶液中で次のような
構造となり，グルタミン酸を含むトリペプチドは，電気泳動すると陽極側へ移動す
る。よって，最も陽極側に移動するトリペプチドは，グルタミン酸を含む(2)である。

$$^-OOC-(CH_2)_2-\underset{N^+H_3}{CH}-COO^-$$

キサントプロテイン反応は，次に示すチロシンやフェニルアラニンなどの芳香族ア
ミノ酸分子中のベンゼン環のニトロ化が起こる反応である。チロシンの等電点は
5.7 であるが，pH 4.0 の溶液中では，アミノ基，カルボキシ基ともに次のように
イオン化している分子構造が多く存在すると考えられる。

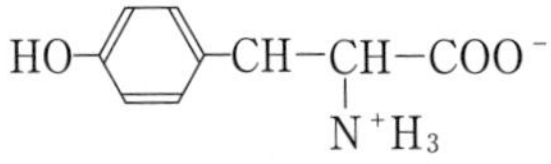

$$HO-\!\!\left\langle \bigcirc \right\rangle\!\!-CH-\underset{N^+H_3}{CH}-COO^-$$

チロシン

78 栄養素と酵素，セルロースの反応

(2011年度 第6問)

次の文章を読み，**問1〜問3**に答えよ。

人の健康な生活に必須の食物成分として，炭水化物，タンパク質，油脂の三大栄養素がある。これらは生体内の酵素により分解され，生命活動のためのエネルギーや体の組織となる。さらに，無機塩類やビタミン類も生命機能の調節に不可欠であり，あわせて五大栄養素と呼ばれる。おのおのの栄養素および酵素の一例として，下記の水溶液あるいは水懸濁液(以下，両方とも溶液とする)を調製した。以下の問に答えよ。解答が複数ある場合は，すべて記せ。

A デンプン	B 卵白	C サラダ油	D ビタミンC
E 食塩	F アミラーゼ	G プロテアーゼ	H リパーゼ

問1. 高濃度のニンヒドリン水溶液を加えて加熱すると，青紫〜赤紫色に変化する溶液を選び，記号で答えよ。

問2. 各溶液に溶液Fを加え，Fの最適温度，最適pHで十分に反応させた。フェーリング液を加えて加熱すると，赤色に変化する溶液を選び，記号で答えよ。

問3. 五大栄養素に加えて，食物繊維として腸内環境を整える働きのある炭水化物にセルロースがある。以下の問に答えよ。

① セルロース1.62gに希硫酸を加えて長時間加熱すると，1.80gの生成物Iが得られた。これは水によく溶け，1mol/Lの水酸化ナトリウム水溶液を加えたメチレンブルー溶液を青色から無色に変化させた。メチレンブルーとの反応後の生成物Iの構造式を記せ。

② セルロース1.62gに無水酢酸と硫酸触媒を加えて加熱すると，2.67gの生成物Jが得られた。生成物Jには，もとのセルロース中の水酸基が約何%残っているか。有効数字2桁で答えよ。

解答

問1　B・F・G・H
問2　A・D
問3　①

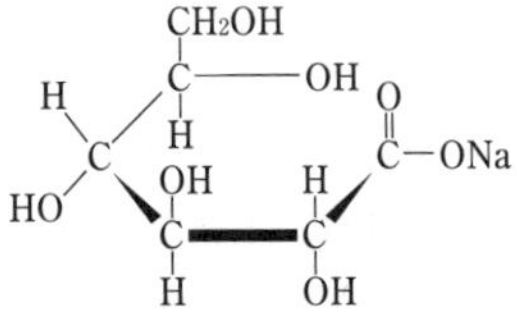

　　　②　17 %

ポイント

　メチレンブルーの退色を還元反応に結びつける応用力がポイント。高分子の計算問題は類題で演習を重ねてミスを防ぐ。

解説

問1　ニンヒドリンによる呈色反応は、アミノ酸、またはタンパク質の検出に用いられる反応であり、卵白以外にもアミラーゼ、プロテアーゼ、リパーゼのような酵素でも反応する。

問2　アミラーゼはデンプンをマルトースに変える酵素である。生じたマルトースは還元力をもつので、フェーリング液の還元反応が起こる。ビタミンCは水溶性で強い還元力をもち、フェーリング液を還元する。

問3　①　セルロースに希硫酸を作用させると加水分解が起こり、単量体であるグルコースが生成する。メチレンブルーは還元されると色が青から無色に変わる。よって還元力のあるグルコースとメチレンブルーが反応すると、溶液の色が青から無色に変化し、そのときグルコース自身は酸化されることになる。水溶液中でグルコースは次に示すような平衡状態にあり、還元力を示すのは、分子内にアルデヒド基をもつ鎖状構造のときである。しかし、酸性や中性水溶液中ではメチレンブルーを還元しないので、水酸化ナトリウム水溶液を加えて塩基性にする。

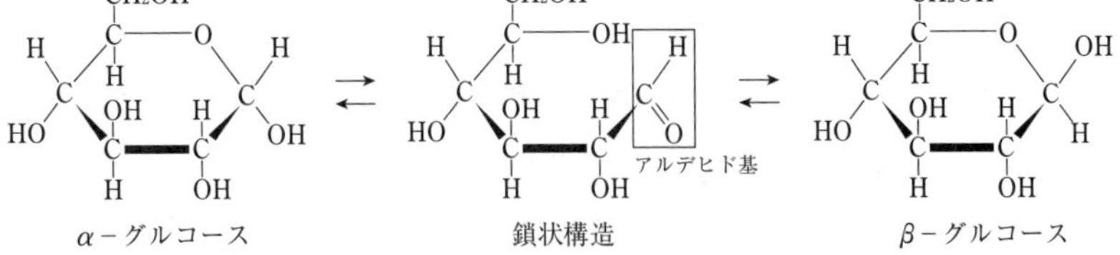

α－グルコース　　　　　鎖状構造　　　　β－グルコース

鎖状構造のグルコースが酸化されると，分子内のアルデヒド基はカルボキシ基（−COOH）に変化し，塩基性の水溶液中ではナトリウム塩（−COONa）の構造をとると考えられる。

② セルロースは，次に示すような β-グルコースの単位がつながった高分子化合物である。

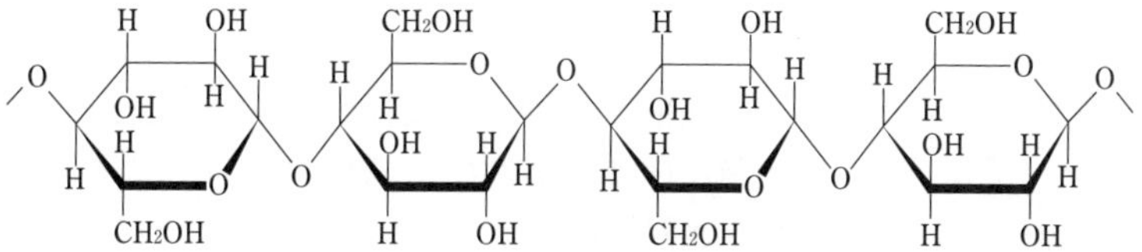

β-グルコースの単位1つには，反応できるヒドロキシ基が3つ存在するので，セルロースを $[C_6H_7O_2(OH)_3]_n$（n は重合度）と表すと，無水酢酸と硫酸によるアセチル化は次のように表すことができる。

$$[C_6H_7O_2(OH)_3]_n \xrightarrow{\text{アセチル化}} [C_6H_7O_2(OCOCH_3)_3]_n$$

重合度 n のセルロース（分子量 $162n$）の分子中のヒドロキシ基がすべてアセチル化され，トリアセチルセルロース（分子量 $288n$）になったとすると，1.62 g のセルロースから得られるトリアセチルセルロースは

$$1.62 \times \frac{288n}{162n} = 2.88 〔g〕$$

セルロースの分子内のすべてのヒドロキシ基のうち，x〔%〕がアセチル化されたとすると

$$\frac{162 + 42 \times 3 \times \dfrac{x}{100}}{288} = \frac{2.67}{2.88} \qquad x = 83.3 〔\%〕$$

よって，アセチル化されずに残っているヒドロキシ基は

$$100 - 83.3 = 16.7 \fallingdotseq 17 〔\%〕$$

79 光合成と呼吸，糖類，核酸と DNA，油脂

(2009年度　第6問〔A〕)

植物がつくる化合物に関連した以下の文章を読み，**問1〜問3**に答えよ。

　　植物は，光合成により，<u>二酸化炭素と水から，グルコースやデンプンなどの糖類を合成している</u>。その際，〔　(ア)　〕が生成し，動物などの呼吸に利用される。動物は，糖類を分解して得たエネルギーを生命活動に利用しているが，これは糖類の分解を〔　(ア)　〕を用いて促進する酸化反応である。これに対して，光合成反応は，二酸化炭素の〔　(イ)　〕反応である。
_(a)

　　植物が生産する糖類のうち，デンプンやセルロースは，グルコースを基本単位とする多糖類であり，このグルコース単位には，〔　(ウ)　〕個のヒドロキシ基がある。ほとんどの植物に含まれる〔　(エ)　〕は，〔　(イ)　〕性をもたない二糖類である。グルコース溶液からつくられる異性化糖は，グルコースを〔　(オ)　〕に変化（異性化）させることで甘みを増している。

　　生物の遺伝情報を伝達する役割を果たす核酸は，糖と〔　(カ)　〕とのエステルで，鎖状の重合体として骨格構造を形成し，糖の部分に塩基が置換基として共有結合したものである。核酸の塩基は，環状構造をとっており，炭素，水素，酸素，〔　(キ)　〕の元素からなる。DNA分子では，二本の鎖中の塩基の間で〔　(ク)　〕結合により結びあわさって二重らせん構造をとっている。

　　動物は，植物が生産する油脂もエネルギー源として利用する。油脂は，〔　(ケ)　〕と脂肪酸のエステルである。<u>油脂にメタノールと触媒を加えて生成させた脂肪酸のメチルエステル</u>は，軽油代替燃料として用いられる。油脂や脂肪酸のメチルエステルを水酸化ナトリウム水溶液で加水分解すると，〔　(コ)　〕ができる。
_(b)

問 1. 文中の〔　(ア)　〕〜〔　(コ)　〕に適切な語句を記せ。ただし，〔　(ウ)　〕には数字を入れよ。

問 2. 下線部(a)において，光合成によってグルコース（$C_6H_{12}O_6$）が生成する反

応式を記せ。

問 3. 下線部(b)において，ある一種類の脂肪酸(分子量：282)のみからなる油脂を使って 592 g の脂肪酸のメチルエステルが生成したとき，何 g のメタノールが反応したか計算せよ。有効数字 3 桁で答えよ。

解　答

問1　㋐酸素　㋑還元　㋒3　㋓スクロース　㋔フルクトース　㋕リン酸
　　　㋖窒素　㋗水素　㋘グリセリン　㋙セッケン

問2　$6CO_2 + 6H_2O \longrightarrow C_6H_{12}O_6 + 6O_2$

問3．64.0 g

ポイント

　生化学的な内容の理解が必要。基本的な内容は確実に解答しよう。手薄になりがちな項目なので，しっかり学習して差をつけよう。

解　説

問1　㋐・㋑　植物による光合成と，生物の呼吸（好気呼吸）は，次のような可逆反応で表すことができる。

$$6CO_2 + 6H_2O \underset{呼吸}{\overset{光合成}{\rightleftharpoons}} C_6H_{12}O_6 + 6O_2 - 2807\,kJ$$

光合成は光のエネルギーを吸収して進む吸熱反応であり，その過程で CO_2 の還元反応も起こる。呼吸は発熱反応であり，生じたエネルギーを用いて ATP が合成され，生命活動に活用される。

㋓・㋔　グルコースは分子内に5個のヒドロキシ基を有する六炭糖で，同じ六炭糖であるフルクトースと縮合して二糖類のスクロースが生じる。スクロースの構造式を次に示す。

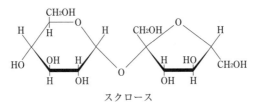

スクロース

スクロースは還元性をもたない二糖類であり，希酸または酵素インベルターゼで加水分解されて，グルコースとフルクトースの混合物（転化糖）となる。フルクトースは糖類の中で最も強い甘味をもち，グルコースの異性化によっても得られる。

㋕〜㋗　核酸の単量体の構造は次に示すようなものである。

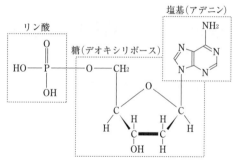

ヌクレオチドの例

五炭糖（リボース）に有機塩基が結合したヌクレオシドにリン酸がエステル結合してヌクレオチドとなる。ヌクレオチドが縮合重合したものがポリヌクレオチドであり，RNA は糖部分がリボース，DNA はデオキシリボースからできている。DNA 中の塩基が水素結合することにより，ヌクレオチド鎖2本が二重らせん構造をとる。

(ケ)・(コ) 油脂はグリセリンと脂肪酸のエステルであり，水酸化ナトリウム水溶液で加水分解（けん化）すると，グリセリンと脂肪酸のナトリウム塩（セッケン）が生じる。

$$
\begin{array}{l}
\text{R-CO-O-CH}_2 \\
\text{R'-CO-O-CH} \\
\text{R''-CO-O-CH}_2 \\
\quad\quad \text{油 脂}
\end{array}
+3\text{NaOH} \longrightarrow
\begin{array}{l}
\text{RCOONa} \\
+ \\
\text{R'COONa} \\
+ \\
\text{R''COONa} \\
\quad\text{セッケン}
\end{array}
+
\begin{array}{l}
\text{HO-CH}_2 \\
\text{HO-CH} \\
\text{HO-CH}_2 \\
\text{グリセリン}
\end{array}
$$

問3 油脂から脂肪酸のメチルエステルが生成する反応を次に示す。

$$
\begin{array}{l}
\text{R-CO-O-CH}_2 \\
\text{R-CO-O-CH} \\
\text{R-CO-O-CH}_2
\end{array}
+3\text{CH}_3\text{OH} \longrightarrow 3\text{RCOOCH}_3 +
\begin{array}{l}
\text{HO-CH}_2 \\
\text{HO-CH} \\
\text{HO-CH}_2
\end{array}
$$

分子量 282 の脂肪酸のみからできる油脂の分子量は 884，メチルエステルの分子量は 296 であり，1 mol の油脂に 3 mol のメタノール（分子量 32）が反応して 3 mol のメチルエステルが生成するので，反応したメタノールの質量を x〔g〕とすると

$$
\frac{592}{296\times3}=\frac{x}{32\times3} \qquad \therefore \quad x=64.0\,〔\text{g}〕
$$

80 高分子化合物・有機化合物の構造と性質

(2009年度　第6問〔B〕)

下記の化合物(1)～(10)に関する**問1**および**問2**に答えよ。

(1)　乳　酸	(2)　ラクトース	(3)　オレイン酸
(4)　天然ゴム	(5)　グルコース	(6)　グリシン
(7)　フェニルアラニン	(8)　アジピン酸	(9)　卵白アルブミン
(10)　マルトース		

問 1. 下記の文章1)～10)は，上記の化合物(1)～(10)に関する記述である。下線部(a)～(j)の記述は誤りである。適切な語句あるいは数字を解答欄に記せ。

1) 乳酸はヒドロキシ酸の一種であり，立体的な配置が実体と鏡像の関係にある<u>幾何異性体</u>が存在する。
(a)

2) ラクトースは腸内で酵素ラクターゼの働きにより，<u>アミロース</u>とガラ
(b)
クトースに分解されて吸収される。

3) オレイン酸の<u>エステル</u>結合に水素を付加し飽和脂肪酸に変化させる
(c)
と，融点が高くなる。

4) 天然ゴムは<u>エチレン</u>が重合した化合物である。
(d)

5) グルコースは分子中に<u>ケトン基</u>があるので還元性を示す。
(e)

6) グリシンは炭素原子を<u>3個</u>含む化合物である。
(f)

7) フェニルアラニンは分子中に<u>ニトロ基</u>とカルボキシル基をもつ双性イ
(g)
オンである。

8) アジピン酸はカルボキシル基を<u>3個</u>もつ飽和カルボン酸である。
(h)

9) 卵白アルブミンは加熱や強酸などの作用により本来の立体構造が変化する。この現象を<u>塩析</u>という。
(i)

10) マルトースはα-グルコースが脱水縮合した<u>単糖類</u>である。
(j)

問 2. 上記の化合物(1)～(10)の中から，次の(ア)～(ク)に該当するものをすべて選

び，番号で答えよ。ただし，同じ化合物を何度選んでもよい。

(ア)　ヒドロキシ基1個とカルボキシル基1個をもつ。

(イ)　カルボキシル基1個とアミノ基1個をもつ。

(ウ)　天然高分子化合物である。

(エ)　水溶液に濃硝酸を加え，加熱すると黄色に呈色する。

(オ)　ナイロン66の原料である。

(カ)　チロシンと結合してジペプチドを生じる。

(キ)　ビウレット反応により，赤紫色に呈色する。

(ク)　不斉炭素原子を1個もつ。

解　答

問1　(a)光学（鏡像）　(b)グルコース　(c)(炭素間) 二重　(d)イソプレン
　　　(e)アルデヒド　(f)2　(g)アミノ　(h)2　(i)変性　(j)二糖類
問2　(ア)—(1)　(イ)—(6)・(7)　(ウ)—(4)・(9)　(エ)—(7)・(9)　(オ)—(8)　(カ)—(6)・(7)
　　　(キ)—(9)　(ク)—(1)・(7)

ポイント
　教科書レベルの代表的な高分子化合物は，天然，合成問わずに単量体の構造式と反応を
確実に押さえて解答しよう。

解　説

問1　1）　分子内の不斉炭素原子の周りの立体配置の違いによって生じる異性体は，
<u>光学（鏡像）</u>異性体である。

2）　ラクトースは<u>グルコース</u>とガラクトースが縮合した二糖類である。

3）　オレイン酸は分子内に<u>二重</u>結合を1つもつ不飽和脂肪酸である。

4）　天然ゴムは，次に示すような<u>イソプレン</u>が付加重合した構造をもつ。

$$\left[CH_2-\underset{\underset{CH_3}{|}}{C}=CH-CH_2 \right]_n$$

5）　グルコースが還元性を示すのは，鎖状構造をとるときに，分子内に<u>アルデヒ
ド</u>基ができるからである。

6）　グリシンは右に示す構造をもつアミノ酸で，分子内に炭素
原子を<u>2</u>個含み，不斉炭素原子がないので光学異性体は存在しな
い。

$$\underset{\underset{NH_2}{|}}{\overset{\overset{H}{|}}{H-C-COOH}}$$
グリシン

7）　フェニルアラニンは次に示す構造をもつ芳香族アミノ酸で，
分子内にカルボキシ基と<u>アミノ</u>基をもつ。

8）　アジピン酸は次に示す構造をもつ鎖状のカルボン酸で，分子内にカルボキシ
基を<u>2</u>個もつ。

$$\bigcirc-CH_2-\underset{\underset{NH_2}{|}}{\overset{\overset{H}{|}}{C^*}}-COOH \qquad HOOC-(CH_2)_4-COOH$$
フェニルアラニン　　　　　　　　　　　アジピン酸

9）　卵白アルブミンはタンパク質であり，熱や酸，アルコールなどによって立体
構造が変化して凝固することを<u>変性</u>という。

10）　マルトースは α-グルコース2個が縮合した<u>二糖類</u>である。

問2　(ア)　ヒドロキシ基とカルボキシ基を1個ずつもつヒドロキシカルボン酸は，乳

酸のみである。

(イ) カルボキシ基とアミノ基を1個ずつもつのは主にアミノ酸で，グリシンとフェニルアラニンである。

(ウ) 天然高分子化合物は，天然ゴムと卵白アルブミンである。

(エ) キサントプロテイン反応は，分子内にベンゼン環をもつアミノ酸のニトロ化が原因であり，フェニルアラニンと卵白アルブミンが呈色する。

(オ) ナイロン66は，アジピン酸とヘキサメチレンジアミンの縮合重合によってつくられる。

(カ) チロシンもアミノ酸であり，グリシンとフェニルアラニンは，チロシンと縮合してジペプチドをつくることができる。

(キ) ビウレット反応を示すのは，2個以上のペプチド結合をもつトリペプチド以上のペプチドやタンパク質なので，卵白アルブミンのみが呈色する。

(ク) 不斉炭素原子は結合する4つの原子や原子団がすべて異なる炭素原子であり，分子内にこれを1個のみもつのは，乳酸とフェニルアラニンである。

81 合成高分子化合物の構造・性質・反応
(2008年度　第6問〔A〕)

次の文章(1)〜(6)を読み，**問1〜問5**に答えよ。

(1)　PETボトル本体の材質はポリエチレンテレフタラートである。また，フタはポリプロピレン，ラベルはポリスチレンから主につくられる。分別回収
(a)　　　　　　　　　　　　　(b)
されたPETボトルは，洗浄粉砕後，乾燥溶融などをへて，繊維や容器などの原料として再利用される。またポリエチレンテレフタラートを加水分解することにより，単量体にまで分解し，再利用することも試みられている。

(2)　6-ナイロンは化合物Aの〔　(ア)　〕重合により得られる。6-ナイロンを高温に加熱すると，Aを含む平衡状態になる。この状態で，Aを反応系外へと取り出すと，単量体であるAが連続的に再生してくる。

(3)　ポリ酢酸ビニルを水酸化ナトリウムで加水分解するとポリビニルアルコー
(c)　　　　　　　　　　　　　　　　　　　　　　(d)
ルができる。ポリビニルアルコールを〔　(イ)　〕と反応させるとビニロンが得られる。

(4)　生ゴムは化合物Bが重合した構造をもつもので，〔　(ウ)　〕という操作により，S原子を含む架橋構造を形成することで弾性が大きくなる。また，合成ゴムとして，Bに似た構造をもつ単量体を重合させたものがつくられている。1,3-ブタジエンの重合体や，1,3-ブタジエンとスチレンとの共重合体がその例である。

(5)　スチレンと*p*-ジビニルベンゼンとの共重合体に，アルキルアンモニウム基を多数導入した樹脂は，〔　(エ)　〕イオン交換樹脂として利用される。

(6)　次の図は，化合物Cと〔　(イ)　〕とを重合させて得られる樹脂の構造式の一部である。立体網目構造を有するこの樹脂は，熱〔　(オ)　〕性樹脂の一つである。

問 1. 文中の〔 (ア) 〕～〔 (オ) 〕に適切な語句を記せ。ただし〔 (イ) 〕には化合物名を入れよ。

問 2. 化合物 A，B，C の構造式を以下の例にならって記せ。

(例)

問 3. 下線部(a)～(d)の合成高分子のなかで最も水溶性が高いものはどれか，記号で答えよ。

問 4. 分子量が 4.80×10^4 のポリエチレンテレフタラート 1.20 g を，単量体にまで加水分解するのに必要な水は理論上何 g か。有効数字 3 桁で答えよ。

問 5. 1,3-ブタジエンとスチレンとの共重合体 10.6 mg を完全燃焼させたところ，二酸化炭素が 35.2 mg，水が 9.00 mg 生成した。この共重合体 5.30 g に臭素を十分に反応させると理論上何 g の臭素が反応するか。有効数字 3 桁で答えよ。ただし臭素はベンゼン環とは反応しないこととする。

解　答

問1　㋐開環　㋑ホルムアルデヒド　㋒加硫　㋓陰　㋔硬化

問2　A.

$$\begin{matrix} & CH_2-CH_2-C=O \\ H_2C & \quad\quad\quad | \\ & CH_2-CH_2-N-H \end{matrix}$$

B. $CH_2=CH-C=CH_2$
　　　　　　　　$\quad\quad\quad\quad\quad |$
　　　　　　　　$\quad\quad\quad\quad CH_3$

　　C.

問3　(d)

問4　$2.25\times10^{-1}\,g$

問5　$7.99\,g$

ポイント

　単量体の構造と重合の仕方を正確に把握しよう。高分子の煩雑な計算に慣れ，重合度や有効数字の取り扱いに注意しよう。

解　説

問1・問2　(2)　6-ナイロンは ε-カプロラクタムの開環重合により得られる。

$$n H_2C \begin{matrix} CH_2-CH_2-CO \\ | \\ CH_2-CH_2-NH \end{matrix} \xrightarrow{開環重合} \ce{-[NH-(CH_2)_5-CO]-}_n$$

　A：ε-カプロラクタム　　　　　　　　　　　6-ナイロン

(3)　ポリ酢酸ビニルを次のように処理するとビニロンが合成される。

$$\ce{-[CH_2-CH]-}_n \atop OCOCH_3 \xrightarrow[NaOH]{加水分解} \ce{-[CH_2-CH]-}_n \atop OH$$

ポリ酢酸ビニル　　　　　　　　　ポリビニルアルコール

$$\xrightarrow[HCHO]{アセタール化} \cdots-CH_2-CH-CH_2-CH-CH_2-CH-\cdots$$

$$\quad\quad\quad OH \quad\quad O-CH_2-O$$

ビニロン

(4)　生ゴムはイソプレンが付加重合した構造をもつシス形ポリイソプレンであり，生ゴムに少量の硫黄を加えて加熱する（加硫）と，硫黄原子が架橋構造をつくるので弾性が増す。

$$\cdots-CH_2 \atop \quad CH_3 \,C=C\, CH_2-CH_2 \atop H \quad CH_3 \,C=C\, CH_2-CH_2 \atop H \quad CH_3 \,C=C\, CH_2-\cdots \atop H$$

生ゴム

(5) イオン交換樹脂は次のようにして合成される網目状の樹脂である。

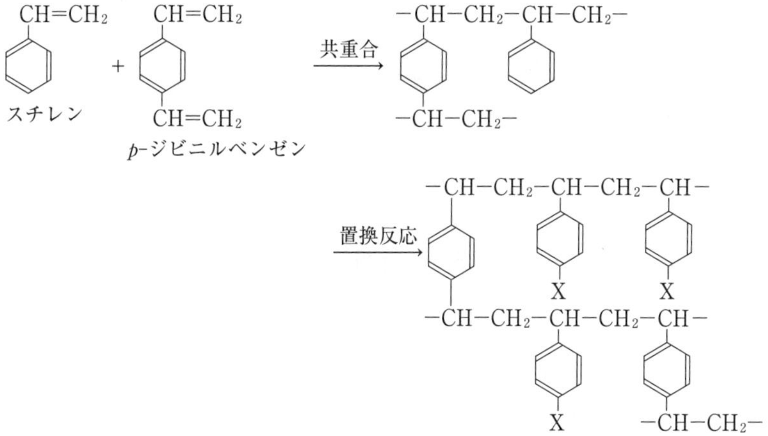

Xは酸性または塩基性の置換基である。Xをスルホ基にすると陽イオン交換樹脂，アルキルアンモニウム基にすると陰イオン交換樹脂となる。

(6) メラミン樹脂のように，立体網目構造をもつ樹脂は熱硬化性樹脂である。

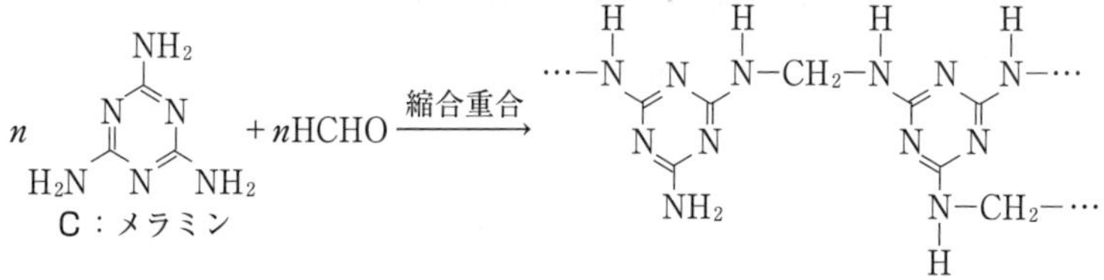

問3 (a)〜(d)の合成高分子のなかで，親水性の置換基（−OH）をもつポリビニルアルコールが最も水溶性が高い。

問4 ポリエチレンテレフタラートの加水分解は，縮合重合の逆の反応である。

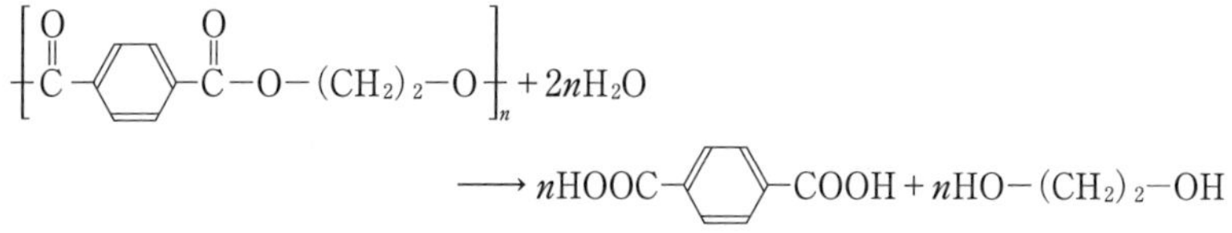

$$\left[\underset{\parallel}{C} \underset{O}{\overset{O}{\parallel}} \!\!-\!\!\!\!\!\!\!\!- \!\!\overset{O}{\underset{\parallel}{C}}\!\!-\!\!O\!\!-\!\!(CH_2)_2\!\!-\!\!O \right]_n + 2nH_2O$$

$$\longrightarrow nHOOC\!\!-\!\!\!\!\!\!\!\!-\!\!COOH + nHO\!\!-\!\!(CH_2)_2\!\!-\!\!OH$$

1 mol のポリエチレンテレフタラート（分子量 $192n$）を分解するのに，$2n$〔mol〕の水が必要である。したがって，1.20 g のポリエチレンテレフタラートを加水分解するのに必要な水は

$$\frac{1.20}{192n} \times 2n \times 18 = 0.225 = 2.25 \times 10^{-1} \text{〔g〕}$$

問5 1,3-ブタジエンとスチレンの共重合体（スチレン-ブタジエンゴム）の化学式

を $-\!\!-\!\!(CH_2\!-\!CH\!=\!CH\!-\!CH_2\!\!-\!\!)_x\!\!(\!-\!CH_2\!-\!CH\!-\!)_y\!\!-\!\!]_n$ とすると，その分子量は，

$(54x+104y)n$ と表せる。完全燃焼して生じた二酸化炭素と水の質量から，この共重合体の組成式を求めると

$$C:H=\dfrac{35.2}{44}:\dfrac{9.00}{18}\times2=0.80:1.0=4:5$$

よって，組成式は C_4H_5 となる。

前述の化学式より，共重合体中の炭素原子と水素原子の数の比には，次の関係が成り立つ。

$$4x+8y:6x+8y=4:5$$

$x=2y$ であるから，共重合体の化学式は

$-\!\!-\!\!(CH_2\!-\!CH\!=\!CH\!-\!CH_2\!\!-\!\!)_2\!(\!-\!CH_2\!-\!CH\!-\!)\!-\!\!]_n$

と表せ，その分子量は $212n$ となる。化学式中の二重結合の数（2つ）より，この共重合体 1 mol には $2n$〔mol〕の臭素が付加するので

$$\dfrac{5.30}{212n}\times2\times n\times79.9\times2=7.99\,〔g〕$$

82 天然繊維と再生繊維，アルコール発酵と乳酸発酵

(2008年度　第6問〔B〕)

次の文章を読み，**問1～問5**に答えよ。

衣料に用いられる木綿は，綿花から得られる繊維であり，その主成分は，〔　(ア)　〕である。〔　(ア)　〕は植物の細胞壁の主成分であり，木材からはパルプとして得られるが，そのままでは衣料に適さない。そこで無水酢酸と反応させ部分的にアセチル化して，〔　(イ)　〕にする。一方，〔　(ア)　〕を適当な試薬を含む溶液にして，再び長繊維としてとりだしたのが〔　(ウ)　〕とよばれる。

〔　(ア)　〕は，グルコースが〔　(エ)　〕重合した高分子であり，繊維にもちいられるばかりでなく，酵素や酸で加水分解したのち，アルコール発酵によってエタノールへ変換できる。一方，乳酸発酵では，グルコースから乳酸がつくられる。
(a)

アルコール発酵と乳酸発酵のいずれにおいても，1分子のグルコースは，解糖系とよばれる代謝経路をへて，2分子のピルビン酸に変換される。酵母菌は，ピルビン酸1分子を酸素のいらない嫌気呼吸により，1分子のエタノールと1分子の〔　(オ)　〕に分解する。一方，乳酸発酵では，ピルビン酸は還元のみ
(b)
で乳酸を生じる。乳酸を〔　(エ)　〕重合させたポリマーがポリ乳酸であり，生分解性プラスチック原料として注目されている。乳酸の重合反応において，加熱
(c)
により，いったん乳酸2分子からなる環状二量体構造の化合物が得られ，続い
(d)
てスズ触媒によって，それが開環すると同時に重合してポリマーになる。

問1. 文中の〔　(ア)　〕～〔　(オ)　〕に適切な語句を記せ。

問2. 下線部(a)について，次の問いに答えよ。

　　80 gの(ア)をすべて加水分解したのち，さらに酵母菌により発酵させると，何gのエタノールができるか。有効数字2桁で答えよ。

問3. 下線部(b)について次の問いに答えよ。

(1)　下線部(b)の説明から推定してピルビン酸の構造式を示せ。

(2)　アルコール発酵の際に，ピルビン酸からエタノールに至る中間体の構
造式とその名称を答えよ。

問 4.　下線部(c)について，次の問いに答えよ。

80 g の(ア)をすべて加水分解したのち，さらに乳酸菌により発酵させ
た。この乳酸菌は発酵効率が 47 % であり，得られた乳酸がすべて重合し
て，1.0×10^{-2} mol のポリ乳酸が得られた。このポリ乳酸の重合度を求
めよ。なお，解答は，小数第一位を四捨五入して整数で答えよ。

問 5.　下線部(d)の乳酸 2 分子から得られる化合物の構造式を以下の例にならっ
て記せ。

(例)

解　答

問1　㋐セルロース　㋑アセチルセルロース　㋒再生繊維　㋓縮合
　　　㋔二酸化炭素

問2　$4.5×10\,g$

問3　(1) 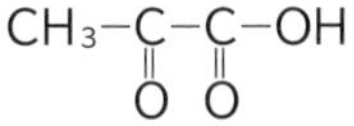　$CH_3-\underset{O}{\overset{}{C}}-\underset{O}{\overset{}{C}}-OH$

　　　(2)　構造式：$CH_3-\underset{O}{\overset{}{C}}-H$　名称：アセトアルデヒド

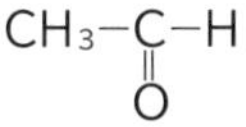

問4　46

問5

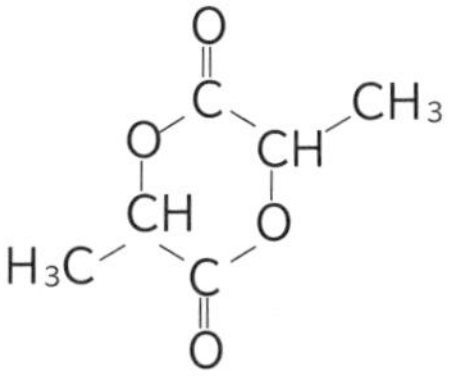

ポイント

　代謝や呼吸といった生体反応の仕組みを理解しよう。乳酸からピルビン酸や環状エステルの構造式を考察する応用力が必要。

解　説

問1・問3　木綿の主成分であるセルロースは，下図のようにβ-グルコース分子が直鎖状に繰り返し縮合した構造をもつ。

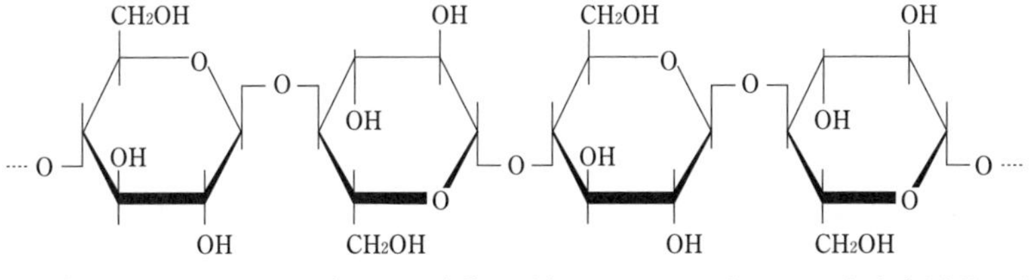

解糖系は，グルコースをピルビン酸等に分解し，そのエネルギーを生命活動に利用する生化学反応である。ピルビン酸を嫌気性の条件下で他の物質へ変換してエネルギーを得る過程が発酵であり，次のようなアルコール発酵や乳酸発酵が知られている。

●アルコール発酵

1分子のグルコースから，2分子のエタノールと2分子の二酸化炭素が生じる。

　　$C_6H_{12}O_6 \longrightarrow 2C_2H_5OH + 2CO_2$

アルコール発酵では，グルコースから解糖系によって生じたピルビン酸を含め，次のような段階を経てエタノールが生成する。

グルコース（1分子）$\xrightarrow{\text{解糖系}}$ ピルビン酸（2分子）
$C_6H_{12}O_6$　　　　　　　　　　　$2CH_3COCOOH$

$\xrightarrow{\text{二酸化炭素を取り除く}}$ アセトアルデヒド（2分子）
　　　　　　　　　　　　　　　$2CH_3CHO$
　　　　　　　$2CO_2$

$\xrightarrow{\text{還元}}$ エタノール（2分子）
　　　　　　$2CH_3CH_2OH$

●乳酸発酵

1分子のグルコースから生じた2分子のピルビン酸が還元されて，2分子の乳酸が生じる。

グルコース（1分子）$\xrightarrow{\text{解糖系}}$ ピルビン酸（2分子）
$C_6H_{12}O_6$　　　　　　　　　　　$2CH_3COCOOH$

$\xrightarrow{\text{還元}}$ 乳酸（2分子）
　　　　　$2CH_3CH(OH)COOH$

問2　次のように，重合度 n のセルロース $1\,mol$ から，$2n$〔mol〕のエタノールが生成する。

$$(C_6H_{10}O_5)_n + nH_2O \longrightarrow nC_6H_{12}O_6$$
セルロース（分子量 $162n$）　　　　　　グルコース

$$nC_6H_{12}O_6 \longrightarrow 2nC_2H_5OH + 2nCO_2$$
　　　　　　　　エタノール

したがって，$80\,g$ のセルロースより得られるエタノールは

$$\frac{80}{162n} \times 2n \times 46 = 45.4 \fallingdotseq 45 = 4.5 \times 10\,〔g〕$$

問4　問2と同じく，重合度 n のセルロース $1\,mol$ から，$2n$〔mol〕の乳酸が生じる。乳酸が次のように縮合重合したものがポリ乳酸である。

$$n'\,HO-\underset{\underset{H}{|}}{\overset{\overset{CH_3}{|}}{C}}-COOH \longrightarrow HO-\left[\underset{\underset{H}{|}\ \underset{O}{|}}{\overset{\overset{CH_3}{|}}{C}}-C-O\right]_{n'}-H + (n'-1)H_2O$$

ポリ乳酸の重合度を n' とすると，$1.0 \times 10^{-2}\,mol$ のポリ乳酸には，$1.0 \times 10^{-2} \times n'$〔mol〕の乳酸分子が含まれるので

$$\frac{80}{162n} \times 2n \times \frac{47}{100} = 1.0 \times 10^{-2} \times n'$$

∴　$n' = 46.4 \fallingdotseq 46$

問5　乳酸2分子は，互いにエステル結合を作り，次のような環状構造をもつ化合物（ラクチド）を作る。

$$2HO-\underset{\underset{H}{|}}{\overset{\overset{CH_3}{|}}{C}}-COOH \longrightarrow \quad + \ 2H_2O$$

年度別出題リスト